MATERIAIS ELÉTRICOS
Aplicações

Blucher

Walfredo Schmidt
Eng. Prof. Pesquisador CNPq

MATERIAIS ELÉTRICOS
Aplicações

Volume 3

Materiais elétricos: aplicações

1ª edição - 2011
1ª reimpressão - 2015
Editora Edgard Blücher Ltda.

Blucher

Rua Pedroso Alvarenga, 1245, 4º andar
04531-934 - São Paulo - SP - Brasil
Tel 55 11 3078-5366
contato@blucher.com.br
www.blucher.com.br

Segundo Novo Acordo Ortográfico, conforme 5. ed. do *Vocabulário Ortográfico da Língua Portuguesa*, Academia Brasileira de Letras, março de 2009.

E de acordo com as unidades de medida do sistema SI do INMETRO.

FICHA CATALOGRÁFICA

Schmidt, Walfredo
Materiais elétricos: aplicações. São Paulo: Blucher, volume 3, 2011.

ISBN 978-85-212-0548-7

1. Engenharia elétrica - Materiais I. Título.

10-07104 CDD-621.3

Índices para catálogo sistemático:
1. Materiais elétricos: Propriedades: Engenharia elétrica 621.3
2. Propriedades dos materiais elétricos: Engenharia elétrica 621.3

Sumário

Apresentação

Os volumes 1 e 2 de *Materiais Elétricos*, envolvendo análises relativas aos Condutores, Semicondutores, Isolantes ou Dielétricos e Materiais Magnéticos, foram redigidos com o objetivo de levar ao leitor dados técnicos das matérias-primas de cada um dos grupos citados, com a finalidade de demonstrar, por meio de suas características e propriedades, qual é o seu comportamento e para quais condições essas matérias-primas são recomendadas. Em outras palavras, esclarecendo por que a aplicação dos materiais, sob o aspecto de matérias-primas, é capaz de resolver os problemas que se oferecem a cada aplicação.

O volume 3, *Materiais Elétricos – Aplicações*, agora enfocando o uso destes materiais em componentes, contém uma análise de uma rede de energia elétrica, expondo a função de cada componente, e analisando, sempre que possível, o estabelecimento de uma ligação com a matéria-prima e/ou a construção capaz de levar ao melhor resultado, sem deixar de lado as respectivas justificativas.

Portanto, se somarmos os conteúdos dos 3 volumes, temos nos dois primeiros – nos volumes 1 e 2 – a análise das matérias-primas, e no volume 3, exemplos de aplicação, enfocando sempre os resultados obtidos e, por vezes, as referências determinadas em normas técnicas da ABNT/Cobei, bem como o uso dos decretos do Inmetro relativamente às grandezas e unidades de Medida do Sistema SI, que são sempre as condições a serem atendidas por um componente ou uma instalação. É, em poucas palavras, a orientação técnica que o profissional do ramo precisa ter e seguir, para adotar a forma economicamente mais adequada e segura.

É claro que as soluções apontadas não estão excluindo outras formas de resolver um problema, pois, na área de matérias-primas, sempre são desenvolvidos novos materiais e componentes, e os exemplos são em número infinito. Dessa forma, em futuras edições, novidades nesta área serão incorporadas, e novos aspectos, abordados. E, assim, o profissional vai cada vez mais completando o seu espectro de soluções, acompanhando a própria evolução tecnológica.

O Autor

Comentários iniciais

Os dois volumes de *Materiais Elétricos* que antecedem ao presente livro têm uma preocupação básica, que é a de caracterizar cada material, em termos das suas características técnicas, geralmente enfocando o seu comportamento elétrico, mecânico, térmico e químico, além de algumas observações mais, que são a base das razões de sua aplicação ou mesmo rejeição. Estes mesmos fatores justificam os termos e as determinações de normas técnicas da Associação Brasileira de Normas Técnicas – ABNT a respeito deste assunto, e são as motivações corretas para a construção de um equipamento ou componente e a sua eventual substituição por outro.

Em outras palavras, é saber POR QUE um dado material é usado, ou mesmo substituída ou até proibida a sua utilização, de modo geral ou em alguns casos particulares, como por exemplo, o uso do alumínio em condutores instalados em saídas de emergência, de acordo com a NBR 5410, na sua mais recente edição, assunto este detalhado mais adiante.

Os programas da cadeira de Materiais Elétricos encontrados em diversas escolas têm como enfoque as matérias-primas e/ou os componentes construídos com essas matérias-primas.

No presente caso, os volumes 1 e 2 de *Materiais Elétricos* têm uma abordagem mais voltada para as matérias-primas, e o volume 3 se dedica aos componentes, atendendo, assim, a ambas as tendências, sem, entretanto, se dedicar à Física do Estado Sólido ou teorias equivalentes, que são por vezes necessárias para um completo entendimento ou para justificar aspectos teóricos envolvidos com o assunto.

Como pode ser observado no Sumário deste livro, foi estabelecida uma sequência de assuntos, que acompanha o próprio **caminhamento da energia elétrica**, que se inicia na geração e termina no consumo, intermediado por linhas de transmissão e distribuição e suas respectivas subestações. Isto permite ao leitor e, em particular, ao aluno, somar ainda informações relativas à grandeza dos níveis de tensão normalmente encontrados no Brasil. Esta sequência, no seu todo, também vai informar ao leitor sobre o uso preferencial de matériais-primas em função destes níveis, e até da predominância de matérias-primas em dada faixa de tensões, como é o caso do alumínio nas redes de alta tensão, e até sua substituição por outras matérias, como é o caso nas redes de baixa tensão, por razões técnicas e econômicas ou de praticidade de uso. Sempre que possível, tais aspectos são destacados, pois trata-se de situações profissionais que consideramos importantes serem observadas.

Fundamentos de projeto e de dimensionamento, materiais utilizados e suas curvas características, grandezas que identificam um equipamento, detalhes construtivos de dispositivos e sua coordenação com outros dispositivos são soluções diferentes apresentadas para a mesma situação técnica.

Grandezas e unidades de medida e terminologia da ABNT

Valem para todos os capítulos deste livro as seguintes orientações:

1. As grandezas utilizadas constam das normas da Associação Brasileira de Normas Técnicas – ABNT, nos itens **Definições ou Terminologia** e que atendem ao estabelecido nos Decretos Legislativos do Inmetro – Instituto Nacional de Metrologia, Normalização e Qualidade Industrial, e que por sua vez estão baseados no Sistema Internacional de Unidades – SI.
2. Estamos relacionando no que segue termos mais encontrados nos textos, sendo que as definições e demais regulamentações foram extraídas da documentação de referência supracitada. Assim temos:
   - **Tensão Elétrica**. Grandeza escalar igual à integral de linha do vetor campo elétrico, de um ponto a outro, ao longo de um percurso, considerado igual a diferença de potencial entre dois pontos.

     Termo correspondente em inglês: *voltage*.[1]

     Símbolo da grandeza "tensão elétrica": U (maiúsculo).[2]

     Unidade de medida básica: volt (todas letras minúsculas).

     Símbolo da Unidade de Medida: V (maiúsculo).
   - **Corrente elétrica.** Grandeza escalar igual ao fluxo do vetor densidade de corrente de condução, através da superfície considerada.

     Termo correspondente em inglês: current.[3]

---

[1] Encontra-se em português um termo não aceito pela Terminologia, e, portanto, não pode ser usado, que é " voltagem".

[2] A Terminologia da ABNT apresenta definições particulares para diversos tipos de tensão, tais como tensão em carga, tensão em circuito aberto, tensão em vazio e outras.

[3] Encontra-se em português um termo não aceito pela Terminologia da ABNT, e que, portanto, não pode ser usado, é "amperagem".

Símbolo da grandeza "corrente elétrica": I (maiúsculo).[4]

Unidade de medida básica: ampère (todas letras minúsculas).

Símbolo da unidade de medida: A (maiúsculo).

- **Frequência**. Quociente de 1 pelo período.[5]

  Termo correspondente em inglês: *frequency*.

  Símbolo da grandeza "frequência": f (minúsculo).

  Unidade de medida básica: hertz (todas letras minúsculas).

  Símbolo da Unidade de Medida: Hz (H maiúsculo e z minúsculo).

- **Potência elétrica.** Derivada em relação ao tempo de uma energia transferida ou convertida, ou de um trabalho realizado.[6]

  Termo correspondente em inglês: *electrical power*.[7]

  Unidade de medida: watt (todas letras minúsculas) ou o volt-ampère (também todas letras minúsculas).[8]

  Símbolos das unidades de medida: correspondentemente, W (maiúsculo) ou VA (ambos maiúsculos).

- **Resistência elétrica.** Grandeza escalar que caracteriza um elemento do circuito de converter energia elétrica em calor quando percorrido por corrente.[9]

  Unidade de medida: ohm (todas letras minúsculas).[10]

  Símbolo da Unidade de Medida: letra grega ômega.

---

[4] A Terminologia da ABNT apresenta definições particulares para diversos tipos de corrente elétrica, tais como: corrente de ionização, corrente de curto-circuito, corrente de sobrecarga e outras.

[5] Informa o número de ciclos ocorridos durante um segundo de tempo.

[6] A Terminologia da ABNT define diversos tipos de potência elétrica.

[7] Encontra-se em português um termo não aceito pela Terminologia, que é "wattagem", e que, portanto, não pode ser usado.

[8] As grandezas e unidades de medida serão analisadas nos textos em que são utilizadas.

[9] Não confundir resistência elétrica com resistor. O resistor é um componente que se caracteriza por uma certa resistência elétrica. Resistor é um componente, e resistência elétrica, uma característica.

[10] Mais detalhes sobre Unidades de Medida e Grandezas encontram-se no livro Metrologia Aplicada, com o autor deste livro (awschmidt@uol.com.br).

Figura 1.1 • O sistema elétrico.

Da usina geradora ao consumidor

No Brasil, a rede elétrica apresenta os seguintes dados gerais:

1. A **geração de energia** é predominantemente hidrelétrica, seguida pela termelétrica, sendo esta última mais cara do que a primeira e, por isso, usada mais quando o uso de recursos hídricos não é economicamente viável, ou quando há previsão de usinas para operarem em caso de falha da geração hidrelétrica. Existem também estudos demonstrando a possibilidade de uso de energia eólica, sobretudo no litoral brasileiro, e o eventual uso de energia solar. Por razões diversas, estes estudos ainda não foram implantados, na sua maioria, podendo porém ampliar oportunamente nossa matriz energética.

   Na geração hidrelétrica e termelétrica, a geração é feita com equipamentos que operam na faixa das **médias tensões**, numericamente encontradas nos calores de 6,6 e 13, 2 kV, em frequência industrial de 50 ou 60 Hz, enquanto a geração **eólica** é gerada na forma de corrente contínua, a uma tensão na faixa de 15 a 20 V.

   De acordo com o estabelecido pelo Inmetro, através do Sistema Internacional SI das Unidades de Medida e suas grandezas, a unidade de medida da tensão é o volt (todas letras minúsculas), e seu símbolo é o V (letra maiúscula). O nome correto, segundo a ABNT, é "tensão" ou "tensão eletrica", com o símbolo U (maiúsculo). No caso das medias e altas tensões, usa-se o prefixo "quilo", sempre em letras minúsculas, e seu símbolo é o "k" minúsculo. Nestes assuntos, destaque-se que não existem os termos "voltagem" e nem "kilo".

2. **Transmissão de energia**. Uma vez gerada a energia, inicia-se a fase de transmissão, em que a escolha recai sobre tensões mais elevadas, pois quanto maior a tensão de uma dada potência, menor é a corrente, e menor é a seção condutora dos cabos utilizados.

Na faixa das altas tensões, nos situamos em valores de 230 kV, 500 kV e 735 kV, de acordo com os comprimentos das linhas de transmissão. As torres que sustentam os cabos são dimensionadas para suportar ventos muito intensos. Segundo informações dadas pela Itaipu Binacional, este dimensionamento prevê ventos até 200 km/h.

A alteração do valor da tensão é feita em subestações, através de transformadores, recurso que se repete cada vez que é recomendável elevar ou reduzir este valor.

3. **Distribuição de energia**. A distribuição em redes primárias é feita reduzindo-se diretamente, ou por etapas, de um valor da transmissão para calores de média tensão, normalmente em 13,2 ou 13,8 kV. Alguns outros valores de média tensão podem ser encontrados, mas que estão sendo gradativamente eliminados. Portanto, novas subestações são intercaladas, adequando, os valores das tensões, até chegar à baixa tensão que alimenta o consumidor.

Segundo as normas técnicas, essas baixas tensões apresentam valores iguais ou inferiores a 1 000 volts (ou 1 kV), sendo que normalmente se utilizam valores de 440, 380, 220, 127 e 110 volts. Por vezes, sobretudo por motivos de segurança, são usadas tensões mais baixas, mas que não são transmitidas por redes de distribuição, e sim fazem parte de circuitos internos de um sistema elétrico.

Como no caso da transmissão, essa gama de tensões é obtida através de **derivações** (erradamente chamadas de "taps", termo **que não existe** na Terminologia da ABNT, e, portanto, não pode ser usado) no secundário dos transformadores existentes nas subestações ou nos postes de distribuição, e que alimentam diretamente o **consumidor**.

Em cada uma dessas etapas, selecionamos situações e componentes, que são analisados em função das matérias-primas usadas, do seu funcionamento e de limitações ou recomendações das próprias normas técnicas da ABNT, ou das condições de trabalho a que se destinam, salientando-se que, sem o conhecimento e consulta das mesmas, nenhum profissional da área técnica pode realizar um projeto ou uma execução, sem correr o risco de estar apresentando um projeto ou um serviço que, ao longo do tempo de uso, não atenda aos seus propósitos de funcionamento e/ou de segurança.

Nesta mesma ocasião cabe destacar quais as grandezas que um componente deve apresentar para ser apropriado a uma dada função, grandezas já foram definidas em algum capítulo existente nos volumes 1 e/ou 2 de *Materiais Elétricos*, e que são a base das conclusões a que chegamos nos textos do volume 3 de *Materiais Elétricos*.

1 • FASES DA CONSTRUÇÃO DE UMA SUBESTAÇÃO

Como já comentado, é na subestação que adequamos o valor das tensões de saída e dimensionamos também os componentes, de acordo com a tensão de entrada. Esta adequação das tensões é feita por meio de um transformador. Sendo a rede normalmente de corrente alternada, de 3 fases (ou trifásica), que opera na frequência industrial de f = 60 Hz. Assim, podemos ter a função combinada de três transformadores monofásicos ou de 1 transformador trifásico. A subestação incorpora também o setor de medição, com seus transformadores de corrente e de potencial (ou de tensão), a parte de manobra e de proteção representada pelos disjuntores e dispositivos seccionadores, dispositivos de proteção, sistema de descarga de raios e outros. Em cada uma dessas fases, os dispositivos e sistemas tem de ser precisamente definidos, de acordo com as próprias condições da rede, para a escolha correta do material.

Grandezas a serem definidas de cada componente ou sistema

Quando do dimensionamento de uma subestação, devem estar determinados pelo projeto, os seguintes valores, cujos significados, em caso de dúvida, podem ser consultados na Terminologia da ABNT:

Valores básicos

- tensão nominal (kV);
- tensão máxima do sistema (em kV);
- corrente nominal de descarga (em kA);
- tensão residual (em kV);
- máxima tensão de operação permanente (kV);
- capacacidade de absorção de energia (kW);
- altitude da instalação (m); e
- temperatura ambiente (graus centígrados ou grau Celsius), nos seus valores máximos e mínimos estatísticos, no local. (Fonte: IBGE)

A frequência padronizada no Brasil para as redes de energia é f = 60 Hz, o que porém não é um padrão internacional. Encontramos diversos países em que esta frequência é de f = 50 Hz, como no caso da Europa e mesmo no Paraguai, por exemplo.

Transformador de força

É o equipamento de maior ônus da instalação, considerado, por isso, o mais importante, apesar de cada componente ter eletricamente a mesma importância. Por isso, é dotado de diversos sistemas de proteção, sobretudo contra sobretensões de diversas origens, como, por exemplo, descargas atmosféricas (raios), subtensões, sobrecarga e controle de temperatura em operação. Esses sistemas de proteção têm seu funcionamento e limite de operação determinados por norma técnica, em função de sua construção. Assim, um transformador imerso em banho de óleo mineral tem um limite de temperatura de t = 90 °C, diferente de um que usa óleo sintético (que sobe para t = 120 °C). Nesta faixa de potências e tensões, são, em princípio excluídos os transformadores secos moldados em resina epóxi, que são fabricados para potências e níveis de tensão menores, e usados geralmente como transformadores de distribuição (e não de força) nas subestações industriais. Em termos de potência, porém, chegam a 45 MVA. Mencionaremos seu uso mais adiante.

Para bem definir os dados de dimensionamento de um transformador de força, devem ser informados:

- Relação de transformação, que é a relação entre as tensões de entrada e de saída, e acaba sendo também a relação entre as espiras do primário e do secundário e suas derivações.
- Potência (em VA ou kVA).
- Tensão nominal do sistema (em kV).
- Tipo de ligação dos enrolamentos, basicamente ligados em estrela ou em triângulo, e normalmente de um transformador do tipo trifásico, pois a rede é trifásica. Podemos também ter o caso em que este conjunto seja formado de 3 transformadores monofásicos de tensões.
- Corrente de curto-circuito. Esta corrente, que é bem superior à corrente nominal, se faz presente em caso de defeito da rede, e, de um lado, precisa ser suportada pelos enrolamentos, mecânica e termicamente, durante um certo tempo, e, do outro, precisa ser rapidamente desligada por seus relés de proteção contra sobrecorrente.

A sua grandeza depende do valor da impedância do circuito ao qual o transformador está ligado.

- Acessórios. Constam como acessórios sobretudo relés e controle da temperatura, também conhecidos como Relés de Buchholz, cuja função é a de desligar o transformador assim que o limite de temperatura no seu interior ultrapassa valores máximos. Normalmente opera em dois estágios: um de alerta e um segundo de desligamento, atuando sobre o disjuntor.
- Impedância do transformador, que é um dado de projeto, e cujo valor tem que ser levado em consideração conjuntamente com a impedância da rede.
- Altitude da instalação, pois variando a altitude, variam as condições da densidade do ar circundante, e varia a intensidade de troca de calor entre os radiadores do transformador e o meio ambiente, com o que se influi sobre as condições de aquecimento interno do transformador e a carga que o mesmo pode receber.

- Temperatura ambiente, quanto aos seus valores máximo e mínimo, também associada a capacidade de transmissão de calor entre os radiadores do transformador e o meio ambiente.

As normas brasileiras da ABNT que tratam dos transformadores de força são a NBR 5460, a NBR 5416 e normas citadas nessa documentação.

Transformadores de corrente

Estes transformadores são diretamente acoplados aos instrumentos de medição, no presente caso, ao amperímetro. Estes transformadores se caracterizam por uma elevada precisão, com dimensionamento eletromagnético fora da faixa de saturação (vide materiais magnéticos), com erro inferior a 0,1% muitas vezes, e que normalmente convertem a corrente de entrada em um valor secundário de I = 5 A. Portanto, o amperímetro tem uma escala de 0 – 5 A, sendo o erro máximo em função da sua aplicação. Mas, de qualquer modo, com um erro menor que 3%, esses transformadores também se destinam a alimentar os relés de corrente, que vão controlar e atuar em caso de sobrecorrentes no sistema. Todos esses dados estão inscritos na própria placa de identificação dos componentes ou no visor do instrumento.

Transformadores de potencial (ou de tensão)

Semelhantemente ao caso anterior, os transformadores de tensão são usados em sistemas de medição e de proteção contra os efeitos de sobretensões. A tensão de entrada é transformada no valor padronizado de U = 110 V ou U = 127 V, ou ainda U = 220 V nos casos normais, havendo exceções.

Disjuntores

Os disjuntores são dispositivos de manobra capazes de interromper a circulação de potências elétricas, ou seja, correntes e tensões normais e anormais, como as de curto-circuito, através de uma construção adequada, possuindo câmaras de extinção do arco que se forma no instante da abertura de suas peças de contato, fabricadas de material apropriado. Essas câmaras subdividem e alongam o arco quando este se forma, geralmente deslocando-o sobre as peças de contato para não danificá-las, e processam a interrupção num tempo bastante curto.

Em função da corrente máxima que tem de interromper, que é a de curto-circuito, são diversos os tipos de disjuntores utilizados, geralmente com polos individuais por fase, nos quais encontramos gases desionizantes, como o SF6 ou óleos isolantes, e outros. Os polos em que se dá a interrupção do arco formado na separação das peças de contato são fabricados de porcelana ou resinas isolantes, havendo polos com interrupção em um ou mais pontos, o que modifica a capacidade interrupção.

Esses disjuntores, que têm uma atuação automática e instantânea, são acoplados aos relés de proteção, os quais normalmente são alimentados por transformadores de medição, como os de corrente e tensão anteriormente abordados.

Para a escolha correta dos disjuntores, têm de ser estabelecidos os seguintes dados:

- corrente nominal (em A);
- tensão nominal do sistema ou rede (em V ou kV);
- corrente máxima de curto-circuito presumida (em kA);
- capacidade de interrupção da rede (em MW);
- capacidade de interrupção de correntes capacitivas, que estão defasadas da corrente nominal (em A);
- temperatura ambiente (em °C);
- altitude da instalação (em m);
- ciclo de operação.

Explicando o que é este ciclo. Quando o disjuntor opera perante a circulação de uma corrente anormal, como a de curto-circuito, os seus relés de proteção abrem as peças de contato, e a rede é interrompida, até que a causa da circulação desta sobrecorrente seja eliminada. Porém, esta causa nem sempre persiste e frequentemente é passageira, e assim é autoeliminada, como, por exemplo, a queda de um galho molhado sobre a rede aérea, em dia de chuva, e que acaba caindo, desaparecendo, assim, a causa do defeito. Outro fator frequente é o aparecimento de uma sobretensão causada pela queda de um raio próximo à rede, o que leva à atuação do relé de sobretensão, mas onde também, passado o efeito da indução, a causa desaparece. Portanto, a partir desse instante, não há mais impedimento para que a rede volte a operar normalmente, automaticamente, muitas vezes até sem a interferência da equipe de manutenção da concessionária de energia. Esse fato pode aparecer mais de uma vez num dado instante, ou seja, a eliminação da causa do defeito não é sempre imediata. Devido a isso, não é racional manter o disjuntor desligado sempre que aparece uma situação como a analisada, e a prática demonstra que, se após 2 religações automáticas o defeito persistir, a rede deve ser desligada e enviada uma equipe de manutenção para determinar a causa do desligamento e tomar as medidas necessárias à eliminação do defeito. Assim, um ciclo de operação muito usado é o seguinte: O ("out" ou desligamento) + CO (religação, constatação de que o defeito continua e, assim, outro desligamento é feito) + CO (nova religação, nova constatação de que o defeito permanece e desligamento definitivo), quando então se comprova que o motivo do curto-circuito é mais grave, e há necessidade de uma equipe técnica para eliminá-lo.

Este recurso somente é necessário em disjuntores instalados na redes de transmissão e distribuição, e não mais nos disjuntores do setor de consumo.

As peças de contato são normalmente fabricadas de uma liga de cobre, como a de bronze, necessitando uma especial atenção devido às condições críticas em que opera, perante correntes elevadas, e, assim, arcos voltaicos intensos, que danificam, em maior ou menor grau, estas peças a cada operação. As câmaras de extinção costumam ser feitas de cerâmicas próprias para altas temperaturas e elevada capacidade de isolação (rigidez dielétrica). Eventuais líquidos isolantes, pertencentes à câmara de extinção, para auxiliar na eliminação do arco, podem sofrer queima parcial, e precisam ser controlados periodicamente, de acordo com as recomendações do fabricante do disjuntor e do líquido. No caso de uso de gases isolantes, esta preocupação não existe, mas temos de controlar a pressão interna do gás na câmara de extinção, face à possibilidade de vazamentos.

A norma da ANBT a respeito é a NBR 4039.

Seccionadores

São dispositivos de manobra que atuam na abertura do circuito sem carga, e, assim, sendo ativados nas fases de manutenção, pois garantem um perfeito seccionamento e isolamento do circuito. Por não atuarem perante carga, ou seja, com a circulação da corrente, não estão sujeitos ao aparecimento de um arco voltaico, e, assim, não se aplica toda a problemática neste aspecto, analisado na atuação dos disjuntores. Consequentemente, a sua construção também é bem mais simples. A escolha correta é feita baseada nas seguintes grandezas:

- corrente nominal (em A);
- tensão nominal do sistema (em kV);
- altitude de instalação (em m); e
- temperatura máxima presumida no local (IBGE).

Sistemas Auxiliares

Uma subestação tem alguns sistemas auxiliares, destinados a garantir o pleno uso das instalações com baixa tensão; sistemas supervisórios para a operação da subestação a distância; sistemas de comunicação com centros de controle; e outros, que não detalharemos neste texto.

2 • TIPOS DE SUBESTAÇÕES E REDES DE CABOS

Podemos classificar as subestações em **subestações de transmissão**, ou seja, ao longo de uma rede de transmissão; e **subestações de distribuição**, que tanto podem dar origem a uma nova linha de transmissão, quanto alimentar os consumidores com média tensão. Dessas subestações saem redes de cabos de transmissão, que operam em alta e média tensão, e redes de cabos de distribuição, que operam em média e baixa tensão.

Vamos inicialmente abordar alguns aspectos gerais que cabem aos cabos, e depois identificar os detalhes de cabos de baixa tensão.

Assim, é oportuno mencionar os PASSOS PARA A CONSTRUÇÃO DE UMA SUBESTAÇÃO, a saber:

Tabela 1.1 • Passos para construção de uma subestação.

1	**Cronograma**	
2	Unifilar	Definir qual o unifilar da subestação
3	Arranjo	Definir o arranjo da subestação (barra simples, barra dupla etc.)
4	Planta e Corte	Definir perfeitamente como será a disposição dos equipamentos dentro da subestação
5	Local	Escolher um local mais próximo possível da carga
6	Tipo	Verificar se há problemas com área (compacta ou convencional, indoor ou outdoor, isolada a gás ou a ar)
7	Dimensionar os equipamentos	Para-raios, TCs, TPs, Disjuntores, chaves seccionadoras, transformadores, sistema de média tensão, sistema de proteção, sistema supervisório, alimentação auxiliar

Vejamos agora, com detalhes, como analisar e escolher os cabos desta faixa de tensões.

Características, construção e aplicação de cabos de média e alta tensões de cobre e alumínio

1 • NORMAS DE PRODUTOS

Objetivo

Normas técnicas são textos destinados a padronizar os procedimentos de identificação, projeto, construção, ensaios e instalação de componentes e equipamentos, no sentido de que sejam atendidas **condições mínimas de segurança** no seu funcionamento e uso. Por serem condições mínimas, sempre é possível utilizar critérios mais rígidos, o que significa aplicar procedimentos que levam a um produto ou a uma utilização melhor, mas que também normalmente tem um custo maior, para uma dada situação.

Os textos das normas são elaborados e publicados por entidades específicas, sendo que no Brasil esta entidade é a ABNT – Associação Brasileira de Normas Técnicas. A parte das normas de energia, telecomunicações, automação, eletrônica e iluminação, ou seja, as que se utilizam da energia elétrica, são, dentro da ABNT, tratadas pelo Cobei – Comitê Brasileiro de Eletrotécnica, Eletrônica e Iluminação.

Cada país tem o seu setor de normas, sendo que, por razões técnicas e comerciais, estas normas regionais estão cada vez se unificando mais em torno de normas internacionais, administradas pela IEC – Comissão Eletrotécnica Internacional. Em muitos países, essas normas da IEC são também a referência quando da elaboração ou revisão das normas locais, como é o caso do Brasil.

A sua designação é feita como segue:

- sigla NBR-IEC, quando a norma brasileira é praticamente uma tradução da norma IEC;
- sigla NBR, quando a norma brasileira tem caráter próprio.

Estas normas abrangem os diversos aspectos de identificação e de uso do componente/equipamento, e como tal têm-se:

- **Norma de terminologia:** é a padronização do nome a ser dado a um componente/equipamento, bem como às grandezas e às unidades de medida que o caracterizam. A parte relativa às grandezas tem de estar de acordo com a **ISO 31** e a parte das unidades, segundo o que estabelece o **Quadro de Unidades de Medida do Sistema Internacional**, ou **Sistema SI**, associado à terminologia constante nas normas técnicas do produto ou ao Vocabulário Internacional de Metrologia, do Inmetro.

  Observe-se que, lamentavelmente, é frequente que os profissionais técnicos se utilizam de termos para caracterizar grandezas e unidades, e símbolos de unidades, que estão em desacordo com as referências mencionadas, o que precisa ser evitado.
- **Norma de procedimentos de instalação:** contém uma orientação segura e suficientemente completa, para que o componente/equipamento seja instalado e dimensionado corretamente, incluindo condições a serem atendidas quanto à proteção da instalação. Indica também as condições de referência deste dimensionamento e eventuais correções que precisam ser feitas.
- **Especificação:** dita as condições que o equipamento/componente tem de atender, bem como as condições elétricas, térmicas, mecânicas, ambientes de referência para efeito de dimensionamento, bem como os fatores de correção que devem ser aplicados.
- **Método de ensaio:** é o procedimento normalizado para o levantamento das características técnicas de um produto, bem como a determinação de deficiências que porventura apresente. Os resultados dos ensaios são as informações que o usuário precisa para aceitar ou não o produto, e o projetista utiliza para saber se seus cálculos alcançaram os resultados esperados.
- **Representação gráfica:** são os símbolos gráficos destinados a representar equipamentos/componentes em esquemas de ligação.

Vamos aplicar estes comentários ao caso particular de fios e cabos, onde as normas de referência são:

- NBR NM 247-3 – Cabos isolados com policloreto de vinila (PVC), para tensões nominais até 450/750 V, inclusive – Parte 3: Condutores isolados (sem cobertura) para instalações fixas (IEC 60227-3 MOD).
- NBR 5111 – Fios de cobre nu, de seção circular, para fins elétricos.
- NBR 5118 – Fios de alumínio nus, de seção circular, para fins elétricos.
- NBR 6524:1998 – Fios e cabos de cobre duro ou meio duro, com ou sem cobertura protetora, para instalação aérea – Especificação.
- NBR 7103 – Vergalhão de alumínio 1350 para fins elétricos.
- NBR 7270 – Cabos de alumínio com alma de aço para linhas elétricas.

- NBR 7271 – Cabos de alumínio para linhas aéreas – Especificação.
- NBR 7285 – Cabos de potência com isolação extrudada de polietileno termofixo (XLPE) para tensões de 0,6 a 1 kV – sem cobertura – Especificação.
- NBR 7286: 2001 – Cabos de potência com isolação sólida extrudada de borracha etileno-propileno (EPR) para tensões de 1 kV a 35 k V – Requisitos de desempenho.
- NBR 7287: 1992 – Cabos de potência com isolação sólida extrudada de polietileno termofixo (XLPE), para tensões de isolamento de 1 kV a 35 kV – Especificação.
- NBR 7288 – Cabos de potência com isolação sólida extrudada de policloreto de vinila (PVC) ou polietileno (PE), para tensões de 1 kV a 6 kV.
- NBR 7289 – Cabos de controle com isolação de polietileno (PE) ou policloreto de vinila (PVC), para tensões de 1 kV.
- NBR 7290 – Cabos de controle com isolação extrudada de XLPE ou EPR, para tensões até 1 kV – Requisitos de desempenho.
- NBR 8182 – Cabos de potência multiplexados autossustentados, com isolação extrudada de PE e XLPE, para tensões até 0,6/1 kV – Requisitos de desempenho.
- NBR 8762 – Cabos extraflexíveis para máquinas de soldar a arco e outras aplicações – Especificação.
- NBR 11873 – Cabos cobertos com material polimérico para redes aéreas compactas de distribuição em tensões de 13,8 kV a 34,5 kV.
- NBR 13248 – Cabos de potência e controle e condutores isolados sem cobertura, com isolação extrudada e com baixa emissão de fumaça para tensões até 1 kV – Requisitos de desempenho.
- NBR 13249 – Cabos e cordões flexíveis para tensões até 750 V – Especificação.
- NBR-IEC 60 050 (826): 1997 – Vocabulário eletrotécnico internacional.
- IEC 60287/94- *Electric Cables – Calculation of the current rating – Part 1-1: Current rating equations (100% load factor) and calculations of losses – General.*
- IEC 60724: 2000 – Temperatura-limite de curto-circuito de cabos elétricos para tensão nominal de 1 kV e de 3 kV.
- AEIC CS 6 *Ethylene Propylene Rubber Insulated Shielded Cables Rated 5 Through 69 kV.*

Normas de ensaio

Cada norma brasileira de produto define quais os ensaios que deverão ser realizados no produto, além de indicar o correspondente método de ensaio. Como exemplo de Norma de Ensaio Internacional, podemos citar:

- IEC 60840 – *Power Cables with Extruded Insulation for Rated Voltages Above 30 kV (Un = 36 kV) up to 150 kV (Un = 170 kV) Test Methods and Requirements.*

Normas de instalação

- NBR 14039/2005 – Instalações Elétricas de Média Tensão de 1 kV a 36,2 kV.
- NBR 5410/2004 – Instalações Elétricas de Baixa Tensão.

2 • DEFINIÇÕES TOMANDO COMO REFERÊNCIA A TERMINOLOGIA DA ABNT

Condutor

Produto metálico, geralmente de forma cilíndrica e de comprimento muito maior do que a maior dimensão transversal, utilizado para transportar energia elétrica ou transmitir sinais elétricos.

Fio

Produto metálico maciço e flexível, de seção transversal invariável e de comprimento muito maior do que a maior dimensão transversal.

Nota: na tecnologia elétrica, os fios são geralmente utilizados como condutores, por si mesmos ou como componentes de cabos; porém, podem também ser utilizados com função mecânica ou eletromecânica.

Cabo

Conjunto de fios encordoados, isolados ou não entre si, podendo o conjunto ser isolado ou não.

Nota: um dado condutor pode tanto ser construído na forma de um fio ou de um cabo. Na prática, porém, e no uso particular do cobre, quando há necessidade de uma seção condutora maior (geralmente acima de 10 ou 16 milímetros quadrados), o uso de um único fio torna difícil o seu manuseio, devido à redução de sua flexibilidade. Então, para seções transversais maiores, utilizam-se cabos, que, formados de um determinado número de fios encordoados, facilitam a sua utilização.

Cabo unipolar

Cabo constituído por um único condutor isolado, e dotado no mínimo de cobertura.

Cabo multipolar

Cabo constituído por dois ou mais condutores isolados, e dotado no mínimo de cobertura.

Nota: é frequente o uso de cabos tripolares, destinados à redes trifásicas.

Cabo multiplexado

Cabo formado por dois ou mais condutores isolados, ou cabos unipolares, dispostos helicoidalmente, sem cobertura.

Cabo multiplexado autossustentado

Cabo formado por um ou mais condutores isolados, ou cabos unipolares, e um condutor de sustentação isolado ou não, dispostos helicoidalmente, sem cobertura. Sinônimo: Cabo pré-reunido.

Encordoamento de um cabo

Disposição helicoidal de fios, ou de grupos de fios, ou de outros componentes do cabo.

Nota: Apresentam-se dois tipos de encordoamento: o concêntrico e o compactado, conforme demonstram as figuras que seguem. Com o encordoamento compactado, diminui-se o diâmetro externo do cabo, sem diminuir a seção condutora, devido à eliminação dos vazios existentes entre fios de seção circular que compõe o cabo nas diversas camadas.

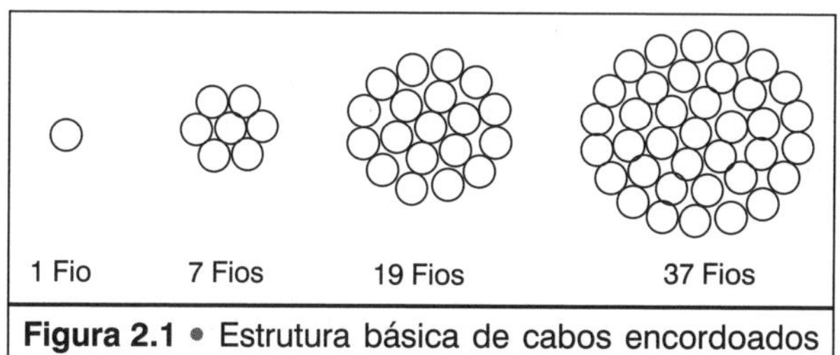

Figura 2.1 • Estrutura básica de cabos encordoados com fios concêntricos. Corte de um fio, cabos com 7 fios, 19 fios e 37 fios.

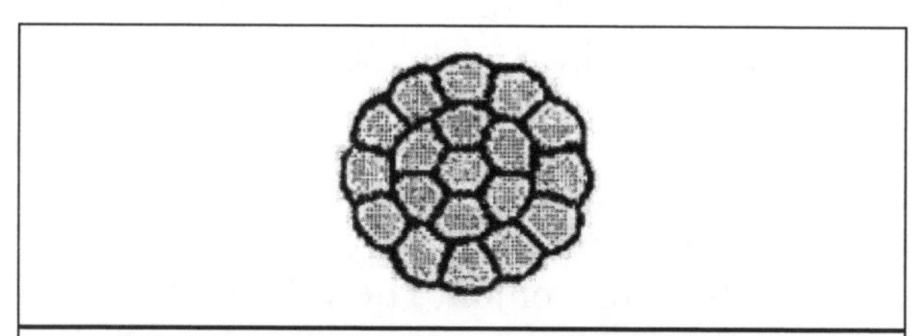

Figura 2.2 • Exemplos de cabos encordoados compactados. Corte de cabos compactados.

Isolação

Conjunto dos materiais isolantes utilizados para isolar eletricamente.

Nota: Por extensão, a ação ou técnica de isolar eletricamente, no sentido estritamente qualitativo.

Blindagem do cabo

Envoltório condutor ou semicondutor, aplicado sobre o condutor isolado (ou eventualmente sobre um conjunto de condutores isolados), para fins elétricos.

Nota: Distinguem-se:

- Blindagem do condutor. Constituído por materiais poliméricos modificados, com característica semicondutora, destinados a dar uma configuração plenamente circular ao cabo e preencher vazios entre os fios de um cabo encordoado.
- Blindagem da isolação. Constituída de uma parte semicondutora e uma metálica formada de fios ou fitas de cobre, destinada a garantir uma distribuição radial e simétrica do campo elétrico, para que a isolação seja solicitada uniformemente. Esta blindagem proporciona também uma capacitância uniforme entre o condutor e seu aterramento, melhorando o comportamento do cabo perante impulsos de tensão.

Bloqueio de blindagem

Blindagem executada de modo a bloquear a penetração e a dispersão de umidade através desta camada.

Cabo a campo radial

Cabo provido de blindagem semicondutora e/ou condutora, envolvendo cada condutor e sua isolação.

Cabo de alumínio

Cabo formado exclusivamente por fios de alumínio. Sinônimo: Cabo CA (CAL).

Cabo de alumínio com alma de aço

Cabo formado por uma ou mais coroas de fios de alumínio em torno de uma alma de um ou mais fios de aço galvanizado. Sinônimo: Cabo CAA (CALA).

Cabo isolado

Cabo constituído por uma ou mais veias e, se existentes, o envoltório individual de cada veia, o envoltório do conjunto de veias e os envoltórios de proteção dos cabos, podendo ter também um ou mais condutores não isolados.

Cabo coberto

Cabo dotado unicamente de cobertura.

Cobertura de um cabo

Invólucro externo não metálico e contínuo, sem função de isolação.

Um material de cobertura deve-se caracterizar sobretudo por:

- não ser inflamável;
- ser flexível;
- resistir ao ataque de agentes químicos e atmosféricos;
- resistir à abrasão, corte e impacto; e
- em contato com o fogo, deve apresentar baixa emissão de fumaça e gases tóxicos.

Cabo nu

Cabo sem isolação ou cobertura, constituído de fios nus.

Armação de um cabo

Elemento metálico que protege o cabo contra esforços mecânicos.

Nota: A armadura pode ser formada por fitas ou fios de alumínio, aço ou cobre. Aplicam-se fitas quando se deseja dotar o cabo de uma proteção contra golpes ou esforços transversais (flexão), enquanto os fios se destinam a atuar no sentido de proteção contra esforços longitudinais (tração). Encontram-se também as fitas corrugadas intertravadas, que são aplicadas quando da existência de esforços radiais.

Devido ao campo magnético que afeta a capacidade de condução de corrente no aço, este é utilizado somente em cabos tripolares. Em cabos unipolares deve-se optar por armadura de alumínio ou cobre.

Encruamento

Mudança estrutural que ocorre no sistema cristalino de um metal, quando o mesmo é submetido a elevados esforços de compressão e tração, que no presente caso são aplicados ao metal no estado frio para obter a sua redução de seção transversal. Neste estado, o metal se torna mais resistente elétrica e mecanicamente, sendo designado por **têmpera dura.**

Nota: Apesar de o metal se tornar pior condutor, a melhora mecânica, por vezes, é um fator positivo, o que faz com que este encruamento não seja eliminado ou totalmente eliminado. Surgem daí metais com a retenção de uma certa porcentagem de encruamento, e que são classificados como duros (totalmente encruados), ou semiduros (com a retenção parcial do encruamento).

Recozimento

Tratamento térmico aplicado a um metal encruado, para eliminar praticamente as deformações cristalinas decorrentes do encruamento, fazendo com que as deformações cristalinas desapareçam e o metal retorne ao seu estado elétrico e mecânico original. O condutor nestas condições é designado como tendo **têmpera mole.**

Nota: Em casos onde há interesse em manter um certo resíduo de encruamento devido às melhores características mecânicas, o condutor é designado como tendo **têmpera meio dura.**

PVC

Abreviatura de policioreto de vinila, que é um material termoplástico com excelentes características dielétricas e mecânicas, e que possui um limite de temperatura de serviço de t = 70 °C.

EPR

Abreviatura de borracha de etileno-propileno, com excelentes características dielétricas, mecânicas e de flexibilidade. O limite de temperatura de serviço é de t = 90 °C para o EPR e o HEPR (EPR de alto módulo), e de t = 105 °C para o EPR 105.

XLPE

Abreviatura de polietileno reticulado, com excelentes características dielétricas e mecânicas, menos flexível do que o EPR. O limite de temperatura de serviço é de t = 90 °C.

EVA

Abreviatura de etil vinil acetato, com excelentes características mecânicas e de baixa emissão de fumaça e gases tóxicos e corrosivos.

NYLON

Composto sintético com excelentes propriedades de resistência à abrasão, devido a sua dureza.

3 • CAMPOS ELÉTRICOS EM CABOS BLINDADOS E NÃO BLINDADOS

Os campos elétricos em fios de seção circular são radiais e solicitam de modo uniforme, com um campo radial homogêneo, o isolante que envolve o condutor, o que é uma meta que sempre devemos procurar.

Já diferente se apresenta o caso de um cabo com seção circular formado de diversos fios de seção circular, ocorrendo então, se não houver nenhuma providência, concentrações de campo elétrico que irão solicitar mais certas partes do isolante, reduzindo assim a sua capacidade de isolação e levando à ruptura elétrica nesses lugares.

Para evitar esse problema, em cabos onde encontramos campos elétricos intensos, e que são diretamente proporcionais aos respectivos valores de tensão (portanto mais críticos perante valores de média tensão e de alta tensão), há necessidade de se uniformizar a superfície externa do cabo, mediante a aplicação de uma blindagem, que é chamada de **blindagem da isolação**, nessa posição normalmente de material semicondutor (que é um isolante que recebe uma carga de material condutor e assim perde parte de suas propriedades isolantes).

Recobrindo a camada externa do cabo com esse material, o campo elétrico externo ao cabo se apresenta novamente homogêneo, evitando assim as concentrações prejudiciais. Um segundo efeito desta blindagem é evitar ou reduzir drasticamente a retenção de bolhas de ar entre a isolação e o cabo metálico, bolhas estas que se decompõem perante o campo elétrico e dão origem a ozona, que ataca a maioria dos materiais isolantes, prejudicando suas características dielétricas.

Os desenhos que seguem esclarecem o assunto.

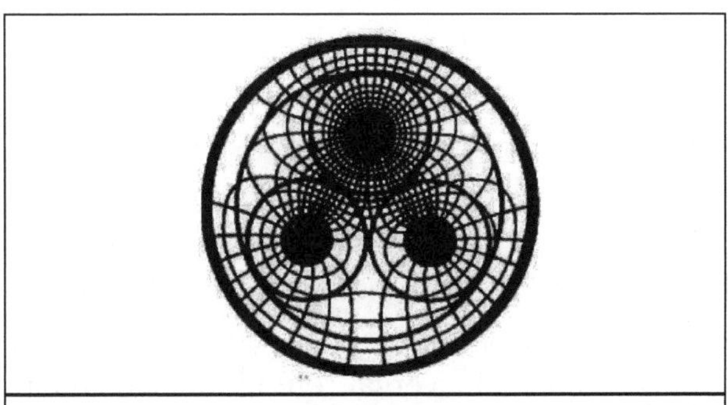

Figura 2.3 • Cabo sem blindagem perante a ação de campos elétricos.

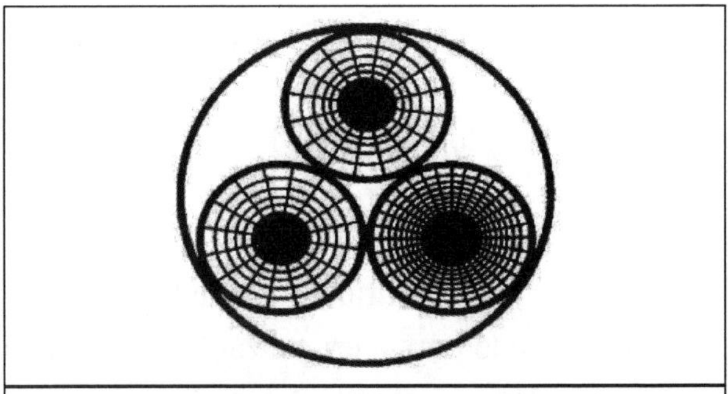

Figura 2.4 • Cabo com blindagem perante a ação de campos elétricos.

4 • IDENTIFICAÇÃO DOS CABOS PELOS VALORES DE TENSÃO FASE-TERRA (U_o) E TENSÃO FASE-FASE (U)

De acordo com o que determina o Quadro de Unidades de Medida do Sistema SI, associado à norma internacional das Grandezas Técnicas ISO 31, na qual o Sistema SI se baseia, e utilizando a terminologia da ABNT relativamente ao assunto, devemos aplicar:

- **Grandeza:** tensão elétrica (não use o termo "voltagem");
- **Símbolo preferencial desta Grandeza:** letra U;
- **Símbolo da tensão fase-neutro ou fase-terra:** U_0;
- **Símbolo da tensão fase-fase:** U;
- **Unidade de medida da tensão:** volt ou quilovolt (todas letras minúsculas);
- **Símbolos desta unidade:** V (maiúsculo) ou kV (k minúsculo e V maiúsculo).

Observando que a espessura da isolação do condutor deve ser adequada tanto quando opera na condição de contato com o solo (tensão U_0), quanto fazendo parte de uma rede com fases diferentes (tensão U), o cabo precisa ser identificado segundo estes dois valores numéricos, no qual: U_0 = U/1,732 (tensão nominal dividida pela raiz quadrada de três).

Exemplos: cabo U_0/U = 3,6/6 kV, ou seja, para uma tensão fase-neutro de 3,6 kV e uma tensão fase-fase de 6 kV, o que informa a sua classe de tensão.

No caso de uma rede trifásica, as três fases devem ser identificadas segundo as normas, por L1, L2 e L3. As fases também podem ser identificadas por cores diferentes, sendo padronizados o branco, o preto e o vermelho.

Os cabos devem ter impresso sobre a sua cobertura, no mínimo, a **classe de tensão (em kV)**, a sua **seção transversal (em milímetros quadrados)** (em letras minúsculas), a **norma da ABNT segundo a qual foi construído** e o **nome fantasia dado pelo fabricante.**

5 • PROCESSO DE OBTENÇÃO DO ALUMÍNIO A PARTIR DO SEU MINÉRIO

A refinaria é a fase do processo que transforma a bauxita em alumina calcinada. O procedimento mais utilizado é o Bayer. Esta é primeira etapa até se chegar ao alumínio metálico.

- Dissolução da alumina em soda cáustica.
- Filtração da alumina para separar o material sólido.
- O filtrado é concentrado para a cristalização da alumina.
- Os cristais são secados e calcinados para eliminar a água.
- O pó branco de alumina pura é enviado à redução.
- Na redução, ocorre o processo conhecido como *Hall-Héroult*, por meio da eletrólise, para obtenção do alumínio.

As principais fases da produção de alumina, desde a entrada do minério até a saída do produto final, são: moagem, digestão, filtração/evaporação, precipitação e calcinação. As operações de alumina têm um fluxograma de certa complexidade, que pode ser resumido em um circuito básico simples, conforme a Figura 2.5.

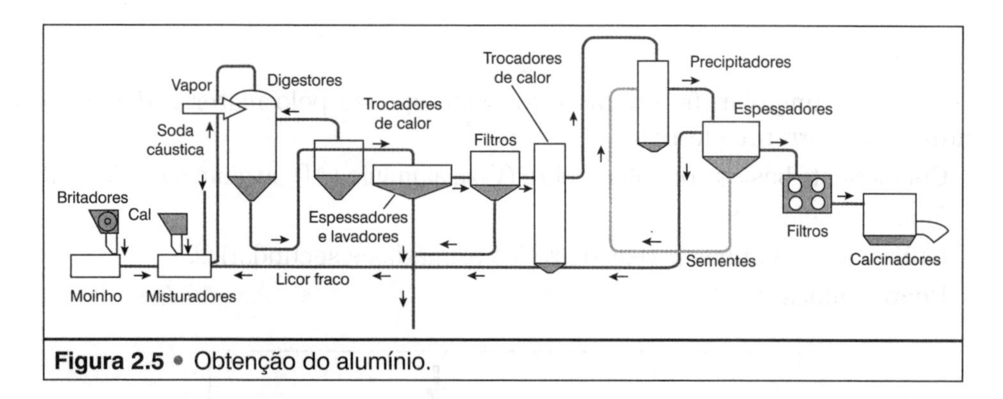

Figura 2.5 • Obtenção do alumínio.

Redução do alumínio

Redução é o processo de transformação da alumina em alumínio metálico:

- A alumina é dissolvida em um banho de criolita fundida e fluoreto de alumínio em baixa tensão, decompondo-se em oxigênio.
- O oxigênio se combina com o ânodo de carbono, desprendendo-se na forma de dióxido de carbono, e em alumínio líquido, que se precipita no fundo da cuba eletrolítica.
- O metal líquido (já alumínio primário) é transferido para a refusão através de cadinhos.
- São produzidos os lingotes, as placas e os tarugos (alumínio primário).

A tensão de cada uma das cubas, ligadas em série, varia de 4 V a 5 V, dos quais apenas 1,6 V são necessários para a eletrólise propriamente dita. A diferença de tensão é necessária para vencer resistências do circuito e gerar calor para manter o eletrólito em fusão.

6 • DEFINIÇÃO E CONSTRUÇÃO DOS CABOS

O objetivo principal deste texto é a analise dos cabos de média (MT) e de alta (AT) tensões, dentro das tensões padronizadas para as redes brasileiras. Se porém analisarmos o conjunto dos cabos de uso na energia elétrica, vamos ter tipos distintos de construção para as faixas de baixa tensão (até 1 kV), para as de média tensão (até 35 kV) e para as destinadas às tensões superiores, que no presente caso chegam a 230 kV para cabos isolados e 1 000 kV para cabos nus. Portanto, por uma questão didática, vamos iniciar a análise pelo cabo mais simples e desenvolver sua construção de acordo com a sua finalidade e sua classe de tensão. Vamos, neste particular, utilizar os termos técnicos definidos no início deste texto, que devem ser integralmente lembrados.

Condutor nu

Condutor unipolar, fio ou cabo, formado apenas pelo material destinado à condução da corrente elétrica.

Componente básico condutor: cobre (Cu), alumínio (Al) ou alumínio – liga (AL).

Isolação: sem isolação.

Utilização: em linhas aéreas de redes primárias e secundárias.

Representação:

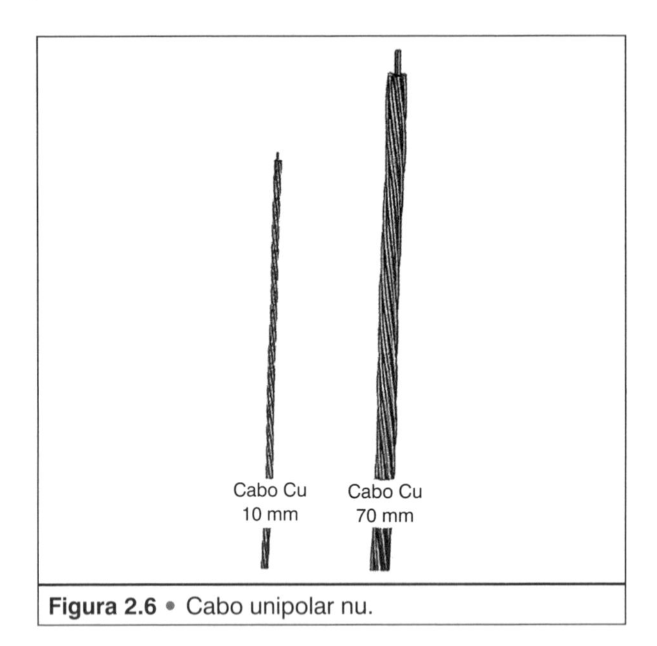

Figura 2.6 • Cabo unipolar nu.

Fio ou cabo coberto

Fio ou cabo envolto por uma camada de material isolante, mas que tem apenas uma função de proteção mecânica, não sendo dimensionado, nem tendo características para suportar as tensões existentes.

Componente básico condutor: cobre, alumínio e alumínio-liga.

Cobertura: camada de policloreto de vinila (PVC).

Utilização: sobretudo em rede primárias de média tensão.

Representação:

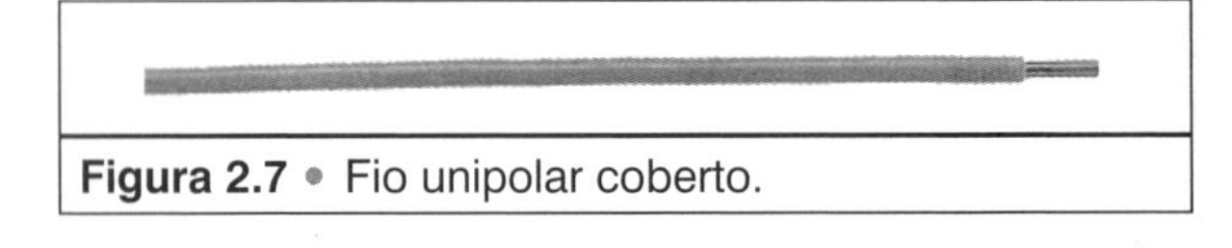

Figura 2.7 • Fio unipolar coberto.

Fio ou cabo unipolar isolado

Fio ou cabo envolto por uma camada de material isolante, dimensionado para suportar as tensões elétricas que se apresentam. Para tensões acima de U_0 / U = 1,8/3 kV, aplica-se uma camada semicondutora e uma cobertura, podendo ainda o cabo ser blindado ou não, dependendo das solicitações mecânicas presentes.

Componente básico condutor: cobre e alumínio.

Blindagem do condutor: material termoplástico modificado com característica semicondutora.

Isolação: PVC, EPR, XLPE.

Blindagem da isolação: uma camada de material termofixo, com característica semicondutora e, sobre esta, fios ou fitas de cobre ou de alumínio.

Cobertura: PVC, PE, XLPE, EVA, Nylon.

Utilização: em redes aéreas e subterrâneas, tanto em ambientes secos quanto úmidos.

Representação:

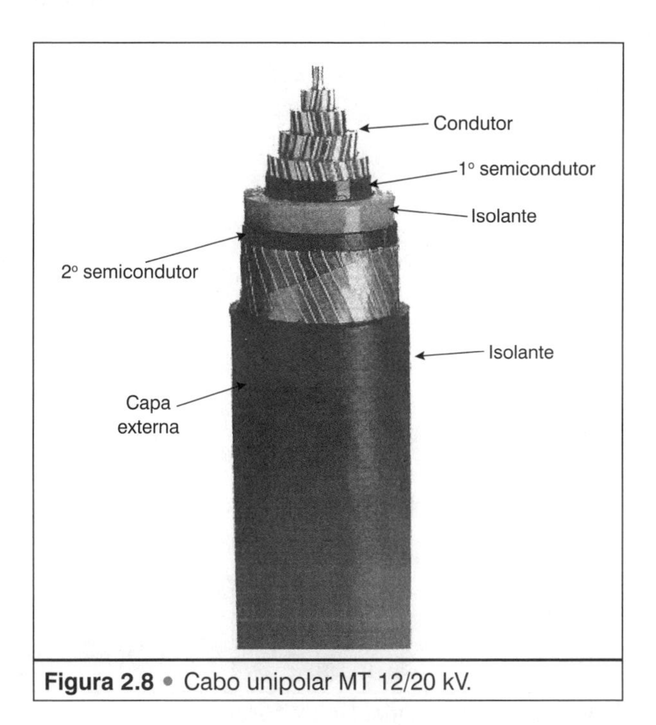

Figura 2.8 • Cabo unipolar MT 12/20 kV.

Cabo tripolar isolado

Cabo de três veias isoladas entre si, com uma camada isolante capaz de suportar a diferença de potencial entre as três fases (L1, L2, L3). Para tensões acima de U_0 / U = 1,8/3 kV, e em cabos flexíveis concêntricos, aplica-se uma blindagem do condutor sobre o condutor e uma blindagem da isolação sobre a isolação. Dependendo das condições do local da instalação, e sobretudo em instalações subterrâneas nas quais o cabo fica apoiado em solo de pouca consistência, tais cabos podem necessitar de uma armação destinada a absorver os esforços de deformação que o cabo pode sofrer. Tais esforços podem ser radiais ou longitudinais, e daí se conclui se é mais adequado uso de fios ou de uma fita de proteção, em ambos os casos, de aço galvanizado, conforme definição anterior neste texto. Esta camada é aplicada sobre a cobertura (que passa a ser uma camada intermediária) e é envolta por uma nova cobertura.

Componente básico condutor: cobre ou alumínio.

Blindagem do condutor: material termofixo modificado com característica semicondutora.

Isolação: PVC, EPR ou XLPE.

Blindagem da isolação: uma camada de material termofixo modificado e, sobre esta, fios ou fitas de cobre.

Cobertura: uma camada de PVC, PE, XLPE, EVA, Nylon.

Armação: opcional, com fios ou fitas de aço ou cobre.

Utilização: em instalações aéreas e subterrâneas, em ambientes secos ou úmidos.

Representação:

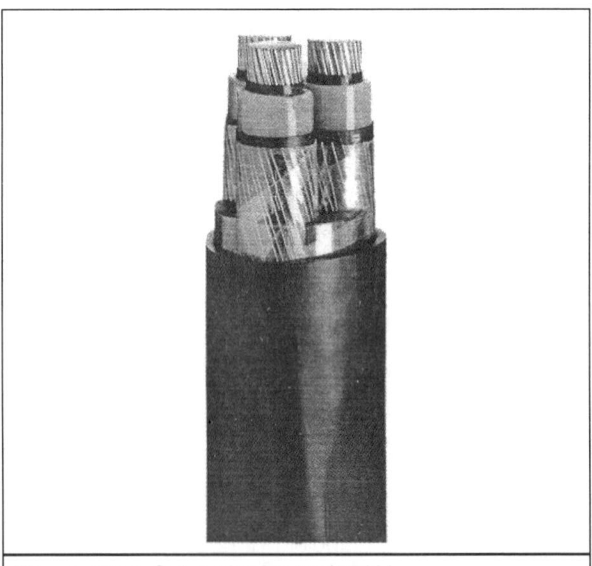

Figura 2.9 • Cabo tripolar 8,7/15 kV.

7 • ANÁLISE DAS CARACTERÍSTICAS DOS MATERIAIS

Materiais condutores

Os condutores da corrente elétrica de fios e cabos devem apresentar algumas características que favoreçam a circulação da corrente, que suportem os esforços mecânicos presentes na instalação e no seu uso, que suportem adequadamente as temperaturas nos locais e que apresentem adequadas características quanto à oxidação. No que diz respeito à circulação da corrente, a grandeza básica é a resistividade elétrica do material, e a variação deste valor com a temperatura de utilização, ou seja, qual é o coeficiente de temperatura de cada um deles. Tomando como base esta grandeza, vamos ver quais são esses valores para os metais disponíveis, e, sobretudo, quais são os mais favoráveis.

Tabela 2.1 • Características elétricas e térmicas.

Material	**Resistividade elétrica máxima a 20 °C (Ω mm²/m)**	**Coeficiente de temperatura 1/°C**
Prata	0,0165	0,0036
Cobre recozido	0,017241	0,00393
Cobre encruado	0,017774	0,00381
Ouro	0,023	0,0038
Alumínio recozido	0,028264	0,00403
Alumínio encruado	0,032840	0,00347

O valor da resistividade varia com a temperatura, sendo tanto mais baixa quanto menor a temperatura. O seu valor de referência é dado a t = 20 °C, e sua variação em função da temperatura se faz segundo o seu coeficiente de temperatura.

Nota-se, portanto:

- O melhor condutor é a prata, seguida imediatamente pelo cobre recozido.
- O ouro ocupa a 4ª posição, sendo que tanto a prata quanto o ouro são descartados devido ao seu custo.
- Entre os metais, e quanto a sua resistividade, o alumínio segue o cobre, sendo assim a segunda opção quando não se usa o cobre.
- Tal como o cobre recozido e encruado, também o alumínio recozido tem características elétricas superiores ao alumínio encruado.
- Cobre e alumínio são metais frequentemente encontrados na construção de cabos, na forma encruada ou recozida. Devemos, entretanto, observar que:
  - A maior resistividade elétrica do alumínio nos leva a necessitar uma maior seção condutora ao usar este metal para conduzir uma determinada corrente, do que se usássemos o cobre, numa relação de 1,0 para 1,6.
  - Uma maior seção condutora também leva a um maior perímetro do condutor, e, consequentemente, a um maior volume de material isolante que envolva o fio ou cabo.

- Por outro lado, o alumínio é mais barato do que o cobre, e é 3 vezes mais leve do que este.
- Devido às condições particulares de oxidação do alumínio, recomenda-se que, quando é feita uma emenda usando conectores, estes devem ser do tipo bimetálico, e a decapagem do cabo, para efeito de emenda, deve ser feita apenas no instante da conexão.
- Em instalações aéreas, quando se necessita maior resistência mecânica, podem-se utilizar cabos de alumínio-liga, os quais, porém, têm resistividade elétrica maior, obrigando a elevação de seção condutora, para não aumentar as perdas elétricas e consequente aquecimento.
- Quando do uso de condutores de alumínio em instalações elétricas de saídas de emergência ou na verificação de atendimento da seção mínima do condutor de cobre ou de alumínio, se observem os termos das normas ABNT relativas às instalações, como, por exemplo, a NBR 5410/2004.

Materiais isolantes

Como vimos no item relativo à construção dos cabos, materiais isolantes são utilizados na isolação e na cobertura, sendo que no primeiro caso, o destaque é dado às suas características dielétricas, e no segundo caso, também ao seu comportamento mecânico e de neutralidade com o ambiente.

Vejamos algumas das suas principais características.

Materiais para a construção da camada isolante

Características	PE	PVC	XLPE	EPR
Rigidez dielétrica (kV/mm) frequência indust. impulso	50 65	15 40	50 65	40 60
Const. dielétrica	2,3	8	2,5	3,0
Fator de perdas	0,001	0,1	0,004	0,02
Resistividade térmica (°C.m/W)	3,5	5,0	3,5	3,5 a 5,0
Comportamento em amb. úmido	Ótimo	Bom	Ótimo	Bom
Flexibilidade	Boa	Boa	Regular	Ótima
Limite térmico °C permanente sobrecarga curto-circuito	 75 90 150	 70 100 160	 90 130 250	 90/105 130/140 250

Materiais para a construção da cobertura

Como a cobertura é a camada externa do cabo, o material desta cobertura deve ser analisado segundo os seguintes aspectos:

Característica	PVC	PE	XLPE	EVA
Flexibilidade	Boa	Regular	Regular	Boa
Resist. mec. ao desgaste por atrito	Boa	Boa	Boa	Boa
Ação perante UV	Ótima	Ótima	Ótima	Ótima
Inflamabilidade	Ótima	Ruim	Ruim	Ótima
Resist. agentes químicos	Boa	Ótima	Ótima	Ótima
Impermeabilidade	Boa	Ótima	Ótima	Boa

Materiais para a blindagem metálica

A blindagem metálica é basicamente executada usando fios ou fitas de cobre.

Materiais para a blindagem semicondutora da isolação

A blindagem semicondutora da isolação é feita basicamente de um material semicondutivo, isolante ao qual se acrescenta um material condutor. A matéria-prima assim obtida perde parte de suas propriedades isolantes e, com isso, se comporta como um material semicondutor. Sua aplicação é feita normalmente por **extrusão.**

Extrusão

É o processo segundo o qual um determinado composto é aquecido até a sua temperatura de fusão, sendo então aplicado sobre a superfície de um condutor quando se trata de uma **camada isolante**, ou sobre o núcleo de um cabo formado pelo condutor isolado, com ou sem blindagem (ou por vários condutores reunidos), quando se está criando uma **capa** de cobertura, intermediária ou externa.

Armação

Camada destinada a proteger o cabo contra os efeitos de esforços mecânicos externos. O material é basicamente o aço galvanizado, o cobre ou o alumínio, utilizados nas seguintes formas:

- Na forma de fios que envolvem a camada isolante intermediária, quando os esforços atuantes são de tração (longitudinais).
- Na forma de fitas, quando estes esforços são predominantemente transversais ou radiais, e na forma de golpes.

- A armação também pode ser necessária quando um cabo é enterrado diretamente no solo, sem nenhuma proteção contra eventuais deformações devidas ao peso do solo ou de cargas superficiais.
- Uma terceira forma de armação é a de fitas corrugadas intertravadas, que têm o mesmo comportamento das fitas supracitadas.

8 • PROCESSO DE RETICULAÇÃO DO POLIETILENO, NA OBTENÇÃO DO POLIETILENO RETICULADO (XLPE) E A BORRACHA DE ETILENO-PROPILENO (EPR)

O EPR e o XLPE são as isolações termofixas de uso mais frequente em cabos de energia, caracterizando-se pelas elevadas temperaturas que suportam, como visto na tabela de características. Este fato permite que o cabo opere em níveis de temperatura mais elevados, e, assim, perante uma corrente mais elevada, o que leva a uma redução da seção condutora para uma determinada corrente, advindo daí diversas vantagens na sua instalação.

A reticulação é um processo que modifica a estrutura molecular através da adição de componentes químicos que aprimoram as propriedades térmicas do isolante. Aplicando ao polietileno certa quantidade de peróxidos orgânicos ou de silanos, ou de uma carga mineral com silanos no caso do EPR, ocorrem também melhorias nas propriedades mecânicas importantes para o seu uso como isolação de cabos.

Esquematicamente, o processo de reticulação é uma das etapas de fabricação do cabo, como indica o esquema que segue.

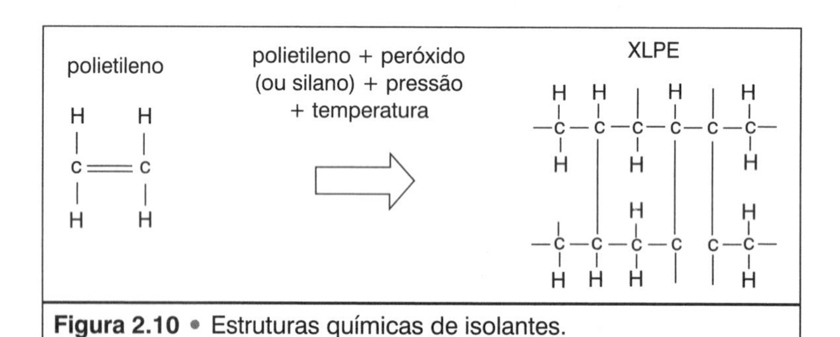

Figura 2.10 • Estruturas químicas de isolantes.

Fatores de degradação

Cada componente, cada equipamento, tem uma certa durabilidade, ou seja, uma certa vida útil, que vem estabelecida frequentemente por norma técnica. Assim, por exemplo, um transformador de distribuição é dimensionado para durar cerca de 20 anos, e isto quando dimensionado e operado dentro das condições também estabelecidas por normas técnicas. Tais condições, no caso de transformadores, são o atendimento dos limites térmicos, mecânicos e de manuseio nos quais os materiais utilizados devem operar, pois somente assim é possível atender à exigência de uma vida útil.

O atendimento do valor da vida útil é, antes de mais nada, um fator econômico, pois é ele que nos vai dizer por quanto tempo estaremos utilizando-o, sem necessidade de sua substituição e sem necessidade de fazer um novo investimento neste sentido, ou seja, sem que o seu "envelhecimento" atinja valores que exigem sua substituição. Esta vida útil é, por sua vez, consequência das condições de operação e do meio ambiente em que o componente vai operar, ambos grupos de fatores abordados nas normas técnicas respectivas.

Assim, por exemplo, quanto ao meio ambiente, a temperatura ambiente, as condições climáticas (combinação da temperatura com a umidade), altitude, presença de água e/ou de substâncias corrosivas, solicitações mecânicas, presença de mofo ou de fauna que pode agredir o cabo, exposição a radiação solar, descargas atmosféricas e outros fatores, analisados e avaliados, por exemplo, na NBR 5410/2004, em sua seção 4.2.6.1, se apresentam em condições críticas, é fundamental se definir sua grandeza e levar esta informação ao conhecimento do fabricante, para estabelecer eventuais critérios de cálculo mais seguros do que os normalmente aplicados. Dependendo da avaliação destas condições, pode se tornar necessária a aplicação de fatores de correção, também estabelecidos em norma.

O mesmo conceito vale para fios e cabos. Quando escolhemos os materiais que serão utilizados na sua construção, temos de saber em que condições o cabo será utilizado, respondendo a perguntas como as seguintes:

1. Quais são as condições do ambiente da instalação? É um ambiente seco ou úmido? Ele é agressivo ou não, haverá ou não incidência direta dos raios solares?
2. A instalação será aérea ou subterrânea?
3. Sendo aérea, quais os esforços mecânicos que aparecerão? Existe a possibilidade de ventos intensos?
4. Se for subterrânea, quais as condições de compactação do solo? Este solo vai suportar o peso do cabo, ou é necessário fazer a previsão de um cabo com armadura?
5. Quanto à camada de cobertura, esta certamente deve ser à prova de umidade e água?
6. Quanto à escolha entre um condutor de cobre ou de alumínio, as normas de instalações trazem uma orientação detalhada. Assim, por exemplo, tratando-se de um cabo de baixa tensão, aplica-se o item 6.2.3, Condutores, da NBR 5410/2004.

E assim, uma série de outros fatores devem ser lembrados e levados em consideração. Portanto, vamos comentar detalhes a respeito do assunto.

Influência da umidade

Se um material não é à prova de umidade, e se o cabo, nas suas camadas isolantes, ficar sujeito a mesma, certamente as condições de isolação do material serão prejudicadas. Ou seja, a sua rigidez dielétrica vai ficar abaixo dos valores tomados como referência, e, mais dia, menos dia, teremos uma descarga interna através desta camada, danificando de forma irreversível o condutor, que assim precisa ser substituído, representando um novo investimento. Normalmente, um conserto de um tal acidente não leva a bons resultados, exigindo a utilização de emendas ou troca do cabo.

Neste sentido, vamos consultar a tabela que define as principais propriedades dos materiais isolantes, e chegar à conclusão que alguns dos citados não podem ser usados se existe o risco da presença de umidade, enquanto outros já são recomendados.

Fenômeno da arborização

Este fenômeno, em inglês chamado de *treeing*, e que aparece devido à ação da água (e, por isso, em inglês chamado de *water treeing*) ou a ação de um campo elétrico muito intenso (em inglês chamado de *elëctrical treeing*) leva à ruptura prematura do dielétrico, e como tal deve ser evitado.

É particularmente encontrado nas isolações de polímeros e, como tal, nos polietilenos (PE) e nos polietilenos reticulados (XLPE).

Vejamos inicialmente o que ocorre nas "arborizações de origem elétrica", ou simplesmente "arborizações elétricas". Este problema aparece normalmente devido a falhas microscópicas na estrutura química do polímero sobre a qual vai atuar o campo elétrico consequente da classe de tensão em que o cabo é utilizado. Neste caso, ocorrem ionizações parciais dentro do material e, daí, descargas elétricas parciais que levam a perfuração do material isolante.

Nas "arborizações devidas à água", que são classificadas como sendo arborizações eletroquímicas, se distinguem normalmente três etapas: a incubação, a propagação e a perfuração do dielétrico, na sequência do seu desenvolvimento até o estágio final. Da mesma forma, havendo ruptura do isolante, o dano é irreparável. Como o próprio nome diz, o fenômeno é devido a penetração da água no material perante às condições ambientais. A "arborização devida à água" pode se apresentar de dois modos:

- uma arborização interna ao material isolante (chamada de *bow-tie tree*); e
- uma na interface entre a camada isolante e a camada semicondutora (chamada de *vented tree*).

Normalmente, a arborização interna do material se desenvolve a uma velocidade bem menor que a eventualmente existente na interface entre a isolação e a camada semicondutora.

Todas estas arborizações estão representadas na figura que segue.

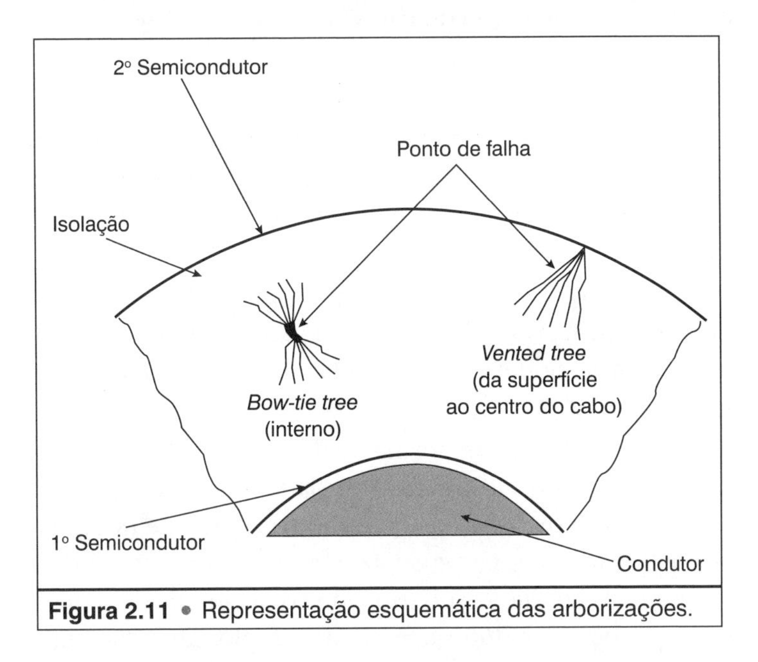

Figura 2.11 • Representação esquemática das arborizações.

Figura 2.12 • Arborização interna em um cabo isolado com PE (*bow-tie tree*), imerso em água.

Figura 2.13 • Arborização da superfície externa do cabo (*Vented Tree*) isolado com PE 20 kV.

Este problema é particularmente mais crítico em cabos de média e de alta tensões, devido às diferenças de potencial presentes, o que pode levar a se aplicar um bloqueio longitudinal no condutor e na blindagem, através de materiais tamponantes aplicados na construção do cabo.

Temperatura

Na tabela das características, uma das referências está voltada para as temperaturas suportadas pelos materiais. Cada uma vem identificada pelos limites de temperatura específicos perante três condições de operação: a permanente, a em sobrecarga e a em curto-circuito. Vamos detalhar este assunto.

1. As condições de temperatura em que o condutor vai operar dependem das perdas internas devidas à resistividade do material perante uma dada corrente (perdas joule), e das condições de troca de calor do ambiente em que se encontra.
2. O aquecimento devido às perdas joule resulta do seu dimensionamento para um dado material e para uma dada corrente. As perdas joule são diretamente proporcionais ao quadrado da corrente multiplicado pela resistência elétrica, que por sua vez depende diretamente da resistividade do material nas condições de uso e do comprimento do condutor, e inversamente da seção condutora. Respeitar o valor da seção mínima determinado em norma.
3. A temperatura de referência da resistividade é de t = 30 °C. Há, portanto, necessidade, no cálculo da resistividade nas condições de uso, de se fazer uma correção do seu valor sempre que a temperatura no local não for de 30 °C, aplicando o respectivo coeficiente de correção de temperatura.
4. Esse valor de aquecimento está padronizado para cada material pelas normas técnicas da ABNT, dentro de um critério de baixo envelhecimento ou elevada vida útil, que em condutores é da ordem de 30 anos. Logo, se este limite de temperatura, em qualquer condição de serviço, for menor, a vida útil será maior e, ao contrário, se a temperatura for maior, o envelhecimento será maior e a vida útil, menor.
5. São caracterizados 3 regimes de serviço, quanto à temperatura-limite admissível: a permanente, a perante sobrecarga e a perante curto-circuito. Em detalhes:
   - A temperatura permanente é aquela que o material tem de suportar e alcançar uma vida útil esperada (p. ex., 30 anos) com carga de 100% e frequência de 50 Hz ou 60 Hz.
   - A temperatura perante sobrecarga (ou, no detalhe, perante uma sobrecorrente que assim eleva as perdas joule) é um valor que o material isolante deve suportar durante o tempo especificado na respectiva norma do material utilizado, e que é de algumas horas. O tempo de circulação desta corrente depende da característica de desligamento

do relé de proteção contra sobrecarga utilizado e é encontrado nos catálogos do fabricante do relé.

- A temperatura perante a circulação da corrente de curto-circuito (quando a corrente pode assumir valores de algumas dezenas do valor nominal) é o terceiro parâmetro, e depende da norma específica do material isolante utilizado, que é de alguns segundos, e também depende da característica de desligamento do relé de curto-circuito, conforme fabricante.
- Particularmente no caso de cabos subterrâneos, o atendimento do valor das correntes-limite mencionadas ainda depende da resistividade térmica do solo, e que por norma tem o valor de 2,5 Km/W. Baseadas neste valor que as normas determinam a corrente nominal que um cabo subterrâneo ou enterrado deve conduzir permanentemente. Quando o valor desta condutividade não coincide com o valor de referência, a capacidade de condução de corrente do cabo (ou sua ampacidade) deve ser recalculada, aplicando-se fatores de correção dados na respectiva norma.

9 • SOLICITAÇÕES MECÂNICAS ATUANTES SOBRE O CABO

Os eventuais esforços de tração, flexão e torção que o cabo ou fio terão de suportar não podem ultrapassar as suas taxas respectivas. Tais esforços podem ser consequentes de:

- Curvatura aplicada ao cabo ou fio

  Esta curvatura depende da construção do cabo, e seu raio mínimo é definido por norma técnica da ABNT (por exemplo, o raio de curvatura ao se dobrar um cabo blindado deve ter no mínimo 12 vezes o seu diâmetro). Este é um dado importante para ser respeitado, quando da instalação.
- Deformações devidas à falta de consistência da sua base de apoio

  É o caso de cabos subterrâneos, lançados diretamente no solo, muitas vezes constituído de argila muito molhada e de pouca consistência. Neste caso, a armadura evitará deformações na parte isolante e condutora do cabo.
- Esforços de tração quando da instalação

  Tais esforços aparecem sobretudo em redes aéreas, nos pontos de fixação, auxiliando as ferragens na fixação do cabo, sem grandes concentrações de esforços.
- Esforços de atrito no local da instalação

  Podem ocorrer quando o cabo é puxado dentro de tubos. Em determinados casos, podem ser usadas graxas especiais que não atacam a cobertura do cabo, para reduzir o atrito, e, com isso, minimizar eventuais danificações do cabo ou a necessidade de aplicação de esforços mecânicos de tração não compatíveis com a construção do cabo.

Neste aspecto, o fabricante deve informar qual o esforço de tração máximo que o cabo suporta, entrando este valor no cálculo da seção condutora necessária.

10 • FATORES DE DIMENSIONAMENTO

O dimensionamento do cabo deve atender a diversas condições de operação, podendo se destacar:

- Operação em condições permanentes de corrente elétrica.
- Operação perante condições especificadas de queda de tensão, segundo a norma.
- Operação perante a corrente de curto-circuito.
- Tração mecânica, para sua instalação. Um valor de referência da taxa de tração que um cabo suporta é de 40 Pa (1 pascal = 1 newton/metro quadrado).
- No caso de cabos de baixa tensão, atender à Tabela das Seções Mínimas da NBR 5410/2004.
- Tratando-se de cabos de média tensão, a norma de referência é a NBR 4039/2005.

Em cada um desses cálculos, teremos como resultado a obtenção de uma seção mínima. A maior das seções condutoras assim calculada será a referência para a escolha do cabo, dentro dos valores de seção nominal constantes em norma. Vejamos cada caso.

11 • DIMENSIONAMENTO DA SEÇÃO CONDUTORA DO CONDUTOR

A determinação da seção condutora necessária, por parte do projetista, deve incluir todas as condições limitadoras de utilização do cabo ou fio, de tal maneira que opere sempre com segurança. Nessas condições, incluem-se fatores do meio ambiente, tais como a temperatura máxima que o material pode alcançar em serviço, as influências prejudiciais da presença de umidade e mofo, o ataque de roedores, as alterações estruturais de um ou mais dos componentes do cabo perante a ação de raios solares (UV) etc, ou as determinadas pelas condições elétricas e mecânicas que o fio ou cabo tem de suportar, tais como a diferença de potencial entre veias diferentes, os esforços mecânicos devidos à instalação etc.

Consequentemente, ao lado da escolha, pelo projetista, de matérias-primas que deseja utilizar, como, por exemplo, o uso do alumínio na parte condutora e o PVC como camada isolante, o tipo de cabo (unipolar ou tripolar), a necessidade ou não de um reforço mecânico, tem de haver uma clara definição das condições em que o cabo vai operar, seja nos aspectos elétricos, mecânicos e térmicos, seja nas condições ambientais presentes e comparadas com as propriedades dos materiais disponíveis.

No aspecto elétrico, temos de levar em consideração as seguintes condições de uso:

Comportamento do cabo ou fio perante a corrente nominal

Esta corrente é conhecida, pois temos de ter a carga a ser ligada. Portanto, conhecendo a carga, tendo-se o fator de potência em que esta carga vai operar, sabendo qual a tensão de alimentação, podemos calcular a corrente, e daí fazer o cálculo pelo chamado Método da Capacidade de Condução de Corrente (chamado popularmente de Método da Ampacidade).

Para sua aplicação, o projetista precisa reunir as seguintes informações, que de algum modo aparecem no cálculo ou no uso correto das tabelas de capacidade de condução de corrente, existentes nas normas NBR 5410/2004 ou NBR 14039/2005, a primeira para circuitos de baixa tensão (até valores de tensão iguais ou menores que 1 kV), e a segunda para circuitos alimentados por tensões superiores a 1 kV e até 36,2 kV (limite prático da chamada média tensão):

1. tensão nominal Un;
2. corrente nominal In ou potência nominal Pn;
3. fator de potência, se for um circuito de corrente alternada (cos ϕ);
4. frequência da rede fn;
5. tipo de cabo ou fio que vai ser usado, quanto ao material condutor (cobre ou alumínio) e quanto à construção (unipolar, tripolar etc.), e, assim, o número de cabos a serem instalados juntos;
6. tipo de instalação (ao ar livre, subterrâneo, em canaleta etc.);
7. disposição dos cabos (encostados, afastados de um certo valor etc.);
8. temperatura mais crítica no local, lembrando que a capacidade de condução é estabelecida por norma em t = 30 °C, para cabos não subterrâneos e 20 °C para os subterrâneos, e assim eventual necessidade de correção dos fatores de dimensionamento para a temperatura no local;
9. escolha do tipo de cabo, quanto a sua classe de isolação e ao material isolante (EPR, XLPE, PVC etc.) e consequente temperatura-limite (lembrando que cabos isolados com materiais que suportam uma temperatura maior também têm condições de conduzir uma corrente maior);
10. fator de carga;
11. no caso de cabos para instalação subterrânea, a condutividade térmica do solo no local da instalação e comparação com o valor de referência, com eventual necessidade de aplicar um fator de correção.

Escolhe-se, para a corrente calculada, uma seção imediatamente superior ao valor tabelado.

Operação perante a corrente de curto-circuito (I_k)

Ocorrendo um curto-circuito numa instalação, e durante o tempo que os relés de proteção precisam para atuar, o cabo deve suportar a elevada corrente que se manifesta, e que costuma ser de algumas dezenas de quiloampères (30 kA – 50 kA). Evidentemente, estas condições anormais não vão circular por mais do que alguns segundos, e é para estas condições que o cabo precisa ser dimensionado, quanto à seção nominal necessária. Para fazer este segundo dimensionamento, temos de conhecer:

1. O valor da corrente de curto-circuito (I_k) que se pode estabelecer. Este valor depende da impedância do circuito elétrico e é calculado. Se valor é indicado em quiloampères (kA).
2. O fabricante tem de informar qual o máximo valor da corrente de curto-circuito (I_k) que os seus cabos suportam. Esta informação é dada por meio de curvas características como a representada no que segue, relacionando o valor da corrente I_k para diversos ciclos de operação com a seção necessária para que seja suportada, sem ocorrer sobreaquecimento ou deformação eletromagnética.
3. O tempo, em número de ciclos, que esta corrente vai circular. Este valor resulta da curva característica de desligamento do relé de proteção contra correntes de curto-circuito utilizado na rede.
4. O tipo de cabo escolhido, quanto ao seu material condutor e às camadas de isolação.
5. O material isolante utilizado, com o que se define sua temperatura em regime permanente e perante o estado de curto-circuito.

Com estes valores e dados, marca-se o ponto da corrente I_k no eixo vertical, leva-se uma horizontal até a reta que define o regime de atuação do relé (em ciclos ou segundos) e, neste ponto de interseção, leva-se uma vertical até o eixo horizontal, definindo a seção condutora. Como esses valores de seção são padronizados, escolhe-se uma seção imediatamente acima do valor obtido no gráfico. Segue um exemplo de um tal gráfico.

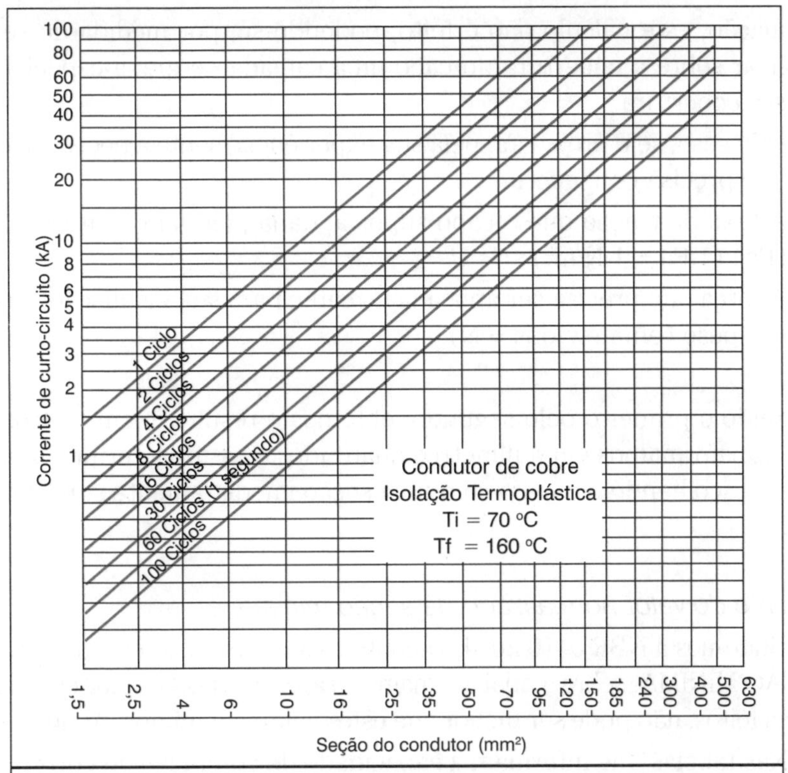

Figura 2.14 • Determinação da seção condutora em função da corrente de curto-circuito.

Cálculo da seção condutora necessária para atender a condição normalizada de queda de tensão

As normas NBR 5410/2004 e NBR 14039/2005 especificam os valores máximos admissíveis de queda de tensão em qualquer ponto da instalação. No caso da NBR 5410, o valor varia de 5% a 7%, dependendo do tipo de instalação, e na NBR 14039, o valor é de 5% da tensão nominal. Aplicando este valor às fórmulas de cálculo elétricas, nas quais a seção é um dos componentes, obtém-se a seção condutora necessária para atender a esta condição.

Cálculo da seção condutora pela grandeza dos esforços mecânicos atuantes

Um quarto cálculo da seção condutora necessária leva em consideração tão somente os esforços mecânicos que o cabo é capaz de suportar e o valor do esforço mecânico aplicado quando o cabo é instalado, sendo que este último valor é função direta do peso próprio do cabo (e, assim, do seu comprimento e da seção total do cabo) e do coeficiente de atrito da superfície sobre a qual o cabo é arrastado. Portanto, quando o comprimento não é grande e o cabo não é de grande seção, e ainda o cabo não é puxado dentro de dutos ou eletrodutos que dificultem esta instalação, este cálculo não é feito, podendo-se, por medida de segurança, ainda aplicar sobre a cobertura do cabo uma camada de graxa especial que não ataque essa cobertura.

Em todo caso, se o projetista, pela sua experiência, sente a necessidade desses cálculos, ele precisa conhecer:

- A taxa de tração que o cabo suporta, dada pelo fabricante em "pascais" (Pa) (1 Pa = 1 N/m²).
- A força que precisa ser aplicada ao cabo, para sua instalação, baseada no seu peso (em newtons = N).

Dividindo o primeiro pelo segundo, obtemos o resultado em metros quadrados, que transformamos em milímetros quadrados e assim determinamos a seção necessária, escolhendo um cabo com uma seção imediatamente superior ao valor calculado.

Atendimento do valor normalizado da seção mínima

Referindo-nos a NBR 5410/2004, encontramos algumas determinações quanto a uma SEÇÃO MÍNIMA, sobre a qual chamamos a atenção, pois o valor escolhido, após os cálculos feitos, **não pode ser menor que estes valores mínimos**. Assim temos:

1. Nas tabelas que informam a capacidade de condução de corrente, e para todos os casos em que a norma se aplica, a seção condutora mínima de condutores de cobre não pode ser inferior a 0,5 mm², e não inferior a 10 mm² se o condutor é de alumínio.
2. Quando se trata de uma instalação comercial, a seção mínima em alumínio tem de ser de 50 mm², e de 16 mm² em instalações industriais.

Quando se trata de redes de média tensão, que são regulamentadas pela NBR 14039/2005, as determinações são:

1. A seção mínima em cobre é de 10 mm², e a de alumínio é de 16 mm².

Conclusão: Efetuamos o cálculo da seção necessária sob 5 aspectos diferentes, visando atender 5 tipos de grandezas limitadoras diferentes. O valor da seção que atende a todas estas é evidentemente o maior delas. Porém, como as seções são padronizadas, toma-se o valor maior calculado, entra-se na tabela de seções padronizadas e escolhe-se a imediatamente superior ao valor máximo calculado.

12 • CONSTRUÇÃO DOS CABOS EM FUNÇÃO DA CLASSE DE TENSÃO E CONDIÇÕES DE USO

Conforme já comentamos, a classe de tensão influi diretamente na construção do cabo, sobretudo no que se refere a existência de camadas de blindagens semicondutoras ou metálicas, bem como a necessidade de armação é consequência das condições do local. Portanto, as diversas e numerosas construções existentes podem ser relacionadas, destacando em cada caso, estas referências.

Diversos dos cabos representados a seguir podem ser fornecidos com armação, cuja função já foi descrita. Portanto, se as condições de instalação assim o exigem, consultar o fabricante sobre a possibilidade de seu fornecimento com a armação necessária.

Seguindo o circuito da **usina geradora ao consumidor**, que temos como *leitfaden* na sequência de assuntos, estamos analisando os cabos, e, numa primeira parte deste assunto, foram abordados diversos aspectos que orientam as características, os problemas e sua correlação com o nível de tensão presente nesta parte do sistema, onde ainda temos valores de **alta ou média tensões**, antes definidos.

Vamos enfocar neste item o que do exposto se aplica aos cabos destes níveis de tensão.

13 • NORMAS TÉCNICAS APLICÁVEIS EM MÉDIA E ALTA TENSÕES

É fundamental, em todos os casos de uso, dimensionamento ou ensaio, que sejam consultadas as normas relativas ao material e ao assunto que se pretende utilizar, sempre com o cuidado de consultar esta norma na sua última versão. As edições anteriores a esta não podem ser utilizadas, pois é frequente que de uma edição a outra ocorram modificações importantes. Para saber qual é a edição da norma que está em vigor, consulte a ABNT pela Internet (www.abnt.org.br).

Note-se que os textos de normas abordam, em textos separados, as Normas de Instalação, a Especificação (que são as condições a serem atendidas pelos componentes) e os Métodos de Ensaio (que descrevem como deve ser feito o ensaio do componente para determinar corretamente o modo de levantar seus dados técnicos determinantes das características do componente ou sistema). Em cada um desses textos, existem referências relativas à Terminologia Técnica, no item Definições.

Do item geral apresentado sobre fios e cabos, podemos destacar:

1. NBR 5111 – **Fios de cobre, de seção circular, para fins elétricos.**

Apesar de ser tecnicamente viável, esta norma tem aplicação limitada na faixa das tensões consideradas, pois na transmissão e distribuição em média e alta tensões se tem praticamente o uso exclusivo do alumínio ou liga de alumínio.

2. NBR 5118 – **Fios de alumínio nu, de seção circular, para fins elétricos.**

Pelas mesmas razões anteriores, esta é uma norma básica nesta faixa de tensões, tanto como fio usado individualmente quanto, e, sobretudo, deste fio como elemento básico de fios e cabos isolados. Note-se que os cabos, compostos de um certo número de fios de seção circular, podem ser utilizados desta forma na fabricação de cabos ou não ser de seção circular, como acontece nos cabos compactados, quando esta norma se aplica aos componentes do cabo antes da compactação, conforme demonstrado na parte geral sobre cabos em item anterior neste livro.

3. NBR 7270 – Cabos de alumínio com alma de aço para linhas elétricas.

Esta é uma norma muito usada, pois especifica as características a serem atendidas por cabos nas rede, dotados de um reforço mecânico, para permitir o uso de vãos maiores entre postes e torres de sustentação. Isto porque, tanto o cobre quanto, sobretudo, o alumínio não são materiais que possuem uma resistência mecânica elevada, o que faz com que, não havendo a alma de aço, os vãos entre postes e torres tenham de ser reduzidos, o que vai encarecer o custo da instalação.

Um aspecto mais complicado nestes cabos é encontrado quando da emenda do mesmo, pois o cabo de aço que forma a chamada "alma" também precisa ser adequadamente emendado, para garantir o reforço mecânico.

4. NBR 7271 – Cabos de alumínio para linhas aéreas – Especificação.

Trata do mesmo assunto da norma anterior, porém de modo mais genérico.

5. NBR 7286 – Cabos de potência com isolação sólida extrudada de polietileno (reticulado) termofixo (XLPE), para tensões de isolamento de 1 kV a 35 kV – Especificação.

Cabe inicialmente observar que, de acordo com as normas da ABNT, a baixa tensão atinge no máximo o valor de U = 1 kV, sendo que se entende como média tensão os valores acima até U = 35 kV. Na prática, acima deste valor, inicia-se a alta tensão. Esta norma trata do uso do XLPE como isolamento de um cabo de potência. Em função do material condutor e do isolamento, a norma determina qual a corrente que dada seção do cabo pode suportar, sem que haja sobreaquecimento. Pelo que já vimos anteriormente, cada capa isolante suporta uma dada temperatura resultante de perdas internas (perdas joule), associada à temperatura ambiente e às condições de troca de calor. Assim, para dada temperatura ambiente indicada na norma e dada capa isolante, a norma determina, para diversos regimes de operação, a densidade de corrente admissível. É o que esta norma define. Vale lembrar também que, em função da máxima temperatura que o isolamento pode suportar, em dado regime (permanente, ou não), estabelece-se a corrente admissível, pois o aquecimento suportável é parcialmente função do calor desenvolvido pelas perdas joule, que por sua vez dependem diretamente do quadrado da corrente circulante (as perdas e o aquecimento são função direta da corrente e da resistência elétrica do condutor). No caso presente, o XLPE suporta permanentemente, uma temperatura de t = 90 °C, e em regime intermitente e por um tempo especificado na norma, valores até 250 °C.

Nota: A norma NBR 7288 trata de cabos isolados com PVC, que suporta uma temperatura permanente de t = 70 °C. Comparativamente com a norma anterior, do XLPE, e para uma dada seção transversal, temperatura ambiente, e mesmas condições de troca de calor, estes condutores somente poderão conduzir uma corrente menor (da ordem de 20%), ou seja, a densidade de corrente do cabo isolado com PVC é menor que o mesmo cabo isolado com XLPE. Este fato não é particular aos cabos de média e alta tensões. Veremos comentários semelhantes quando analisarmos os cabos de baixa tensão.

14 • APLICAÇÃO DOS COMENTÁRIOS DA PARTE GERAL DE FIOS E CABOS AOS DE MÉDIA E ALTA TENSÕES

Reportando-nos ao estabelecido nesta parte do presente livro, que antecede os comentários aplicáveis a cabos de média e alta tensões, temos a considerar:

1. Campos elétricos em cabos blindados e não blindados

O assunto se reporta às influências do campo elétrico, e estes são função direta da tensão. Como os cabos que estamos analisando são os de média e de alta tensões, tudo o que foi mencionado se aplica integralmente, fazendo com que estes cabos tenham de ter de uma a duas camadas semicondutoras para eliminar concentrações de campo elétrico, o que levaria a reduzir a segurança de funcionamento, ou elevaria de modo significativo a espessura da camada isolante, tornando o cabo de custo bem mais elevado.

2. Identificação dos cabos pelos valores de tensão fase-terra e fase-fase.

Também, todas as considerações mencionadas são válidas no presente caso.

3. Definição e construção dos cabos

Fazendo-se a limitação para faixa de média e alta tensões, todos os comentários se aplicam. Vale observar que, nas redes de média e alta tensões, predomina o uso de cabos tripolares de alumínio ou mesmo fios singelos de alumínio ou liga de alumínio, com e sem isolação sólida. Quanto ao material isolante, o uso predominante é a isolação de XLPE. Vamos ver em seguida alguns exemplos de cabos desta faixa de tensões.

15 • CABOS ISOLADOS E COBERTOS DE MÉDIA TENSÃO

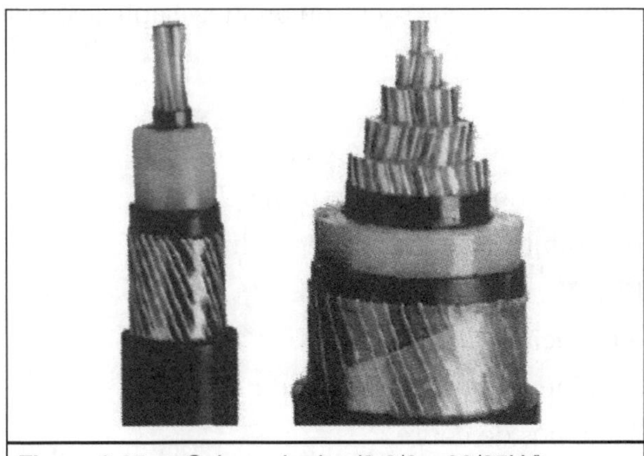

Figura 2.15 • Cabo unipolar (3,6/6 a 20/35kV).

Aplicação: os cabos são recomendados para uso em circuitos de alimentação e distribuição de subestações, instalações comerciais e industriais, ao ar livre ou subterrâneas, em locais secos ou úmidos e aplicações similares de qualquer espécie.

Condutores: um.

Cobre: classe 2, redondo compacto (fig. 2.15).

Alumínio: Classe 2, redondo compacto (fig. 2.15).

Blindagem do condutor: camada semicondutora.

Isolação: XLPE.

Blindagem da isolação:

Parte não metálica: camada semicondutora.

Parte metálica: fios de cobre.

Cobertura: PVC.

Norma: NBR 7287.

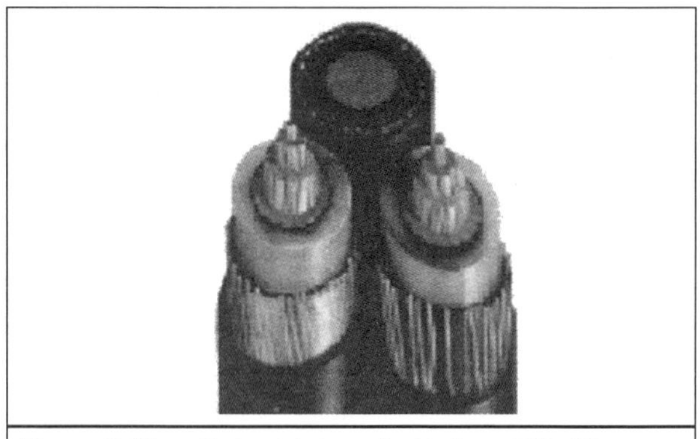

Figura 2.16 • Cabo triplexado (15/25 a 20/35kV).

Aplicação: os cabos triplexados são recomendados para uso em circuitos de alimentação e distribuição de subestações, instalações comerciais e industriais, ao ar livre ou subterrâneas, em locais secos ou úmidos e aplicações similares de qualquer espécie.

Condutores: três.

Cobre: classe 2, redondo compacto (fig. 2.16).

Alumínio: classe 2, redondo compacto (fig. 2.16).

Blindagem do condutor: camada semicondutora.

Isolação: XLPE.

Blindagem da isolação:

Parte não metálica: camada semicondutora.

Parte metálica: fios de cobre.

Cobertura: PVC.

Norma: NBR 7287.

Identificação: através de números impressos sobre a cobertura.

Figura 2.17 • Cabo tripolar (3,6/6 a 15/25 kV).

Aplicação: os cabos são recomendados para uso em circuitos de alimentação e distribuição de subestações, instalações comerciais e industriais, ao ar livre ou subterrâneas, em locais secos ou úmidos e aplicações similares de qualquer espécie.

Condutores: três.

Cobre: classe 2, redondo compacto (fig. 2.17).

Alumínio: classe 2, redondo compacto (fig. 2.17).

Blindagem do condutor: camada semicondutora.

Isolação: XLPE.

Blindagem da isolação:

Parte não metálica: camada semicondutora.

Parte metálica: fios de cobre.

Cobertura: PVC.

Norma: NBR 7287.

Identificação: através de fios de algodão coloridos aplicados entre as partes metálica e não metálica da blindagem da isolação nas cores preto, branco e vermelho.

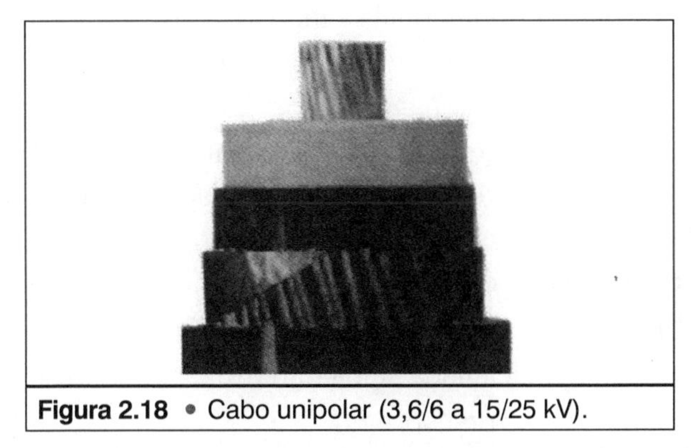

Figura 2.18 • Cabo unipolar (3,6/6 a 15/25 kV).

Aplicação: os cabos são recomendados para uso em circuitos de alimentação e distribuição de subestações, instalações comerciais e industriais, ao ar livre ou subterrâneas, em locais secos ou úmidos e aplicações similares de qualquer espécie.

Condutores: um.

Cobre: classe 2, redondo compacto (fig. 2.18).

Alumínio:classe 2, redondo compacto (fig. 2.18).

Blindagem do condutor: camada semicondutora.

Isolação: EPR.

Blindagem da isolação:

Parte não metálica: camada semicondutora.

Parte metálica: fios de cobre nus.

Cobertura: PVC.

Norma: NBR 7286.

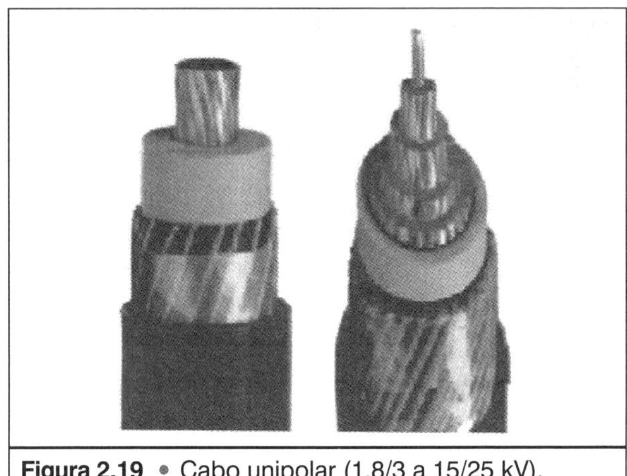

Figura 2.19 • Cabo unipolar (1,8/3 a 15/25 kV).

Aplicação: os cabos, por suas características de baixa emissão de fumaça e gases tóxicos, são especialmente indicados para uso em circuitos de alimentação e distribuição de instalações comerciais e industriais de grande movimentação de pessoas, como metrôs, *shopping centers*, hospitais, centros comerciais etc.

Condutor: um.

Cobre: classe 2, compactado. Opcionalmente poderemos fornecer cabos com condutores e blindagem metálica bloqueados à penetração longitudinal de umidade.

Blindagem do condutor: camada semicondutora.

Isolação: EPR.

Blindagem da isolação: camada semicondutora.

Blindagem metálica: fios de cobre nu.

Cobertura: composto poliolefínico com características especiais quanto à emissão de fumaça e gases tóxicos.

Norma: NBR 7286.

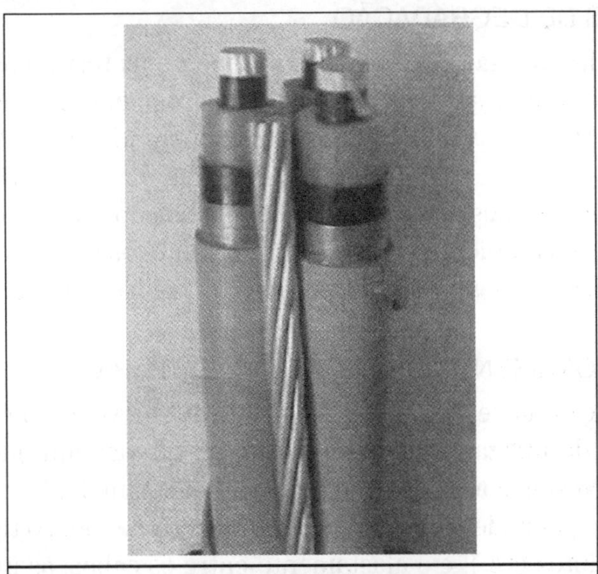

Figura 2.20 • Cabo multiplexado autossustentado para média tensão.

Aplicação: os cabos multiplexados autossustentados são recomendados para instalações aéreas de alimentação e distribuição de energia elétrica, saídas de subestações e aplicações similares de qualquer espécie.

Condutor fase: fios de alumínio 1350 compactados, encordoamento classe 2.

Blindagem do condutor: composto termofixo aplicado por extrusão.

Isolação: composto termofixo de polietileno reticulado (XLPE) para temperatura de operação no condutor de 90 °C, na cor preta.

Blindagem da isolação:

Parte não metálica: camada semicondutora aplicada por extrusão (retirada a frio).

Parte metálica: fios de cobre nu, têmpera mole, seção 6 mm^2.

Cobertura: composto termoplástico de polietileno ou PVC, na cor preta. Identificação das veias através de números impressos.

Neutro de sustentação: formado por fios encordoados de alumínio liga 6201. O neutro de sustentação é aplicado ao redor das 3 veias, formando o cabo multiplexado.

Norma de fabricação: NBR 9024 – Cabos de potência multiplexados autossustentados com isolação extrudada de EPR ou XLPE, para tensões de 10 kV a 35 kV.

16 • ANÁLISE DAS CARACTERÍSTICAS DOS MATERIAIS

Aplicam-se integralmente os comentários feitos, observando-se sua aplicação nas figuras do item anterior.

17 • FATORES DE DEGRADAÇÃO

Como estes fatores são dependentes do tipo de material, das condições ambientais onde os cabos deste item são predominantemente usados, ou seja, ao ar livre, expostos à chuva e às radiações solares, e operando em um nível elevado de tensões que também solicitam mais o material, não há duvida de que eventuais degradações são bem mais acentuadas nesses cabos do que em outros eventualmente instalados em ambientes protegidos. Portanto, os comentários feitos anteriormente se aplicam integralmente aos cabos de média e alta tensões.

18 • DIMENSIONAMENTO DA SEÇÃO CONDUTORA

A determinação da seção condutora necessária deve incluir todas as condições limitadoras de utilização do cabo ou fio, de tal maneira que opere sempre com segurança. Nestas condições, incluem-se o meio ambiente, tais como a temperatura máxima que pode suportar em condições de serviço, o tipo de instalação (ao ar livre, em dutos etc.), e o afastamento entre os cabos, as influências prejudiciais da presença de umidade e mofo, do ataque de roedores e demais fatores indicados nas tabelas ou processos de dimensionamento indicados na norma NBR 14039, dos componentes do cabo perante a ação dos raios solares (ultravioleta UV) etc., ou as determinadas pelas condições elétricas e mecânicas que o fio ou cabo tem de suportar, tais como a diferença de potencial entre veias de fases diferentes, os esforços mecânicos devidos à instalação, os efeitos de tensões induzidas por descargas atmosféricas (raios) etc.

Consequentemente, ao lado da escolha feita pelo projetista das matérias-primas que deseja utilizar, como, por exemplo, o uso de cabos de alumínio ou de cobre isolados com XLPE ou EPR, a seção condutora necessária obtida em função da potência transmitida e da tensão de alimentação, da frequência de alimentação, tipo de cabo unipolar ou tripolar, a existência ou não de esforços mecânicos e o uso de cabos de sustentação de aço, tem de haver um cuidado especial para tomar conhecimento e levar em consideração no dimensionamento e instalação do cabo, para seu perfeito funcionamento segundo recomendações e dados de dimensionamento constam da NBR 14039.

Tomando como referência a norma citada, cujo título é: Instalações Elétricas de Média Tensão de 1,0 a 36,2 kV, que se aplica a todas as instalações de média tensão que operam a frequência industrial (portanto de 50 e, sobretudo, de 60 hertz).

Destacando-se em particular condições que se aplicam aos cabos de tais instalações, teremos os seguintes fatores que precisam ser, entre outros constantes da respectiva norma, analisados quanto às condições normais e anormais, e a influência que tem sobre o seu dimensionamento, aplicando as respectivas tabelas de número 28 e seguintes relativas à determinação do cabo a ser usado.

- Seleção e instalação de linhas elétricas. Na seleção e instalação deve ser considerada a aplicação do item relativo aos condutores, suas terminações ou emendas, os suportes a eles associados e seus invólucros ou métodos de proteção contra influências externas.
- Tipos de linhas elétricas. Os tipos de linhas elétricas estão indicados nas Tabelas 25 e 26 da norma em questão.
- Cabos unipolares e multipolares. Os cabos utilizados devem atender às prescrições da norma ABNT NBR 6251.
- Seleção e instalação em função das influências externa. As prescrições relativas a este item, na Tabela 26.
- Escolha da capa isolante (XLPE ou EPR). Atualmente, são estes os dois isolantes utilizados, o que vai influir sobre a capacidade de condução de corrente dos condutores, como demonstram as Tabelas 28 e seguintes da norma de referência.
- Ligações à terra (aterramentos). As seções mínimas dos condutores de aterramento estão dadas na Tabela 40 da norma de referência ABNT, NBR 14039.
- Capacidade de condução de corrente. Para um dimensionamento econômico, as seções mínimas estão dadas nas Tabelas 28 e seguintes, para todas as seções padronizadas.
- Correntes de curto-circuito. Os valores máximos admissíveis, calculados para o circuito, não devem ser superiores aos valores suportáveis informados pelos fabricantes dos cabos.
- Quedas de tensão. Para o cálculo da queda de tensão, devem ser observados os procedimentos constantes na norma ABNT, NBR 14039.
- Tipos de conectores a serem usados. Tais conectores estão descritos nos itens subsequentes.

Vamos assim, na sequência, analisar os detalhes que se aplicam aos conectores e suas técnicas de fabricação.

Conectores mecânicos para fios e cabos de energia

Os conectores mecânicos são componentes metálicos, construídos de ligas de metais, e que têm a função de executar a ligação elétrica entre condutores, dentro de condições confiáveis de segurança elétrica e mecânica, incluindo um contato termicamente estável para dar continuidade ao circuito elétrico, com um valor de perdas na resistência de contato a valores aceitáveis. Para tanto, algumas condições devem ser atendidas, e serão abordadas, entre outras, em textos que seguem.

1 • QUAIS AS CONDIÇÕES DE OPERAÇÃO?

O uso de conectores eletromecânicos em instalações elétricas é inevitável, apesar de sua utilização ter de ser cuidadosamente analisada sob diversos aspectos, tais como:

- tipo a ser usado em cada caso;
- liga metálica mais apropriada;
- consequências sobre uma provável elevação da resistência do circuito;
- esforços de compressão que precisam ser aplicados para garantir a conexão elétrica e mecânica;
- até que ponto esse conector diminui a capacidade de condução de corrente, em função da seção de contato entre conector e condutor; e
- diversos outros fatores ligados à corrosão e à oxidação nas condições de uso do mesmo.

São portanto, fatores que se baseiam nas condições e no ambiente de uso, e que, se mal analisados ou escolhidos, levam a um funcionamento não confiável do circuito e de seus componentes.

Daí, apesar da simplicidade aparente de um conector e de seu custo proporcionalmente baixo dentro da instalação, sua importância é grande e deve merecer a atenção de quem o especifica. Nesse aspecto, podemos nos basear nas normas elaboradas para esse produto, de referência, NBR 9313, como Especificação, e NBR 9326, como Método de Ensaio para a verificação de atendimento das condições impostas aos mesmo.

2 • CONDIÇÕES DE INSTALAÇÃO

Os conectores são instalados nas mesmas condições dos condutores que vão interligar, porém, na sua construção, sem a cobertura destes condutores, destinada a protegê-los das condições ambientais mais agressivas, sobretudo de natureza química (oxidação e reação entre metais, como a corrosão eletrolítica ou galvânica), dificultam a passagem da corrente elétrica.

Nessas condições de instalação, aparecem alguns fatos que merecem ser previamente definidos:

1. **Plasticidade.**

É a capacidade de ser deformado plasticamente, sem se romper.

2. **Fluência.**

Quando um material é solicitado por uma carga, esse material imediatamente sofre uma deformação elástica, e, num certo período de tempo, que depende do material, ocorrem ajustes plásticos adicionais nos pontos de tensão, devido a sua plasticidade. Passada essa fase, pode haver uma deformação subsequente que progride lentamente com o tempo, e que é chamada de "fluência", terminando a deformação com a ruptura da peça.

Essa fluência é mais acentuada em alguns metais e ligas destes metais, tais como latões, tornando-os inadequados ao uso nos casos em que se aplicam esforços de compressão relativamente elevados. Deve haver, entretanto, um controle das forças de aperto, para não reduzir a vida útil do conector.

Esse fato também nos leva a ter de garantir que a força de aperto seja aplicada corretamente, pela ação dos alicates adequados específicos.

3. **Dutilidade.**

É a fase de deformação permanente antes da ruptura.

4. **Comportamento oxidante.**

É o aumento da valência através da remoção de elétrons. Se apresenta de diversas formas, a saber:

A oxidação metálica

Cabe, portanto, uma análise mais detalhada, para justificar certos cuidados e procedimentos, quando consideramos o **par condutor-conector**, como sempre se apresenta num conector instalado.

A formação de óxidos metálicos, no contato dos metais com o oxigênio do ar, é inevitável em todos os casos de instalações normais, quando do uso de metais e de suas ligas, que não são nobres. Essa situação pode ser atenuada mediante o uso de metais de baixo índice de oxidação e utilizando ligas destes metais. No presente caso, somam-se a esses aspectos, as condições impostas de que os metais devem ser bons condutores, apresentarem uma característica mecânica adequada e de terem um comportamento favorável nas condições de uso. Tais condições incluem a agressividade do local da instalação e o seu uso perante esforços mecânicos, e terem de apresentar baixas perdas elétricas. Para atender a esse aspecto, procuramos uma redução das condições de oxidação, levando em conta que:

- Como matéria-prima básica, usa-se o cobre, cujo índice de oxidação é reduzido mediante o uso de uma liga de cobre, normalmente associado da zinco, estanho, cádmio, e, às vezes, fósforo. A porcentagem destes metais, as formas do seu uso (laminado ou fundido) determinam suas características de resistividade elétrica, parte integrante das perdas através da resistência elétrica oferecida.
- Outra matéria-prima básica é o uso do alumínio, na verdade bem inferior ao cobre, elétrica, mecânica e quimicamente, mas bem mais leve, o que pode ser importante em certas aplicações. Boa parte dessas deficiências podem ser atenuadas pelo uso de uma liga adequada deste metal.
- Outra resistência é a chamada "resistência de contato", que representa a dificuldade ou facilidade com que a corrente, que vem pelo condutor, passa ao conector, e deste para o outro condutor conectado ao primeiro. Essa resistência de contato é acentuadamente função do tipo de conector e da pressão de aperto ou fechamento do conector. Nesse particular, a regra geral de "quanto maior a força de aperto, maior a seção de contato e menores serão a resistência elétrica, as perdas e o consequente aquecimento". Mas, como podemos ver pela Figura 1, essa regra se inverte a partir de um ponto que podemos chamar de "valor máximo de aperto", após o qual, elevando-se a pressão de compressão, maior se tornará a resistência elétrica. Portanto, "sobrepressões" têm de ser evitadas.

A razão desta inversão de comportamento é a deformação cristalina que vai ocorrer a partir do valor máximo de "aperto", o que ocasiona um desarranjo molecular e um aumento da resistividade elétrica, além de elevar a fragilidade mecânica do material, até a sua deformação permanente ou fluência e posterior ruptura.

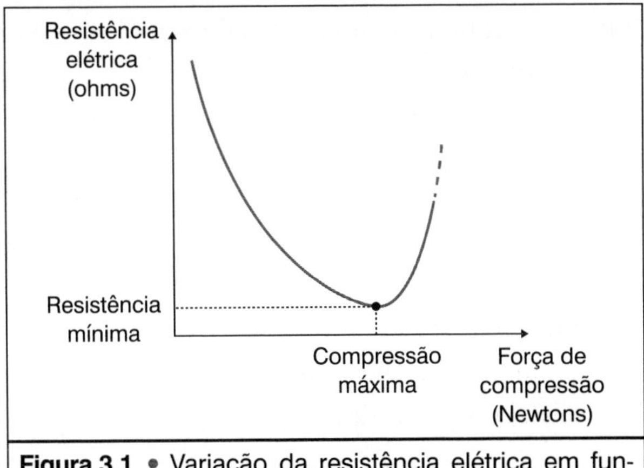

Figura 3.1 • Variação da resistência elétrica em função da força de compressão aplicada.

Outro fator é a oxidação que ocorre na superfície externa do condutor e na interna do conector. Essa oxidação é inevitável em todos os metais ou, em grau menor, geralmente, nas ligas metálicas. Os óxidos metálicos resultantes apresentam uma resistividade elétrica mais elevada do que o metal de origem, e, como tal, elevam as perdas. Usando o cobre, esse efeito é, entretanto, bem menos crítico do que se usássemos o alumínio, o qual, ao oxidar, cria uma camada isolante e que se forma com grande rapidez (em algumas horas). Tais óxidos metálicos, precisam, portanto, ser removidos antes da aplicação de um conector, usando geralmente uma escova de aço, para garantir uma baixa resistência superficial. Para manter esse valor baixo durante um tempo razoável de uso, sobretudo os conectores de alumínio são providos de uma camada de massas antioxidante interna, inibidora da formação do óxido. Observe-se que, com o aquecimento do conector e do condutor, durante a circulação da corrente, criam-se condições favoráveis a aceleração do fenômeno da oxidação.

A seção de contato entre conector e condutor

Esta seção resulta otimizada, sobretudo em função da escolha correta do tipo de conector para a situação de conexão existente, e depende do grau de informações que o fabricante coloca à disposição do usuário e da consulta que esse deve fazer ao fabricante.

A influência dos alicates de compressão

Seção de contato otimizada e forças de compressão corretas são, por último, também função da qualidade da compressão feita pelo alicate, seja de que tipo for. Associado ao que foi comentado quanto a uma correta força de compressão, esta somente é garantida se os alicates forem mantidos com sua calibragem ideal. Alicates desregulados ou gastos jamais podem executar tarefas que deem um resultado adequado. Consequentemente, uma revisão periódica, em função do número de compressões executadas, é de fundamental importância, e deve, sempre que possível, ser feita pelo fabricante do alicate, que mantém os padrões para essa verificação.

Reunindo as informações feitas nos comentários apresentados, podemos dizer que a conexão confiável e de vida útil que atenda às necessidades de ser feita com ferramentas em perfeito estado e com um material livre de fluência, para que, ao longo do tempo, se mantenha, como meta, a força de aperto inicial. Portanto, periodicamente, deve ser feita a verificação das condições de aperto, para evitar uma elevação da resistência de contato.

A corrosão galvânica ou eletrolítica

Essa corrosão é consequente de um ataque químico com a presença de um eletrólito, ou de uma reação entre as estruturas eletrônicas, em ambos os casos entre metais diferentes. A corrosão em si é o transporte de elétrons entre as superfícies desses dois metais, que, no nosso caso, são a superfície externa do condutor e a interna do conector, levando a uma massa metálica alterada com elevada resistividade elétrica e com sensível redução da vida útil.

Distinguem-se dois tipos de corrosão galvânica: a corrosão por dissolução, em que um metal se dissolve no outro, e a corrosão eletrolítica ou galvânica, em que há uma circulação de elétrons entre os metais, alterando suas características para pior.

A velocidade com que essa transformação se dá é função da diferença de potencial entre os metais colocados em contato, sendo tanto mais rápida quanto maior o potencial. No nosso caso, de um sistema elétrico e da eventual conexão entre metais diferentes, tem-se o caso de um condutor de cobre que, por qualquer razão, deve ser ligado a um de alumínio, e onde então ocorre a mencionada corrosão.

Tomando-se como referência a tabela da série galvânica dos elementos, vemos que o cobre e o alumínio estão relativamente afastados, de modo que a corrosão entre eles é rápida e intensa, levando a interrupção do circuito em alguns meses, quando as condições são favoráveis a essa reação, como acontece ao ar livre, devido à ação da umidade presente. Vejamos, a seguir, a Tabela 3.1.

No nosso caso particular de conectores ligando condutores, manifesta-se a corrosão galvânica entre cobre e alumínio. Para reduzir o seu efeito, interpõe-se entre os dois uma camada de estanho, que, por ter potencial eletrolítico intermediário aos dois citados, reduz (mas não elimina) a citada corrosão. Outro metal que teoricamente poderia ser usado é o chumbo, o qual, entretanto, tem de modo bem destacado o efeito da fluência, já analisado. Portanto, podemos usar, sem problemas, um conector de liga de cobre estanhado, com resultados muito bons.

Tabela 3.1 • Série galvânica dos elementos.

Metais		**Valores de diferenças de potencial obtidas à temperatura de 25 °C**
Nome	**Símbolo**	**Potenciais (volts)**
Magnésio	Mg	+ 2,40
Alumínio	Al	+ 1,70
Zinco	Zn	+ 0,76
Cromo	Cr	+ 0,56
Ferro	Fe	+ 0,44
Níquel	Ni	+ 0,23
Estanho	Sn	+ 014
Chumbo	Pb	+ 0,12
Hidrogênio	H	0,00
Cobre	Cu	–0,40
Prata	Hg	–0,80
Ouro	Au	–1,50

Nota: Os sinais são os convencionados para fins termodinâmicos e fisico-químicos.

3 • MATÉRIAS-PRIMAS PARA OS CONECTORES

Para obter as necessárias características mecânicas, elétricas, térmicas e químicas, os conectores são fabricados de ligas de cobre e de alumínio, e, no caso particular de uma conexão cobre-alumínio, são usados conectores de liga de cobre estanhados nas suas superfícies internas. Como vimos na tabela da corrosão galvânica, obtém-se, dessa maneira, uma redução do efeito de corrosão, o que prolonga a sua vida útil de modo significativo, passando de alguns meses para diversos anos. Devemos levar em consideração também, ao usar uma liga ou outra, qual o seu comportamento na relação resistência de contato *x* pressão de compressão, para não acontecer uma sobrepressão que, como vimos, praticamente leva o material a uma deformação permanente irreversível e com graves consequências para o seu uso correto. Temos também de, no seu dimensionamento, respeitar a condição de sua temperatura em serviço nominal, não exceder em mais do que 5 °C a temperatura ambiente no local, e atentar a outras determinações das normas NBR 9313 e NBR 9326, que se aplicam a conectores para cabos de potência para redes até 35 kV. Segundo essas normas, estabelece-se que os conectores devem ser construídos para que suportem, durante o seu tempo de vida útil (estimado em 25 a 30 anos), e nas condições normais de uso, todas as influências elétricas, térmicas, mecânicas e químicas a que são submetidos e que, ao serem comprimidos pelos parafusos de fixação dos condutores, os parafusos de liga de cobre suportem o torque especificado na tabela da norma NBR 9313. A influência dos elementos metálicos associados ao cobre tem um efeito variável sobre as características de tração da liga que assim se cria, como pode ser visto na Figura 3.2.

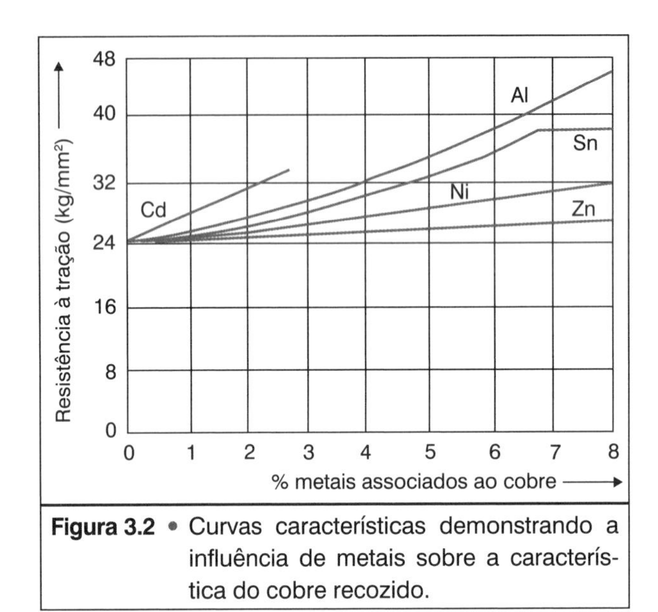

Figura 3.2 • Curvas características demonstrando a influência de metais sobre a característica do cobre recozido.

As ligas de cobre, dependendo do principal elemento metálico que é associado ao cobre, recebem os nomes de latões e de bronzes, ambos previstos em norma, mas com algumas particularidades que fazem com que não possam ser usados indiscriminadamente um no lugar do outro. Vejamos algumas particularidades de cada um.

Quanto aos latões, podemos caracterizá-los como segue:

1. Latões são fundamentalmente ligas de cobre com zinco, acrescidos de outros elementos mais, se necessário. Constata-se que o teor máximo recomendado de zinco é de 30%, acima do qual o latão se torna quebradiço e perde sua dutilidade de modo acentuado, o que dificulta o seu uso.

2. São mais utilizados em conectores feitos a partir de lâminas ou chapas, podendo ser utilizado na forma encruada ou recozida. Havendo recozimento, melhoram as suas propriedades elétricas, mas pioram as mecânicas. Portanto, recozer um produto encruado ou não, depende das condições de uso. Essas propriedades, função dos elementos metálicos que compõem a liga, estão também representadas na Figura 3.3, demonstrando a influência da porcentagem de zinco.

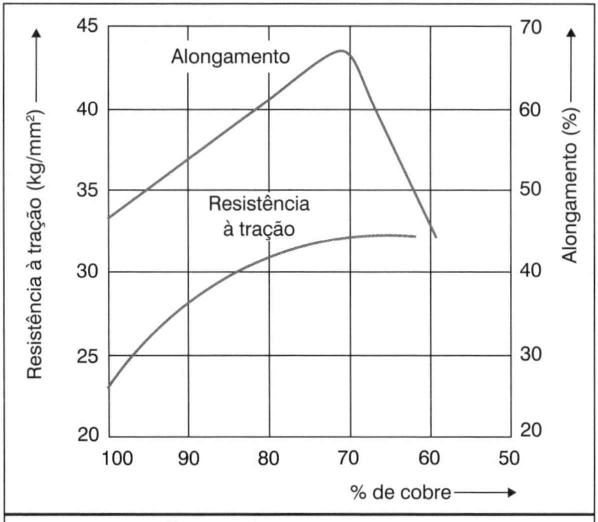

Figura 3.3 • Influência do teor de zinco sobre as propriedades de alongamento e resistência à tração do latão recozido.

A influência do tratamento de recozimento vem demonstrada nas figuras anteriores.

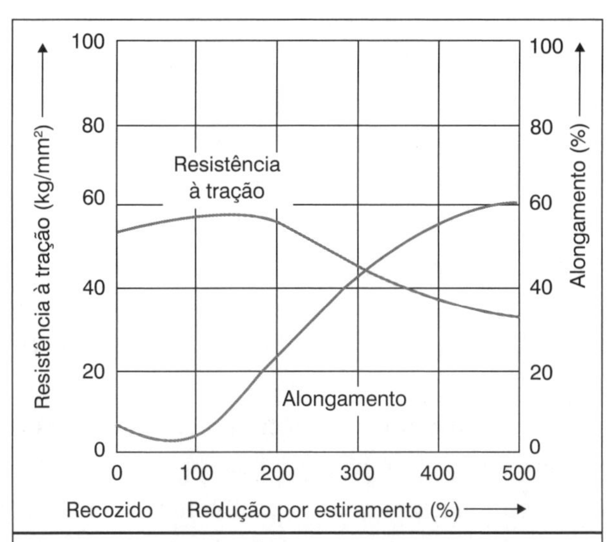

Figura 3.4 • Características do alongamento e da resistência à tração do latão com 66% de cobre e 34% de zinco, na forma encruada. O corpo de prova é uma lâmina de 5 cm.

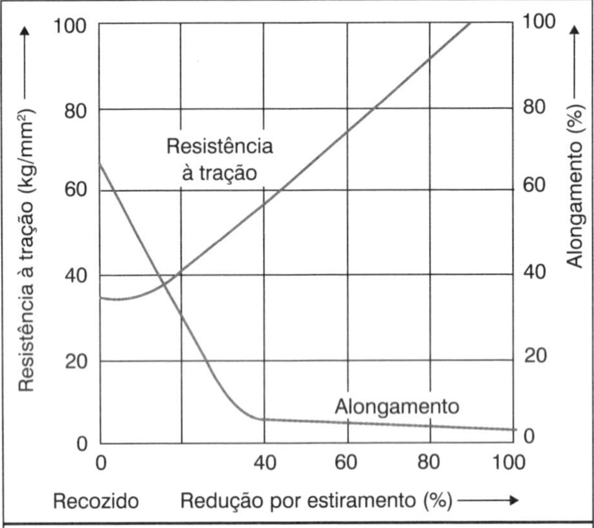

Figura 3.5 • Características do alongamento e da resistência à tração do latão com 66% de cobre e 34% de zinco, na forma recozida. O corpo de prova é uma lâmina de 5 cm.

Tomando como referência o teor máximo de zinco praticamente admissível de 30%, a condutividade elétrica resulta em apenas 25% do valor do cobre (25% IACS), o que tem de ser levado em consideração no dimensionamento elétrico do conector. Observe-se ainda que as ligas de latão sofrem acentuadamente o fenômeno da fluência, definido anteriormente, o que pode trazer problemas de elevação da resistência de contato e consequente sobreaquecimento.

Para as ligas de cobre do grupo dos bronzes, podemos destacar:

1. Bronzes são basicamente ligas de cobre com estanho e cádmio, podendo da mesma forma ter ainda outros elementos metálicos para adequar as suas características, de acordo com o uso previsto, acrescentando fósforo, alumínio, silício e outros, em porcentagens geralmente inferiores a 5%.
2. O bronze, ao contrário do latão, tem um comportamento mais adequado quando da fabricação de peças fundidas.
3. Os bronzes não sofrem o efeito da fluência, eliminando os problemas apontados.
4. Os bronzes são recomendados para a ligação de condutores de cobre, ou na conexão cobre com alumínio, recebendo um tratamento à base de estanho, no sentido de reduzir os efeitos da corrosão galvânica.

Para as ligas de alumínio, a situação é a seguinte:

1. O alumínio eletrolítico, puro, não tem boas características elétricas, mecânicas e químicas. Mas o seu preço é bem menor do que o do cobre, e as reservas brasileiras são significativas, o que vai influir sobre o seu uso em diversas áreas. Também o seu manuseio é fácil, pois a temperatura de fusão é da ordem de 60% da do cobre, o que facilita o seu uso em peças fundidas. Uma vantagem significativa pode ser o baixo peso específico, que é da ordem de 1/3 do peso do cobre, importante nas aplicações em redes elétricas.
2. As características menos favoráveis podem ser bem compensadas com o uso de ligas de alumínio e de tratamentos térmicos convencionais (recozimento).
3. Ligas destinadas à produção de chapas e de lâminas, as chamadas "ligas para laminação". Os elementos metálicos adicionados são geralmente o magnésio, o manganês, e o cromo, sobretudo nas ligas utilizadas na forma encruada, enquanto na forma recozida, além dos metais citados, encontramos silício, zinco, níquel, cobre e outros, em porcentagens geralmente inferiores a 1%.
4. Para ligas destinadas à fundição, encontramos frequentemente ligas de alumínio com cobre, silício, zinco, ferro e magnésio, com porcentagens variáveis.

Conclusões sobre as ligas:

- para conectores fundidos de cobre, usar o bronze;
- para conectores laminados, pode-se usar o latão, com as restrições da fluência;
- para a conexão de condutores de cobre, usar conectores de ligas de cobre;
- para a conexão de condutores de alumínio, usar conectores de liga de alumínio;
- para a conexão de cobre com alumínio, usar conectores de bronze estanhados ou os bimetálicos, esses últimos a serem analisados em outro texto.

Fatores determinantes da corrosão galvânica

A corrosão galvânica se apresenta sempre quando dois meios com concentração de elétrons diferentes são colocados em contato. Tal fato pode aparecer, entre outros, quando dois metais diferentes de um circuito elétrico são ligados, ou quando uma tubulação subterrânea metálica tem contato com o solo no qual se encontra. Em ambos os casos, vai circular uma corrente, devido à troca de elétrons entre o que tem maior concentração de elétrons, ou seja, o eletronegativo, e o meio com menor concentração de elétrons, chamado de eletropositivo. Nessa circulação de elétrons, que nada mais é do que corrente, o material que cede elétrons sofre uma alteração estrutural, que conhecemos como corrosão, e, no caso, é a corrosão galvânica ou eletrolítica.

O texto se propõe a analisar os fatores que vão definir a intensidade dessa corrente, e a sua correlação com o tamanho do dano que acontece, bem como, no caso particular da corrosão cobre-alumínio, orientar como escolher corretamente o conector. Este problema também se apresenta quando temos de interligar dois condutores fabricados de metais diferentes, como, por exemplo, uma linha de distribuição de alumínio e a derivação a uma carga (uma residência, por exemplo), onde normalmente o condutor é de cobre. Surgem daí os chamados conectores bimetálicos, sem os quais vai ocorrer uma rápida e intensa corrosão no condutor de alumínio, dando assim origem, como sabemos, à presença de óxido de alumínio, que é isolante e que assim interrompe a alimentação.

4 • OS ELEMENTOS QUÍMICOS E DA POLARIDADE

De acordo com o seu número de elétrons na camada de valência, classificam-se os elementos químicos e se caracteriza o seu comportamento condutor, semicondutor e isolante. Os condutores normalmente têm de 1 a 3 elétrons na camada de valência, o que caracteriza sua facilidade em ceder esses elétrons, e assim se tornar condutor. Essa mesma disposição eletrônica, associada à estrutura cristalina do elemento, vai determinar a concentração de elétrons de cada elemento, e que assim é classificado na série galvânica ou eletrolítica dos elementos, da qual é feito um extrato na Tabela 3.2, que toma como referência o ar ou um eletrodo de sulfato de cobre.

Analisando a sequência de elementos dessa tabela, e consultando obras especializadas a respeito, vamos observar que esta depende do meio tomado como referência, que no caso é o ar e a água. Assim, tabelas que se baseiam em outra referência ambiental, podem ter, por vezes, algumas posições invertidas, mas, de modo geral, há uniformidade de pareceres.

5 • A CORROSÃO METÁLICA

A Tabela 3.2 nos fornece dados para podermos escolher adequadamente os materiais destinados a limitar ou a evitar essa corrosão; constituída de metais e ligas metálicas de uso comercial. O valor da concentração de elétrons em cada um é dado pela diferença de potencial que apresenta em relação à referência, medida em volts (V), e quando envolvido por um meio que não seja acentuadamente ácido ou alcalino.

Tabela 3.2 • Série galvânica ou eletrolítica, tendo como elemento de referência o ar ou um eletrodo saturado de cobre e sulfato de cobre.

Material	Valor aproximado do potencial (volts)
Lado anódico (corroído)	
Magnésio comercialmente puro	– 1,75
Liga de magnésio com alumínio, zinco e manganês	– 1,6
Zinco	– 1,1
Liga de alumínio com zinco	– 1,0
Alumínio comercialmente puro	– 0,8
Cádmio	– 0,8
Ferro fundido	– 0,5
Chumbo, estanho e aço inoxidável	– 0,5
Cobre, latão e bronze, titânio e aço silicioso	– 0,2
Níquel	– 0,2a + 0,1
Solda de prata (40 % Ag)	– 0,1
Carbono, grafite	+ 0,3
Lado catódico (protegido)	

Havendo o contato elétrico entre dois destes metais da tabela, através de um eletrólito, circulará uma corrente, chamada de "galvânica", que promoverá a mudança estrutural do metal mais eletronegativo, e consequente corrosão, função da diferença de potencial existente. A circulação dessa corrente é no sentido de descarregar a maior carga de elétrons, ou seja, do metal mais eletronegativo ou anódico (parte superior da tabela) para o mais eletropositivo (ou menos eletronegativo), situado na parte inferior da mesma tabela, e designado por catódico. Nessa circulação de corrente, o mais eletronegativo tende a ser destruído, protegendo o outro. No caso eletricamente mais frequente, esse fenômeno se faz presente entre o alumínio (mais negativo) em contato com o cobre (mais positivo), destruindo o elemento eletronegativo (condutor, contato etc.) rapidamente (em alguns meses), o que vai interromper o circuito, na etapa final, e evidentemente determina a sua vida útil, como já comentado em outro artigo específico sobre o tempo de utilização (durabilidade, vida útil) de conectores.

A velocidade com que uma tal corrosão se processa é função direta da diferença de potencial existente entre os metais colocados em contato. Essa, entre cobre e alumínio, segundo a Tabela 3.2, é de 0,6 volts, em valores absolutos. Já se, por exemplo, tivermos um contato com um eletrólito presente entre magnésio e aço inoxidável tipo 304, esse valor absoluto será de 1,85 volts, valor absoluto, e, consequentemente, a corrosão nesse último caso será mais intensa, e a destruição, mais rápida do corpo de magnésio do que no caso do contato cobre-alumínio.

Outro aspecto que podemos concluir desta tabela, é que, não havendo diferença de potencial, não há corrosão. Portanto, materiais de mesmo potencial elétrico podem ser conectados, sem que haja o aparecimento da corrosão galvânica.

É o que acontece, entre o alumínio e o cádmio, entre o ferro fundido e o chumbo, e os demais que têm diferenças de potencial iguais. Esses aspectos podem ter grande importância, ao se selecionar metais que vão atuar em conjunto.

Existe, portanto, um conceito importante nessa tecnologia, que é o "grau de corrosão", e esse fator, pela Lei de Faraday, está diretamente ligado a diferença de potencial entre os elementos colocados em contato. Nessa lei, encontramos também uma solução para reduzir o efeito corrosivo, por meio da intercalação de um elemento metálico que na tabela se posiciona "entre" os metais principais utilizados. Tomando como exemplo o contato entre cobre e alumínio, essa corrosão pode ser reduzida, intercalando entre eles uma camada ou uma lâmina de cádmio ou de chumbo, de aço inoxidável ou de estanho. Qual deles devo usar?

Para a escolha final, outros fatores mais devem ser levados em consideração, função do modo como essa camada intercalada vai atuar. Portanto:

- É através dessa camada que vai circular corrente, de modo que devemos levar em consideração a condutividade elétrica dos materiais viáveis. Na comparação que segue, a condutividade é expressa em ohms x milímetro quadrado/metro, e, aí, temos: o cádmio, com uma condutividade próxima a 30; o estanho, com um valor de 8,3; o chumbo, com 4,8; e o aço, com 4.
- Essa camada vai ficar comprimida entre o cobre e o alumínio, e, portanto, precisa ter também características mecânicas adequadas, suportando os esforços que atuam. Nesse aspecto, observamos que o cádmio e o chumbo devem ser eliminados, pois, sendo relativamente moles, nessas condições apresentariam uma deformação permanente, o que não mais garantiria a necessária pressão de contato.
- Permanece, dessa forma, a possibilidade de usar o estanho e o aço. Esse último é bem mais resistivo do que o estanho (Sn), com o que a solução é encontrada utilizando-se a estanhagem de peças de liga de cobre, intercaladas entre as partes de cobre e de alumínio, ou fazendo um revestimento de estanho.

- Finalmente, ainda para contornar o problema da corrosão galvânica, têm-se os conectores de cobre e alumínio, onde um conector de cobre é soldado molecularmente a um de alumínio, com total ausência de um eletrólito. Portanto, ausência de corrosão galvânica. Nesse caso, o condutor de cobre é ligado ao conector de cobre e o de alumínio, ao conector de alumínio.

Lembrando que a corrosão que acontece em um conector não é apenas a galvânica, mas também a resultante da ação do ar e de outros elementos oxidantes e ácidos, e na qual todas estas modificações estruturais levam a uma lâmina com características condutoras prejudicadas. Vale, neste ponto, lembrar que, apesar de não coibir a corrosão galvânica mas, sim, outras formas de corrosão, têm-se obtido resultados muito bons associando o uso da estanhagem com a de uma pasta antióxido, em qualquer caso, mas, sobretudo, quando do uso de conectores de alumínio.

6 • A CORROSÃO GALVÂNICA SUBTERRÂNEA

No caso de tubulações subterrâneas, de água, gás, petróleo e seus derivados etc., temos de um lado uma tubulação metálica, geralmente à base de ferro e aço, com seu potencial próprio (vide Tabela 3.2), e do outro, o solo, teoricamente com potencial zero. Esse problema também afeta os componentes de um sistema de aterramento do circuito elétrico. A diferença de potencial também leva à corrosão galvânica, variável com as condições do solo e da construção da tubulação, a maioria delas com um revestimento isolante, que, teoricamente e quanto perfeito, evita a circulação de correntes elétricas. Nessas condições, pode-se assumir que não haverá correntes circulando através do revestimento, e não haverá corrosão. Infelizmente, seja pelo transporte, seja pela agressividade do solo ou mesmo devido ao tempo de uso, tais revestimentos podem apresentar falhas de isolação, onde então a tubulação fica exposta e uma corrente pode circular.

A resistividade elétrica do solo ou do meio em que a descarga se realiza vai determinar a sua densidade de corrente. Solos com elevados teores de resíduos ou de sal têm baixa resistividade elétrica, e, consequentemente, a corrente será elevada e a corrosão acentuada. Por isso, tais solos são chamados de "corrosivos". Na Figura 3.6, há gráficos mostrando a corrente circulando pelo isolante, com dado valor de resistividade elétrica, em Ω x cm, resultante da diferença de potencial indicada no eixo horizontal, em milivolts (mV), que atua sobre o recobrimento da tubulação.

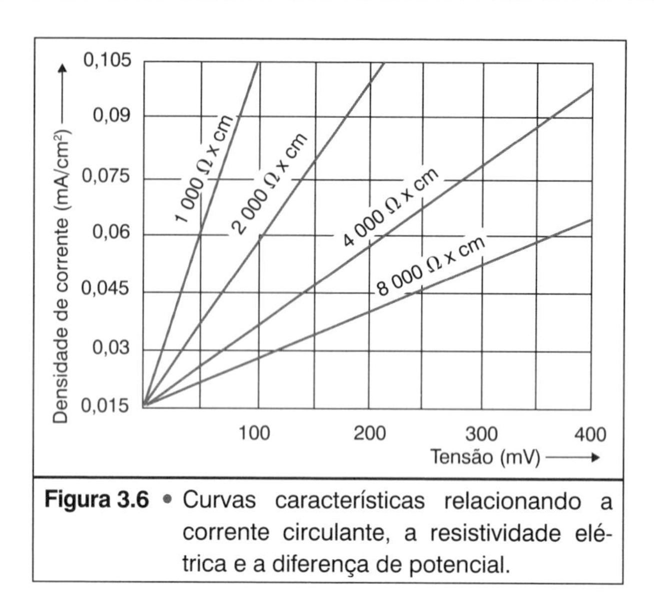

Figura 3.6 • Curvas características relacionando a corrente circulante, a resistividade elétrica e a diferença de potencial.

Um outro modo de avaliar a corrente de descarga ao solo é dado na Figura 3.7, que relaciona a resistividade elétrica do solo com a corrente de descarga, em miliampères, pra aberturas ou orifícios na camada de recobrimento de 1,25 cm de raio, e a diferença de potencial é de 250 milivolts.

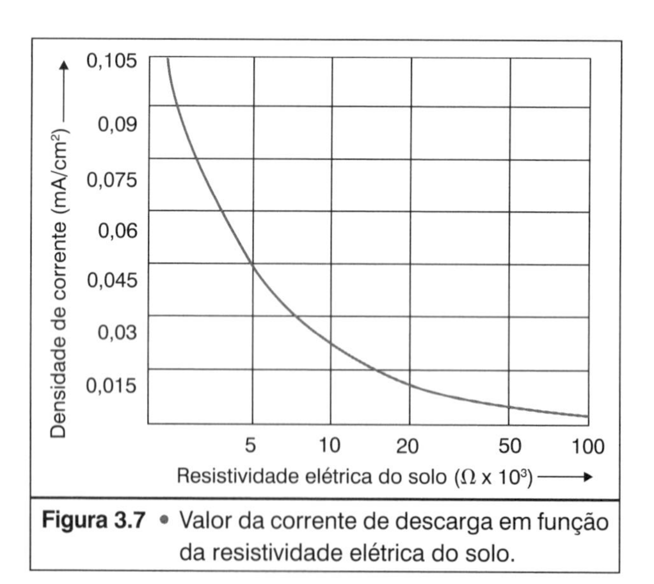

Figura 3.7 • Valor da corrente de descarga em função da resistividade elétrica do solo.

Também nessas condições, é válida a Tabela 3.2, na sequência dos elementos eletronegativos e eletropositivos, havendo necessidade, entretanto, de verificar os valores dos potenciais, uma vez que a referência tomada costuma ser outra.

Se, eletroliticamente, o solo em torno da tubulação não é uniforme quanto a suas propriedades químicas e físicas, certas partes da superfície da tubulação em solos pouco arejados têm comportamento anódico com relação a outras partes mais arejadas, e, assim, desenvolvem a corrosão. As porções anódicas normalmente são encontradas em solos úmidos, com baixo potencial de oxidação, ao contrário de solos arenosos, onde os potenciais são mais altos. Portanto, é a falta de arejamento leva a condições anódicas.

Diferenças de nível de aeração são resultantes de uma diferença de compactação, diferenças de porosidade do solo em locais específicos, distribuição heterogênea de material contaminante e aterros feitos em rodovias, construções etc. Potenciais resultantes da diferença de aeração combinados com corrosão bacteriana, que é devida à falta de aeração, são os responsáveis para intensa corrosão de tubulações sem revestimento isolante. Essa corrosão bacteriana se apresenta na presença de resíduos, material orgânico e sulfatos, produzindo hidróxidos ferrosos próximos à tubulação. Manifestam-se também fungos e diversas espécies de bactérias em matéria inorgânica em decomposição, o que elimina o oxigênio e traz o problema analisado.

Para dar a devida proteção contra essa corrosão, procede-se como segue:

1. Monta-se um circuito no qual uma fonte de corrente alternada de U = 127 V tem sua tensão reduzida e retificada. O polo negativo dessa corrente continua ligado à tubulação, e o polo positivo, a hastes de aterramento de uma liga de aço com silício. A corrente de saída do retificador é ajustada para um valor tal, que neutraliza a corrente de corrosão.
2. Num segundo processo, liga-se um eletrodo de sacrifício, do tipo liga de magnésio, ao aço da tubulação. A tensão galvânica de aproximadamente U = 1,0 volt entre esses metais supre a corrente de proteção, cujo valor é menor do que no processo anterior.

7 • FATORES QUE DETERMINAM A VIDA ÚTIL DE UM CONECTOR

Um conector, de qualquer tipo de construção, deve apresentar uma vida útil igual a dos componentes aos quais está ligado, e que são os fios e cabos elétricos, normalmente de cobre ou de alumínio. Essa durabilidade, dentro das condições de uso previstas, é de 25 a 30 anos, no que se refere à sua parte metálica. Como os condutores de rede estão cada vez mais sendo usados na forma isolada, serão certamente as camadas isolantes que determinarão a vida útil, sem deixar de ter como meta o tempo indicado acima.

A verificação desta vida útil é feita indiretamente pelos ensaios determinados pelas normas NBR 9313 e NBR 9326, que se aplicam aos conectores de potência para cobre e alumínio, até uma tensão de 35 kV.

Particularmente na NBR 9326, os ensaios de ciclos térmicos e os de correntes de curto-circuito estabelecem os limites de uso pelo envelhecimento que o material sofre, e, com isso, o tempo durante o qual suporta esses efeitos, sem alterar, substancial ou descontroladamente, as suas características mecânicas e elétricas.

Ou seja, se aprovados nesses ensaios, os conectores devem apresentar uma vida útil compatível com o valor supracitado.

No presente estudo, vamos nos concentrar, sobretudo, nos conectores com parafuso (e porca), para verificar os fatores que precisamos controlar, a fim de atingir a necessária durabilidade.

8 • PROJETO DE UM CONECTOR DE PARAFUSO

Conector que atende aos requisitos das normas é projetado para atender a uma grande gama de fatores, tais como tamanho, matéria-prima, acabamento, condições do meio ambiente e outros, e de modo específico, aos parafusos e porcas do conector, destinados a fixação dos condutores. Tais fatores têm de ser escolhidos e dimensionados de modo que não ocorram envelhecimentos nem rupturas do conector e de suas partes, para o conector assim atingir a vida útil necessária.

Vejamos por partes cada um destes fatores.

Matéria-prima

No conector de parafusos, é exatamente no parafuso e na porca que se concentram as solicitações mecânicas mais críticas e severas. De certo modo, esse componente essencialmente mecânico também pertence ao circuito elétrico, sem entretanto ser levado em conta na determinação da seção condutora necessária. Sob esse aspecto, poderíamos estar dando preferência ao uso de metais bons condutores de corrente elétrica e, entre esses, por razões técnicas e econômicas, particularmente ao cobre, ao alumínio, ao ferro e ao aço. Numericamente, esses 4 metais na forma pura, e tomando o cobre eletrolítico recozido como referência (o que é normal), temos o cobre como sendo 100% IACS (abreviatura do Padrão Internacional de Cobre Recozido), o alumínio apresentando 61% do valor do cobre e chamado de 61% IACS, o ferro ou o aço com apenas 12% IACS. Melhor do que o cobre é a prata, com 105% IACS, mas para a fabricação de conectores, seja pelo custo, seja pelas características mecânicas, não seria um metal viável. No aspecto do alumínio, o preço seria mais interessante, mas as características elétricas, mecânicas e químicas (oxidação) são fatores que também excluem o seu uso na forma eletrolítica pura. Por essa razão, utilizam-se ligas desses metais tanto para a fabricação de parafusos e porcas, quanto as demais partes do conector. Assim, por exemplo, uma liga de cobre com silício e estanho, dando origem ao bronze silicioso.

Voltemos à análise dos aspectos mecânicos.

A função do conjunto parafuso com porcas em conectores é a de estabelecer a necessária pressão axial entre as superfícies de contato do conector e do condutor, uma vez que, de certo modo, quanto maior a pressão de fechamento, maior a seção de contato, e, assim, menor a resistência elétrica (Lei de Ohm), e menor o aquecimento que o conector sofre. Neste sentido, a Figura 3.8 apresenta a curva de variação respectiva, no caso do cobre e para alguns dos acabamentos utilizados, comprovando a afirmação feita.

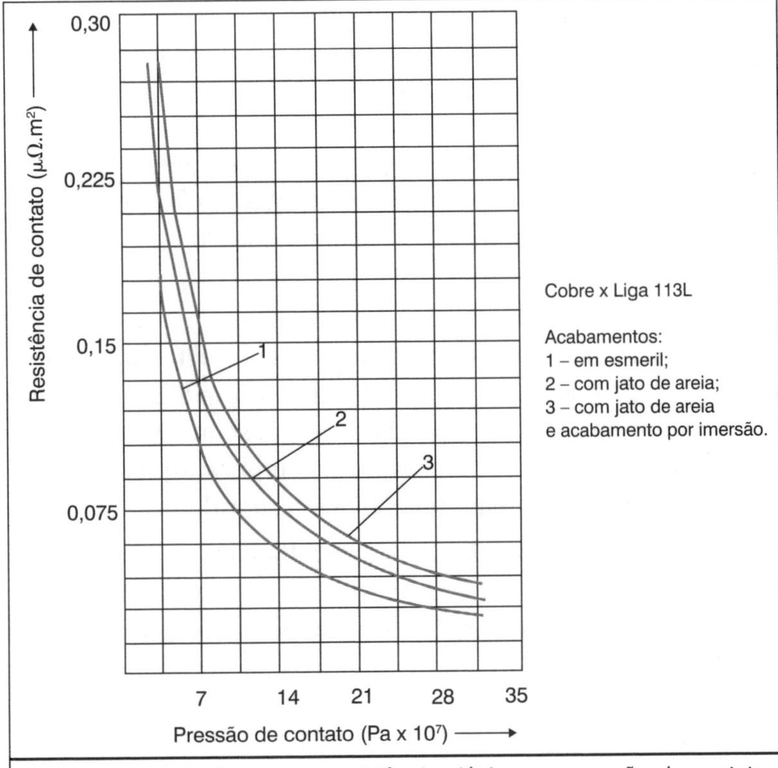

Figura 3.8 • Relação entre a resistência elétrica e a pressão de contato, para conectores de cobre com acabamento diferenciado.

Nota-se que, até uma pressão da ordem de 10^6 pascais, apresenta-se uma rápida redução da resistência elétrica com elevação da pressão, após o que, nos casos apresentados, o valor da resistência elétrica tende a se estabilizar. Dependendo do tipo de acabamento, necessita-se de uma pressão da ordem de 20 vezes maior, para se atingir um valor de resistência suficientemente pequena, que é da ordem de 0,5 micro-ohms por centímetro quadrado. Esse valor de pressão é transferido da porca, e seu parafuso, às sapatas do conector, levando em consideração que nessa transferência houve um substancial aumento da seção na qual essa pressão vai atuar.

Pelo gráfico da Figura 3.8 vemos que, se elevarmos mais a pressão, teremos uma rápida elevação da resistência elétrica (devido ao desarranjo molecular que aí vai ocorrer) e uma brusca queda, pelos mesmos motivos, das características mecânicas tração, compressão etc. que o metal possuía antes. Portanto, temos de cuidar para que não ocorram sobrepressões de compressão quando da aplicação do conector, pois esse seria um caminho seguro para a destruição eletromecânica do conector, o que seria o término de sua vida útil.

A resistência mecânica que é oferecida à porca quando é rosqueada no parafuso depende do coeficiente de atrito entre porca e parafuso, sendo necessária para vencer esse atrito, uma quantidade de energia da ordem de 80 a 90% do total aplicado. Assim, apenas 10 a 20% dessa força se converte em força útil que vai aplicada à superfície de contato entre os condutores e o conector. Observe que, havendo uma pequena elevação da força de atrito, por exemplo, de 80 para 90% (portanto da ordem de 10%), a força que pressiona os condutores se reduz a metade (de 20 para 10%). É o que pode acontecer quando contamos com a influência positiva de um lubrificante no nosso componente, o qual, por alguma razão, está ausente.

O atrito no par porca-parafuso depende primeiramente do coeficiente de atrito apresentado pelos metais ou ligas metálicas (como costuma ser) de que ambos são fabricados, e pela existência ou não de um adequado lubrificante. Porém, a ação positiva da lubrificação é frequentemente desconsiderada, por não haver uma garantia da sua presença, seja porque secou durante um tempo de estocagem elevado, seja por falta de manutenção nesse sentido.

Portanto, atentem para as seguintes consequências:

- Um aumento considerável da resistência elétrica, e, com ele, um aumento diretamente proporcional do seu aquecimento pode ser motivado tanto por uma subpressão quanto por uma sobrepressão de fechamento, ou pela circulação de correntes acima das previstas durante um tempo superior ao previsto.
- Esse aquecimento pode tanto ultrapassar os limites de temperatura de partes adjacentes ao conector, como a isolação do cabo ligado, quanto atingir níveis não tolerados pelo próprio conector, perdendo esse sobretudo suas características mecânicas e sendo levado à deformação ou até à ruptura. Mesmo na primeira hipótese, fica prejudicada a pressão entre as superfícies de contato dos condutores ligados, o que leva a novo aquecimento, e assim por diante, até a destruição do conector.

Consequentemente, podemos observar, numa primeira etapa:

- É fundamental que os valores de compressão considerados no projeto estejam garantidos na sua grandeza otimizada (nem maior, nem menor), sob pena de que ocorra uma rápida redução de vida útil. Esse aspecto é acentuadamente influenciado pelo uso correto dos meios de compressão, sejam as porcas dos parafusos, sejam em conectores de outros tipos, pela correta aplicação dos alicates de compressão.

- Do mesmo modo, haja garantia de que as condições elétricas previstas no projeto da rede e no do conector tenham sido utilizadas para a escolha do conector e que estejam presentes nas condições de funcionamento da rede, sobretudo no que se refere à corrente nominal e a de curto-circuito. Tais fatores também podem levar a aquecimentos e a ruptura, limitando a vida útil.
- Que na fixação dos condutores sejam respeitados os valores previstos em norma técnica e/ou projeto. Tratando-se de um conector de parafuso, devem ser levados em conta os valores de compressão estabelecidos na NBR 9313. Tratando-se de conectores de compressão, consultar o fabricante a respeito do assunto, para a escolha do alicate apropriado.
- Que sejam avaliadas as condições ambientais, relativas à presença de gases ou líquidos corrosivos, que atacam o conector.

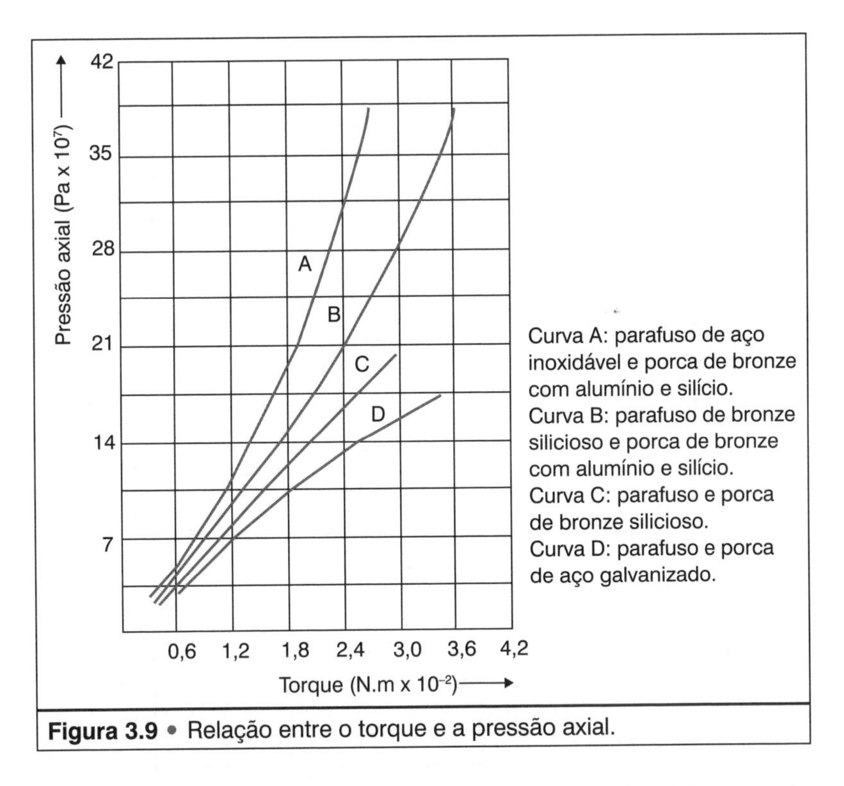

Figura 3.9 • Relação entre o torque e a pressão axial.

Na Figura 3.9 há exemplos de curvas de torque; x pressão para 4 combinações diferentes de parafuso com porca demonstrando as variações de pressão axial em função dos metais utilizados.

Valores obtidos nas seguintes condições

Pela Figura 3.9, vemos que, para um dado valor de torque aplicado à porca, o menor valor da pressão axial resulta da combinação de porca e parafuso de aço galvanizado, enquanto o melhor resultado se obtém usando parafuso de aço galvanizado e porca de bronze na composição indicada. Porém, como os parafusos e porcas também são percorridos pela corrente elétrica, manifesta-se o problema da corrosão galvânica entre o aço e o bronze, e que o aço, mesmo galvanizado, acaba apresentando o problema da corrosão progressiva; a melhor solução quanto a vida útil é encontrada nos materiais indicados como B e C na Figura 3.9.

Na Figura 3.10, vem demonstrada a influência ou não que a lubrificação tem sobre a pressão axial. Entretanto, como já mencionado, temos de avaliar se está garantida ou não a lubrificação. Se não houver segurança nesse sentido, é melhor desconsiderá-la, quando determinamos o torque necessário para a obtenção de uma dada pressão axial. Portanto, são motivos para sua desconsideração:

- A incerteza de que, quando o conector está no almoxarifado, a lubrificação permanece.
- A dúvida de que, em uso, a manutenção do conector garante a reposição da lubrificação de modo adequado.

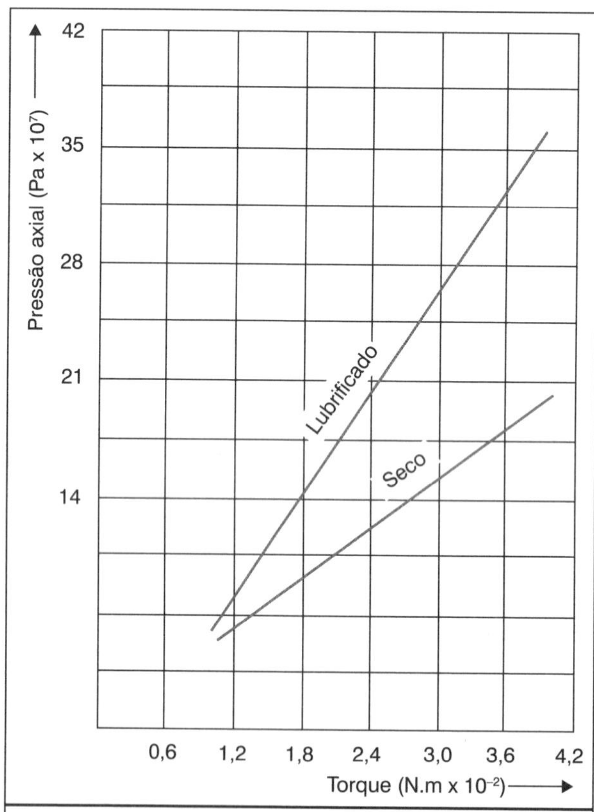

Figura 3.10 • Eficiência da ação de lubrificantes no sentido de determinar a sua influência quando da obtenção de uma força axial de compressão.

Incluem-se no conceito de "corrosão" os efeitos da "oxidação" (mas que não é necessariamente só a formação de óxidos), e o da corrosão galvânica. Apesar de levar de certo modo aos mesmos efeitos finais, que é o da criação de uma camada de baixa condutividade elétrica entre corpos que conduzem corrente elétrica, e de levar a uma crescente fragilidade mecânica com o passar do tempo e com crescente volume de materiais oxidando, a corrosão nos leva a encontrar um conector com probabilidade cada vez maior de estar se sobreaquecendo, colocando em risco as propriedades de materiais isolantes próximos, sabidamente com menor temperatura-limite. Essa temperatura sob esse aspecto tem os seus limites em 70 °C ou 90 °C, temperatura essa ainda perfeitamente viável para o conector.

Quanto à corrosão galvânica, ela se manifesta entre metais diferentes e apresenta uma intensidade de corrosão em função do meio em que se encontra e do tipo dos metais que entram em contato direto. O aprofundamento deste assunto é feito em outro estudo, separado, variando inclusive com o ambiente em que se inicia.

De modo amplo, a corrosão é, portanto, consequência de:

- **Um contato entre o ar e os metais do conector.**

  Essa oxidação é normalmente inevitável. A solução é encontrada no uso de metais e ligas metálicas ou revestimentos capazes de neutralizar ou pelo menos atenuar a ação do ar.

- **Instalação em meio quimicamente agressivo.**

  É um caso frequente em ambientes industriais, sobretudo na indústria química. A emanação de gases contamina o ambiente, atacando os conectores e reduzindo sua vida útil, sempre que a escolha não foi feita adequadamente e nem há medidas de ventilação que possam evitar elevadas concentrações de elementos corrosivos.

- **Existência de uma corrosão galvânica no local.**

  Nesse caso, se não forem usados conectores bimetálicos ou estanhados, de construção adequada, a vida útil passa a ser muito reduzida. Entretanto, usando conectores apropriados, a vida útil até que se torna razoável.

- **Uso de pasta antióxido.**

  Sobretudo quando do uso de conectores de alumínio, como o metal oxidado, apresenta características de oxidação extremamente críticas. Nesse caso, o uso de uma pasta antióxido específica para esse caso traz resultados muito satisfatórios, que vão elevar a vida útil dos conectores.

- Perdas se elevem devido a uma baixa superfície de contato e o conector se aquece.

- **Força de compressão acima do valor ideal.**

  Nesse caso, a resistência de contato se eleva devido à deformação cristalina, e tanto a resistência elétrica se eleva quanto a resistência mecânica diminui.

Além de fatores ligados à corrosão, a vida útil pode ser influenciada por:

- **Nível de aquecimento apresentado pelo conector.**

  Esse sobreaquecimento pode ter diversas causas, além daquelas já mencionadas em itens anteriores, e que também vão influir sobre a vida útil.

- **Uma força de compressão abaixo da correta.**

  Nesse caso, a resistência de contato é maior do que o valor, podendo levar, simultaneamente, ao sobreaquecimento e à ruptura mecânica.

9 • COMPORTAMENTO DOS CONECTORES

Conectores são componentes dos mais frequentes em circuitos elétricos, em qualquer nível de tensão, e necessários para a interligação dos equipamentos e condutores. Apesar de terem uma construção relativamente simples, sua importância é a mesma de qualquer outro componente, mesmo que outros sejam mais sofisticados, pois o seu funcionamento irregular ou sua troca frequente devidos a aspectos funcionais exige o desligamento da rede e a paralisação do processo produtivo ligado à esse circuito elétrico.

Diversos são os fatores que envolvem um correto funcionamento durante o tempo previsto de vida útil, e que estão detalhados em outros assuntos sobre o tema. No presente caso, vamos abordar:

1. Como avaliar o provável desempenho de um conector?
2. Quais as consequências de uma corrosão sobre a integridade de um conector?
3. Qual o comportamento dos metais e suas ligas perante as tão variadas condições ambientais, e quais as consequências sobre o seu funcionamento?
4. Quais os recursos que existem para atenuar ou até mesmo eliminar determinados problemas?

Os ensaios que determinam o seu comportamento

A maior ou menor influência que um determinado fato tem sobre o futuro comportamento do conector na rede é avaliada por ensaios normalizados, regional ou internacionalmente. Dentro de um sistema que avalia a gravidade da ação, os ensaios permitem concluir, através de medições muitas vezes comparativas entre um estado inicial e o final e à curto prazo, aplicando ao componente condições mais severas do que as normais, qual o comportamento à longo prazo. Como um primeiro exemplo destes procedimentos, vejamos o que estabelece a NBR 9326 – Conectores para cabos de potência – Ensaios de ciclos térmicos e de curto-circuitos.

A NBR 9326

No seu item 5 – Execução de Ensaios, e no seu tópico "para conectores de qualquer natureza", estabelecem-se dois ensaios combinados, a saber:

1. Ensaio de ciclos térmicos, para avaliar o seu envelhecimento.
2. Segue-se o ensaio de aplicação da corrente de curto-circuito.
3. Repete-se a aplicação dos ciclos térmicos, ensaios esses realizados em condições ambientais de temperatura e tipo de ar padronizados, para permitir a comparação entre os resultados dos ensaios em qualquer local que adotem essas normas. Quando da utilização destes resultados para os componentes em condições reais de serviço, os valores padronizados devem ser comparados com os valores no local da instalação e, caso não coincidam, definir os fatores de correção que devem ser aplicados, resultantes desta comparação entre o valor de ensaio e o valor no local da instalação. Tais fatores de correção também constam de normas. As condições de referência seguem alguns padrões, tais como:
   A) Não pode haver correntes de ar no local do ensaio, para não criar condições particularmente favoráveis de troca de calor.
   B) Não pode haver incidência de luz solar direta sobre o corpo de prova em ensaio, e este não pode ser instalado muito próximo a uma fonte de calor.
   C) A temperatura ambiente no local do ensaio deve ficar entre 15 °C e 35 °C.
   D) O ar no local não deve ficar sob a influência de matéria contaminante, tal como vapores corrosivos ou outros compostos, para não influir sobre o resultado dos ensaios.
   E) Os condutores ligados aos conectores devem ter seções e comprimentos especificados por norma, e, esses últimos, segundo as tabelas lá existentes, vão variar seu comprimento entre 125 mm e 950 mm.

Por que essas condições de referência?

Por que esses ensaios?

Ao realizar ensaios de um componente, e avaliar os resultados obtidos, aceitando-os ou rejeitando-os, temos de saber sob quais condições de temperatura, agressividade e grandezas elétricas houve essa aceitação ou rejeição, para poder avaliar para quais condições esse componente é adequado. Se nas condições de uso estiverem presentes as mesmas condições de ensaio, os seus resultados podem ser aplicados diretamente ao caso real, novamente aceitando ou rejeitando o componente. Caso não haja essa coincidência, temos de estabelecer uma equivalência entre as condições de ensaio e as reais, e aplicar fatores de correção aos **resultados obtidos no ensaio** para torná-los comparáveis aos valores reais, e analisar se podem ser aprovados ou devem ser rejeitados. E mais: concluir se os corpos de prova não estarão operando em condições superiores às previstas, o que poderia reduzir significativamente a sua vida útil.

Traduzindo isso em números, temos:

1. Cada metal ou liga metálica apresenta uma temperatura-limite, acima da qual o material sofre modificações estruturais ou afeta partes adjacentes. Portanto, as normas especificam condições de ensaio livres desses problemas.
2. As condições de temperatura máxima admissível não podem ser atingidas, nem mesmo perante a circulação da corrente de curto-circuito, que é a mais crítica das correntes elétricas. A corrente de curto-circuito apresenta normalmente uma grandeza superior a 15 vezes o seu valor nominal. Como o aquecimento varia com o quadrado da corrente, o efeito térmico correspondente a 15 vezes será 225 vezes superior ao seu valor nominal.
3. A repetição cíclica de aquecimento e de resfriamento tem por função levar à fadiga a estrutura do material, que vai demonstrar o seu comportamento em serviço, quando tais ciclos naturalmente ocorrem.

Mas, na verdade, do mesmo modo como o conector tem de ser avaliado quanto ao seu comportamento e aquecimento devidos à corrente de curto-circuito, temos de avaliar todas as demais condições e fatores a que ele fica exposto, sempre comparado com condições de referência.

Por exemplo: na NBR 9326, a temperatura ambiente tem de se situar entre 15 °C e 35 °C. E se, nas condições de uso, não tivermos essa temperatura, o que vai acontecer?

Vejamos.

Com a corrente de curto-circuito circulando, haverá um aquecimento devido às perdas joule. Pela norma, a soma da temperatura ambiente com a elevação de temperatura devido às perdas não deve ultrapassar a temperatura de 120 °C. A norma citada inclusive apresenta uma tabela que especifica qual a corrente admitida, quando a temperatura ambiente é de 20 °C. E se a temperatura ambiente for de 40 °C, o que vai acontecer?

Bem, neste caso, se mantivermos o valor da corrente especificada na norma, haverá um sobreaquecimento, que poderá tanto danificar o conector quanto partes adjacentes ao mesmo, como, por exemplo, a capa isolante do cabo utilizado no ensaio (ou a do cabo no circuito real). E o mesmo acontece com o conector instalado em local mais quente do que o de referência. Portanto, temos de reduzir o nível de aquecimento, reduzindo as perdas e, consequentemente, reduzindo **a corrente nominal no conector.**

De quanto a norma informa?

Vejamos outro exemplo.

Será que o material de que é feito o conector sofre efeitos prejudiciais quando exposto a névoa salina presente, por exemplo, em regiões litorâneas? Caso isso aconteça, como podemos evitar o problema? E o que esse problema traz consigo? Uma corrosão? E essa se houver, como pode ser avaliada quanto ao risco de destruir o conector?

Nesse caso, usam-se frequentemente os ensaios da norma norte-americana, que no caso é identificado por ASTM B 117-49T, que verifica o nível de agressividade do sal nas condições de ensaio. Em inglês, é o ensaio de *salt spray*, ou seja, de névoa salina. No presente caso, estamos analisando os efeitos da salinidade sobre o cobre e suas ligas. Entretanto, cabe observar que o ensaio é inclusive mais importante quando aplicado ao alumínio e suas ligas, devido ao fato de se usar esse metal nas linhas de distribuição e transmissão, com seus conectores, na orla marítima. Portanto, esse ensaio é aplicado em todos os metais utilizados nesse meio ambiente. E como esse ensaio, todos os demais que são especificados pelas normas, sem prejuízo de alguns ensaios que são particularmente aplicados apenas em determinados metais ou ligas metálicas.

Voltando à ASTM B 117-49 T, a execução do ensaio determina que:

1. A câmara na qual se efetua o ensaio deve ter um meio gasoso com 20% de solução salina. É claro que, quanto maior a concentração do sal, mais agressivo o ambiente se torna. Portanto, é fundamental a definição da concentração de sal e a sua comparação com as condições reais. E do mesmo modo como no caso anterior, aplicam-se fatores de correção quando no local a concentração é diferente da de referência. Esse circuito de ensaio é ligado a uma fonte de alimentação de energia elétrica, conforme definido em norma.
2. Mede-se a resistência elétrica inicial de cada conector ou de cada conexão do circuito elétrico antes de colocar os conectores na câmara de névoa salina. Vamos chamar os conectores simplesmente de corpos de prova.
3. A câmara é totalmente definida pela norma, sendo nela instalada todo o circuito elétrico ou simplesmente um conector, lá permanecendo por 120 horas. Passado esse tempo, os corpos de prova são retirados da câmara e lavados com água morna, para remover os agentes agressivos, ou seja, o sal, e secas em seguida.
4. Mede-se novamente a resistência elétrica de cada corpo de prova.
5. Seguem-se, segundo a norma citada, 25 ciclos de aquecimento.
6. Terminados os ciclos de aquecimento, mede-se novamente a resistência elétrica do corpo de prova.

7. Em seguida, os procedimentos indicados nos itens 3 e 6 são repetidos, até se completar um tempo de ensaio de 1 200 horas, ou interrompendo-o antes, se os corpos de prova não tiverem mais condições de conduzir a corrente de ensaio. Ou seja: a aplicação de um meio salino, na concentração indicada, durante um tempo de 1200 horas, corresponde a um efeito de salinidade que atua sobre o circuito elétrico e seus componentes, durante toda a vida útil esperada do conector e dos condutores. Os dois devem ter a mesma vida útil.

Do mesmo modo como esses dois ensaios, outros tantos são aplicados para se constatar a neutralidade ou a reação dos diversos ambientes sobre o metal cobre e suas ligas. Mas lembremos que esse mesmo procedimento se aplica a qualquer outro metal e suas ligas que são utilizadas, talvez aplicando outras normas, mas sempre com o mesmo raciocínio e com idênticos objetivos:

Verificar se o metal e sua liga, usados elétrica e mecanicamente, atendem ao seu uso nas condições em que são aplicados.

10 • DEFEITOS QUE PODEM SURGIR

Ampliando a nossa análise, é extremamente importante se avaliar como que os conectores se comportam com os diversos elementos químicos presentes no ar e na água, e, consequentemente, depositados no solo. No que segue, são analisados alguns dos elementos mais frequentes no meio industrial, com maior incidência em determinados produtos ou ambientes. Vale observar que numerosos processos industriais se valem de elementos químicos para o tratamento de materiais ou para a produção de matérias-primas, de tal modo que o circuito elétrico de alimentação desses processos fica sujeito à ação desses elementos químicos, por vezes combinados com solicitações mecânicas, dando origem à fendas. Assim, temos:

Formação por variação da concentração de oxigênio

Em ligas de cobre, esse fenômeno ocorre particularmente pela ação de umidade, formando na liga **volumes ou regiões com baixo teor de oxigênio** e, assim, com comportamento anódico. Como a parte anódica é sempre a que corrói, o mesmo acontece no presente caso. O restante do corpo da liga permanece intacto, pois é catódico em relação à primeira. Essa corrosão dá origem a fendas, de intensidade variável em função da intensidade com que o fenômeno se manifesta, fendas essas que podem dar origem à ruptura do conector.

Esse efeito pode ser atenuado se à liga de cobre usada for acrescentado alumínio e/ou ferro.

Ruptura do componente pelo efeito da corrosão

Esse é um efeito final semelhante ao anterior, só que motivado por outro fator. Trata-se da presença de **amônia em contato com o oxigênio do ar.** Esse problema pode ser intensificado se tivermos a presença de umidade e uma fadiga mecânica.

Não se têm informações precisas sobre a concentração de amônia que leva a esse problema, mas as observações feitas nos conduzem à conclusão de que a quantidade necessária para que aconteça o mencionado é bastante pequena. Outros detalhes mais sobre a amônia serão dados mais adiante.

A ruptura estrutural que assim ocorre é entendida como sendo uma reação de um processo eletroquímico, e baseado neste fato pode-se evitar que a ruptura ocorra, conferindo à liga de cobre uma característica catódica, pela ligação de uma fonte de energia adequada.

Ação combinada de corrosão e fadiga mecânica

A fadiga mecânica é frequentemente ocasionada por uma prolongada e suficientemente intensa vibração que atua sobre o conector. Com esse movimento vibratório, a estrutura sofre microfendas, pelas quais penetram agentes de corrosão em diversas formas, o que por sua vez enfraquece a estrutura cristalina, dando origem a novas e mais profundas microfendas, até a ruptura do conector.

Corrosão galvânica

Consequência de uma ação estrutural entre metais com concentração de elétrons diferentes, esse assunto vem abordado com mais detalhes em estudo específico. Resumidamente, podemos lembrar que dessa concentração diferenciada surge uma diferença de potencial entre os metais que leva a um deslocamento de elétrons do mais eletronegativo ao mais eletropositivo, com o que ocorre uma mudança na estrutura do metal cedente de elétrons, que se manifesta na forma de uma corrosão.

Um caso particularmente importante no setor elétrico é o do contato entre cobre e suas ligas com o alumínio e suas ligas, onde o problema é atenuado fazendo-se a estanhagem do conector que vai receber fios e cabos destes metais.

Outra forma de contornar esse problema é pelo uso de conectores que possuem duas parte distintas, uma de cobre, para receber o cabo de cobre, e outra parte de alumínio, para o cabo de alumínio.

A conexão ainda melhora o seu comportamento usando uma pasta antióxido junto a ligação entre os cabos. Observe-se que não feita essa proteção em um tempo bem curto (alguns meses), teremos a destruição da parte de alumínio.

11 • ELEMENTOS QUÍMICOS PREJUDICIAIS

Em atividades industriais, o uso de produtos químicos é dos mais variados e frequentes, o que pode ocasionar uma contaminação ampla que chega a afetar as instalações, e assim também os conectores. Nesse item vamos mencionar alguns desses elementos químícos que estão mais presentes, abordar a sua ação e, sempre que possível, mencionar de que forma o problema pode ser resolvido ou, pelo menos, atenuado.

Ácidos

Se o ambiente for acentuadamente ácido, a frio ou a quente, e na forma de ácido fosfórico, hidroclorídrico ou sulfúrico, concentrados, recomenda-se que conectores e demais componentes sujeitos a uma corrosão sejam fabricados de cobre, latão, bronze fosforoso, bronze com alumínio, ou liga de cobre-níquel.

Por exemplo, o ácido sulfúrico concentrado, a quente, dá origem a fendas no metal com a criação de sulfitos metálicos e dióxido de enxofre. Também o ácido hidroclorídrico concentrado é corrosivo, dando origem à formação de um sal de cobre de estrutura complexa. Ácidos orgânicos são geralmente menos corrosivos do que ácidos de origem mineral. Acidos oxidantes, como o ácido nítrico, são extremamente corrosivos na presença do cobre, excetuando-se concentrações inferiores a 1%. Também algumas ligas de cobre, como o latão, com menos de 85% de cobre, podem sofrer intensa corrosão.

Álcalis

Encontram-se mais frequentemente soluções de hidróxido de sódio e de potássio, em diversas concentrações. Perante esse ambiente, sugere-se o uso de cobre e de ligas de cobre, que geralmente resistem bem a esse ambiente, pelo menos nas concentrações mais baixas. Já ligas binárias de cobre e zinco, com teor de zinco superior a 15%, não são recomendadas, devido à dissociação do zinco na forma de sais.

Recomenda-se, por exemplo, uma liga de cobre e níquel, com 30% de Ni, que é bastante resistente à ação de álcalis.

Amônia

Já mencionada anteriormente, a amônia é bem suportada por cobre e suas ligas, no estado seco, mas são rapidamente corroídos em ambiente úmido e na presença de ar, devido à formação de um composto solúvel de amônia e cobre. Das ligas de cobre, a com 30% de Ni é a mais resistente à ação de soluções deste tipo.

Uma informação mais detalhada é a seguinte:

Liga	Resistência à ação de amônia
Latão, com teor de zinco igual ou superior a 15%	Baixa resistência contra corrosão
Latão, com teor de zinco inferior a 15%	Resistência intermediária à corrosão
Bronze com teor de alumínio	
Cobre com fósforo	
Bronze fosforoso e a liga Everdur	Alta resistência contra corrosão
Liga de cobre com níquel	Resistência à corrosão muito alta

Soluções salinas

Equipamentos e componentes atuantes em ambiente salino são frequentemente construídos em cobre ou liga de cobre. No caso de liga, predomina o emprego de cobre fosforoso, bronze de alumínio ou liga de cobre com níquel.

Sais ácidos e sais que sofrem hidrólise, dos quais resulta um ácido, são muito mais corrosivos do que as soluções de sal neutro. São também muito ativas e corrosivas soluções ácidas das quais resulta um sal, como o caso do cloreto de ferro.

Cromatos, que são compostos oxidantes, não corroem o cobre e suas ligas, ao contrário de soluções ácidas, altamente corrosivas.

Cobre e suas ligas não devem ser usados em contato com mercúrio e suas ligas. Tais materiais dão origem a uma ruptura intermolecular nas ligas de cobre, decompondo-as.

Finalmente, ligas de cobre com alto teor de zinco suportam bem a ação de sais sulfídricos.

Compostos orgânicos

As ligas de cobre são na sua maioria resistentes à ação de solventes orgânicos, tais como acetatos, alcoóis, aldeídos, éteres e hidrocarbonatos. As ligas de cobre também são resistentes à ação corrosiva de vários hidrocarbonatos halógenos, usados como solventes e aceleradores da troca de calor. Com elevação de temperatura, alguns hidrocarbonatos clorídricos, tais como o tetracloreto de carbono e o tricloroetileno, podem ter acentuada sua ação corrosiva na presença de umidade, a menos que o solvente seja estabilizado por um elemento neutralizador.

A maior resistência contra a ação corrosiva dos hidrocarbonatos clorídricos é obtida por liga de cobre-níquel, com 30% de níquel, ou efetuando-se o recobrimento das peças em contato com uma camada de estanho.

Ação dos gases

Cobre e suas ligas não são atacados por gases secos a temperatura ambiente ou mais baixa. Diferente é o caso, perante gases úmidos. Assim, o acetileno forma um composto explosivo com o cobre em ambiente úmido; e, ainda, ligas de cobre com mais de 65% de cobre não devem ser usadas quando esse gás está úmido e sob pressão. Dióxido de carbono corrói o latão com alto teor de zinco, mas pode com vantagens ser substituído por outras ligas de cobre. Também os componentes de cobre e suas ligas, quando revestidos com estanho, se tornam altamente resistentes ao dióxido de carbono úmido. Não se recomenda o uso de cobre e suas ligas perante gases úmidos de cloro.

Numa outra situação, são opções viáveis para serem usadas em locais com gases úmidos de dióxido de enxofre e trióxido de enxofre o cobre, latão, a liga Everdur (bronze fosforoso e liga de cobre e zinco com 30% de zinco).

Água doce corrente

Cobre fosforoso e latão com alto teor de cobre são usados sem problemas sob a ação da água corrente. Também o bronze fundido tem apresentado bons resultados, do mesmo modo como o cobre fosforoso, a liga Everdur e a liga de cobre-níquel com 10% de níquel.

Água do mar

De modo geral, as ligas de cobre se comportam bem perante a água salgada do mar. Em especial, se recomendam as ligas de cobre fosforoso, de cobre-níquel com 10% ou 30% de níquel, de latão com arsênico e alumínio, e de bronze com 5% de alumínio.

Em contato com alimentos

Apesar de depender muito dos alimentos, o cobre estanhado, os latões e os bronzes têm-se apresentado como boas soluções.

Em contato com o ar

A ação do oxigênio do ar ou de alguns componentes diluídos no mesmo, geralmente em baixas concentrações, é bem suportada pelo cobre, latões e bronzes. Um destaque ao latão com níquel e prata.

A conexão por solda exotérmica

As conexões elétricas e mecânicas realizadas pelo processo de soldagem exotérmica têm adquirido particular importância nos últimos anos devido aos resultados altamente satisfatórios alcançados, atendendo em particular a determinados aspectos tecnológicos em que a solda exotérmica representa a melhor solução.

O processo da reação exotérmica entre elementos é conhecido há muito tempo, tendo-se, com o correr dos anos, adquirido grande experiência no seu emprego, nos cuidados para com a fabricação de componentes de elevado grau de pureza e composição adequada e nos detalhes relacionados com cada metal ou pares metálicos em que se deseja aplicar o processo. Assim, foi nas conexões de cobre em que inicialmente o processo teve maior aplicação, sob formas das mais diversas, caso em que uma reação exotérmica entre óxido de cobre e alumínio resulta, devido ao efeito redutor do alumínio, em cobre e óxido de alumínio, este último eliminado em forma de escória. No processo, o óxido de alumínio, de menor densidade, se sobrepõe ao cobre, não interferindo, desta forma, no corpo do material de solda, que resulta em cobre puro. Esta aplicação, apesar de grande importância ainda, vê crescer continuamente uma segunda técnica, aplicada na soldagem de alumínio e também de alumínio com cobre, já então empregando como composto metálico uma mistura de óxido de estanho e de alumínio. Particularmente na soldagem de cobre e alumínio, há necessidade preliminar de estanhar o cobre, para evitar a formação de tensões de contato de efeito corrosivo, devido à posição destes elementos na série galvânica dos elementos. Para atingir resultados realmente positivos e seguros das últimas aplicações mencionadas, e que adquirem importância cada vez maior diante do desenvolvimento na produção do alumínio, foram longas e extremamente profundas as análises e pesquisas efetuadas, sobretudo devido aos resultados pouco satisfatórios anteriormente obtidos no emprego do alumínio.

Essa etapa está também vencida, permitindo-nos, em particular no Brasil, o amplo e cada vez maior emprego do alumínio, metal de que dispomos de grandes reservas, ao contrário do que sucede com o cobre. Não é exagerado mencionar, que a própria generalização do emprego do alumínio se deve em parte às possibilidades positivas deste tipo de solda, permitindo antever para muito em breve uma expansão do uso do alumínio não apenas nos fios e cabos mas também nos equipamentos.

Soldando cobre com cobre, cobre com alumínio, cobre com materiais ferrosos e resistivos e alumínio entre si, a solda apresenta propriedades técnicas e frequentemente econômicas que fazem deste produto uma solução segura e eficiente para uma série de casos que aparecem na eletricidade, e mesmo em outros setores, como por exemplo, no civil. Permitimo-nos aproveitar a oportunidade deste contato para expor de modo sucinto a problemática do contato elétrico entre corpos condutores postos em contato, razão na qual se baseiam em grande parte a recomendação técnica e econômica.

1 • O PROBLEMA DA TRANSFERÊNCIA DE CORRENTE

Conexões elétricas são feitas frequentemente numa instalação, apesar de ser boa política evitá-los sempre que possível. Uma conexão feita pelos processos convencionais, por terminais ou tipos de solda diferente da exotérmica sempre é um ponto do sistema que exige do técnico atenção especial. Tanto assim é que nos planos de manutenção preventiva, o reaperto de parafusos de fixação de conectores é uma das exigências de um bom funcionamento da rede para se obter perdas mínimas e máxima segurança de funcionamento. Por vezes, para evitar estas providências, passam-se ao emprego de luvas de compressão ou soldagens, que porém, via de regra, levam a outros problemas, que apenas podem ser evitados por meio do emprego da solda exotérmica.

Já que citamos a existência de problemas, vamos analisá-los mais de perto. Quando se faz o contato entre duas peças condutoras, e que conduzem corrente elétrica, esta corrente não passa de uma peça à outra através da seção geométrica que se sobrepõe, mas apenas em alguns pontos, nos quais haverá consequentemente uma grande concentração de corrente, perdas joule elevadas e sobreaquecimentos. Lembrando que a elevação de temperatura acelera a reação química dos metais com o ambiente, e que eletricamente os derivados metálicos, óxidos, sulfatos etc., são maus condutores de eletricidade, já podemos concluir que a passagem de corrente de uma peça à outra, ambas em contato, se faz de uma maneira bastante precária e na qual se desenvolve um processo contínuo de tornar esta passagem de corrente cada vez mais prejudicada.

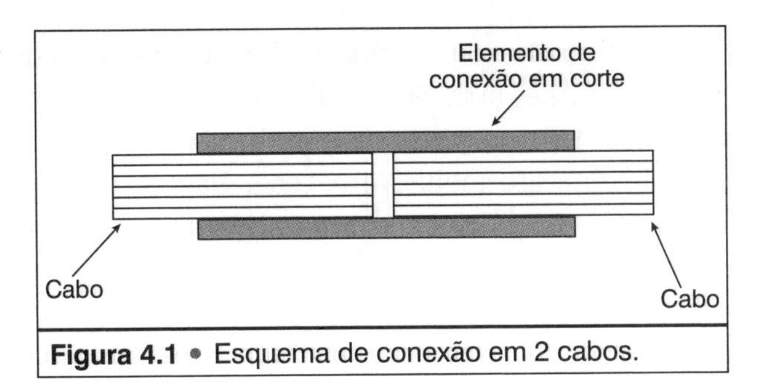

Figura 4.1 • Esquema de conexão em 2 cabos.

A situação representada na Figura 4.1 é assim prejudicada pela existência de um pequeno número de pontos de contato, e, além disso, agravada pela formação contínua e crescente de óxidos entre as superfícies, dois fatos que elevam significativamente a resistência de contato e, consequentemente, as perdas e o aquecimento local.

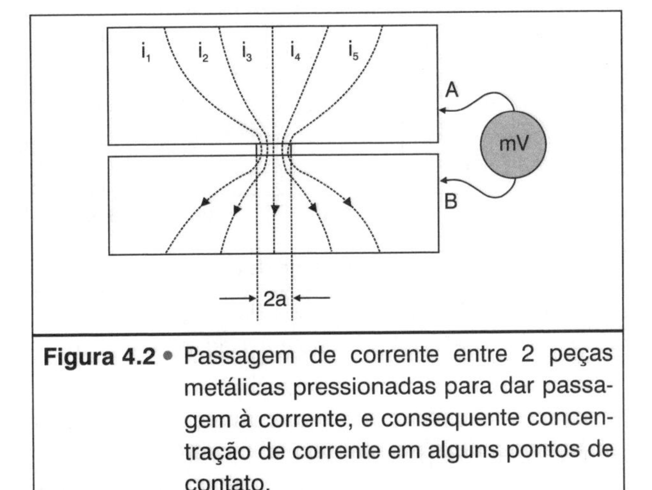

Figura 4.2 • Passagem de corrente entre 2 peças metálicas pressionadas para dar passagem à corrente, e consequente concentração de corrente em alguns pontos de contato.

Pelos processos convencionais, o número de pontos de contato e a seção de transferência da corrente podem ser elevados ou ampliados, utilizando-se pressões maiores entre as partes condutoras ou usando-se materiais de menor dureza. A segunda hipótese geralmente não pode ser utilizada porque são poucos os materiais eletricamente adequados, não possibilitando o emprego de outros mais moles. A solução pela primeira hipótese é amplamente utilizada, tanto nas emendas de condutores quanto no contato entre peças de contato de dispositivos de manobra. Resultado são curvas, como a representada na Figura 4.3, em que se nota perfeitamente que, para dado material, quanto maior a pressão, menor a resistência de contato. Nos dispositivos de manobra, as peças de contato se valem amplamente desta realidade, mesmo porque se trata de conexões não permanentes, e que por isso mesmo não podem empregar certos processos de melhores características. No caso de conexões permanentes, a conclusão citada é aplicada nas luvas de conexão, em que, através de alicates de elevada pressão, criam-se entre a luva e o condutor deformações tais a pretender formar de ambos um elemento único, como visualmente inclusive parece. Não resta dúvida de que esta técnica traz certas vantagens elétricas, comparativamente com as condições encontradas em uma conexão por parafuso. Entretanto, para se obter um resultado eletricamente melhor, os esforços de deformação da estrutura cristalina assim introduzidos podem levar com certa probabilidade a um enfraquecimento mecânico do material, predispondo-o a rupturas na zona imediatamente adjacente ao bordo do elemento de conexão.

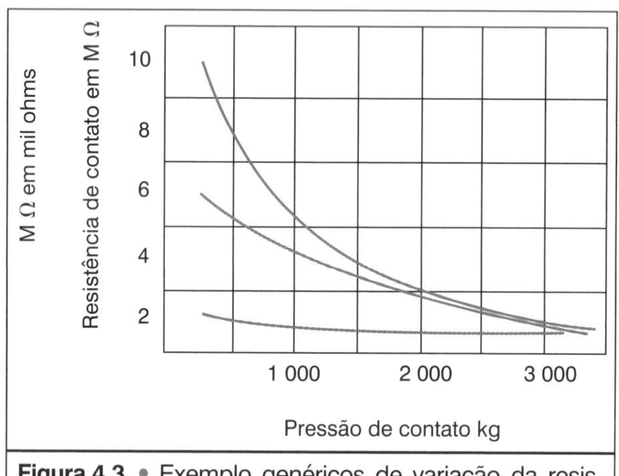

Figura 4.3 • Exemplo genéricos de variação da resistência de contato em relação a pressão.

Se analisarmos o aspecto puramente mecânico, a concentração de esforços que se apresentam nas ligações por parafusos é melhor distribuída numa luva. Da mesma forma, é bem menor o efeito de oxidação entre camadas de metais em contato, quando se usam luvas. Entretanto, esta solução, apesar de melhor, ainda assim deixa frequentemente dúvidas sobre suas propriedades mecânicas e elétricas, acrescida do fato de que os alicates de pressão são onerosos e muitas vezes de difícil uso em locais determinados. Por esta razão, o sistema de soldagem entre os metais mereceu especial atenção dos pesquisadores, pois prometia trazer uma solução técnica mais adequada aos problemas analisados.

Os problemas básicos do método de solda residiram em fazer suficiente número de pontos de solda entre as peças elétricas, e isto não apenas no contorno das partes mas também entre as superfícies. Como resultado, uma tal conexão ficava, pelos processos convencionais de solda, acentuadamente dependente da habilidade e do cuidado do soldador, o que por si já é um grave inconveniente. Por essas razões, o sistema de soldagem exotérmica criou desde já a condição de que o processo deve se realizar com resultados totalmente independentes do cuidado de um soldador, ser de fácil uso e aplicável em qualquer situação e efetuar a soldagem de superfície e não só de contorno.

2 • A SOLDAGEM PELO PROCESSO EXOTÉRMICO

Valendo-se de um lado do comportamento da reação exotérmica entre metais, e do outro lado da ausência de dispositivos pesados e de elevado custo, ou de fontes térmicas externas, a soldagem deste tipo teve desde logo o interesse dos engenheiros e técnicos, diante dos resultados técnicos que apresentou.

A solda exotérmica se realiza dentro de um leve cadinho de grafite adequado, usinado de tal modo que a mistura de metais em reação incidam em estado de fusão e à elevada temperatura sobre as peças a serem unidas ou conectadas. Esta reação é iniciada e acelerada através de uma carga de pó à base de pólvora, sendo a composição do pó função dos metais que devem ser unidos. Por este processo, consequente de uma composição cuidadosa dos pós metálicos, de um estudo especial da quantidade de material de solda necessário, e do nível do impacto de temperatura presente, obtiveram-se conexões que, apresentando todas as vantagens de conectores de luvas, de parafusos, e dos processos normais de solda, eliminaram os aspectos negativos da concentração de esforços, da intensificação da oxidação entre as partes envolventes e de um sobreaquecimento de partes adjacentes ao ponto de solda face ao excesso e à prolongada presença de calorias fornecidas, sem introduzir fadigas mecânicas e modificações cristalinas capazes de reduzir a durabilidade de uma conexão. O processo faz depositar junto às peças a serem soldadas material de solda de elevada condutividade, fecha totalmente a possibilidade de oxidação interna porque, devido à temperatura elevada, ocorre entre os metais envolvidos não simplesmente uma soldagem mecânica, mas, sim, uma difusão entre os metais, com consequente **ligação molecular** entre estes. O próprio choque térmico, de curta duração, não chega a afetar materiais adjacentes de menor estabilidade térmica (como é o caso dos isolantes).

O cadinho, por sua vez, é de custo relativamente reduzido, permite 50 ou mais operações de solda e é leve, permitindo seu emprego em qualquer posição, mesmo nos locais mais inadequados. Como sempre, quando se trata de soldagem de peças, um ambiente seco fornece ampla garantia de uma solda perfeita, livre de bolhas internas.

A mistura dos pós metálicos, cujos volumes já vêm predeterminados em cartuchos padronizados, varia de acordo com os metais a serem soldados. Assim, a soldagem de cobre entre si ou deste com metais ferrosos ou ligas resistivas é efetuada com óxido de cobre e alumínio, como segue:

$$2\,Al + 3\,CuO \xRightarrow{+\text{ calor}} \underbrace{Al_2O_3}_{\text{escoria}} + 3Cu$$

Já no caso de alumínio com alumínio ou alumínio com cobre, a peça de cobre precisa ser estanhada antes da soldagem, sendo o material básico óxido de estanho e alumínio, e dando como resultado um corpo de soldagem composto de uma liga metálica de estanho e alumínio. Um corte de um determinado cadinho vem apresentado na Figura 4.8 sobre o assunto. Resulta uma conexão perfeita, sem resistência de contato entre as partes, e com uma condutância elétrica maior que a do condutor de corrente devido à seção transversal do corpo de solda, geralmente duas vezes superior à seção dos condutores elétricos. Observe-se que, para cada conexão, a quantidade de material de solda já vem estabelecida pelo fabricante. Quando uma determinada ligação exige o emprego de mais de um cartucho, é preciso cuidar para que sejam despejados os conteúdos dos cartuchos sem a parte de pólvora, que já vem comprimida no fundo. Apenas após a colocação de todo o volume do material de solda na cavidade do molde é que deve ser sobreposta toda a pólvora retida no fundo dos cartuchos.

3 • SEQUÊNCIA PARA OBTER-SE UMA CONEXÃO PERFEITA

1. Estando-se perante um caso de conexão fixa, que traz a exigência de elevada qualidade eletromecânica, baixa resistência de contato e rapidez de execução, e tendo-se determinado quais os condutores a serem soldados, têm-se todos os elementos para requisitar o molde e o material de solda adequados.
2. Tomam-se os condutores a serem soldados, introduzindo-os na parte baixa do molde, usinado especificamente para o tipo e a seção condutora dos mesmos, bem como para o tipo de ligação.
3. Fecha-se o molde de soldagem.
4. Coloca-se na parte superior do molde, com tampa aberta, um disco metálico que acompanha o conjunto ou *kit* de soldagem, mantendo-o sobre a "canaleta de passagem" do metal em fusão; este disco fundirá quando da reação exotérmica.
5. Despeja-se a mistura metálica de fusão na "câmara de pó", na quantidade preestabelecida, tomando-se o cuidado para que a pólvora, que se encontra no fundo do cartucho, seja colocada uniformemente distribuída sobre o material de solda.
6. Fecha-se a tampa e pela abertura lateral desta, incendeia-se a pólvora, dando início à fusão exotérmica.
7. Num curto intervalo de tempo, mesmo antes da dissipação térmica do calor desenvolvido no processo, o molde já pode ser aberto, sem porém tocá-lo com a mão, devido ao calor que ainda possui. A peça pode ser retirada do molde, e efetuada a operação seguinte, da mesma maneira, que pode ser repetida 50 vezes ou mais.

Aplicações

Pelos tipos das diferentes conexões apresentadas, é permitido concluir que não há propriamente limitação técnica ao processo. O que ocorre em certos casos é que a conexão proposta pode ser feita a um menor custo que por conectores convencionais, não esquecendo o aspecto de condutividade elétrica poderá ser igualmente atendido por tais conectores. Uma situação em que o processo não encontra aplicação é quando as conexões precisam ser periodicamente abertas, como em alguns casos de malhas de aterramento. Porém, mesmo neste caso, é tecnicamente vantajoso reduzir a um mínimo os pontos a serem abertos, sobretudo porque uma baixa resistência do circuito é condição básica para um adequado funcionamento da malha.

Destaque especial é assim dado às seguintes conexões:

1. De tubos condutores, com cabos ou entre si, tanto em cobre quanto em alumínio.
2. Para malhas de aterramento, sobretudo nas ligações entre os condutores da malha e, frequentemente, entre o condutor da malha e a haste de aterramento.
3. Em barramentos de entrada e de distribuição, evitando as deficiências do aparafusamento e conferindo ao barramento adequado comportamento mecânico perante os esforços eletrodinâmicos atuantes durante um curto-circuito.
4. Em terminações da A.T., principalmente quando a mufla contiver cabos de alumínio.
5. Em cabos subterrâneos, notadamente de cabos de alumínio isolados.
6. Em conexões de tração elétrica, como no caso da interligação dos trilhos de ferrovias.
7. Na fixação dos elementos de proteção catódica.

4 • ASPECTO ECONÔMICO E CONCLUSÕES

Do exposto, podemos concluir que o processo de solda exotérmica apresenta características técnicas que o recomendam para grande número de casos, particularmente nos de grande responsabilidade e de difícil manutenção. Objeção técnica do seu emprego não existe, havendo soluções economicamente mais vantajosas apenas nos casos em que a conexão é do tipo convencional e em que terminais e luvas produzidas em grandes quantidades são de menor preço. Em todos os demais casos, a solda, pelo presente processo, se torna mais econômica do que a fabricação de conectores especiais.

Vantajoso ainda é o aspecto da solda exotérmica de poder a mesma ser projetada para qualquer situação, sem se ter a influência das limitações naturais dos processos de fabricação de terminais e luvas, obtendo-se um produto livre de fatores externos, como, por exemplo, da perícia do operador.

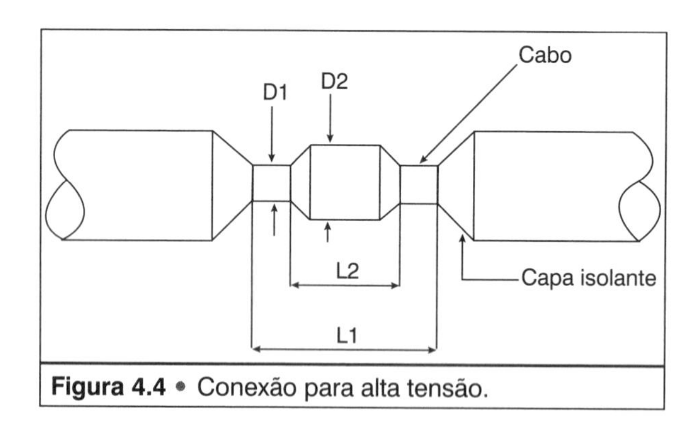

Figura 4.4 • Conexão para alta tensão.

5 • EXEMPLO DE APLICAÇÃO DA SOLDA EXOTÉRMICA NO ATERRAMENTO DE REDES E CERCAS

Objetivos

O aterramento de redes e equipamentos, apesar de controvérsias frequentes sobre sua execução, é um fator sem dúvida dos mais importantes, tanto em sistemas de alta quanto de baixa tensão. No presente estudo, são abordados os elementos fundamentais que devem ser observados na sua execução.

A concepção do aterramento obrigatório de todos os equipamentos elétricos, de baixa ou de alta tensão, está bem mais desenvolvida em alguns outros centros do que entre nós, em especial no setor de consumo. Normas técnicas sobre o assunto, por exemplo, informam com bastante detalhes as condições a serem satisfeitas, em particular quanto aos valores máximos de resistência elétrica permissíveis, e a maneira de executá-las em função do local. Assim, pode-se notar desde já que a qualidade de um aterramento e a segurança resultante do sistema são consequências das grandezas de resistência presentes nos diversos setores, tais como pontos de ligação, elementos condutores, natureza do solo etc. Nesta análise aqui apresentada, faz-se referência às normas alemãs supramencionadas, como fontes de prescrições mais detalhadas encontradas sobre o assunto.

Análise fundamental

Poder-se-ia inicialmente distinguir entre normas de aterramento para sistemas de alta e de baixa tensões até o valor nominal de 1 000 volts.

Para evitar divagações que levariam à perda de objetividade desta análise, focaliza-se separadamente a aplicação em alta tensão, cabendo entretanto a observação de que, em muitos aspectos, as considerações apresentadas são válidas para baixa e alta tensões.

Inicialmente deve-se destacar entre os diversos sistemas de aterramento, indicados por:

- Eletrodos de fita, de seção plana ou circular, normalmente colocados a pequenas profundidades. Distinguem-se três execuções, mostradas na Figura 4.5:

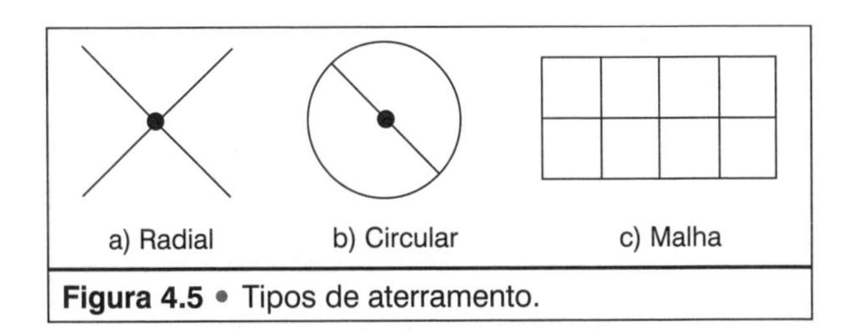

Figura 4.5 • Tipos de aterramento.

- Eletrodos de haste, executados de perfis ou tubos, aprofundados verticalmente no solo.
- Placas de aterramento.
- Condutores que, sem isolação, ligam o corpo a ser aterrado ao eletrodo enterrado, e que assim atuam como elementos de aterramento.

Estes diferentes tipos de elementos ou eletrodos são usados e escolhidos em função sobretudo das condições do solo em que é feito o aterramento, obedecendo às condições de resistência elétrica que o sistema deve satisfazer. Deve-se, portanto, analisar o comportamento resistivo de cada um dos componentes deste sistema, e, em particular, daqueles dependentes do tipo de aterramento. Vamos observar, assim, que este processo se aplica a torres metálicas, cercas, portões e outros elementos próprios de uma rede de energia e de suas subestações, normalmente executados em ferro e aço, e dimensionados sobretudo em função da característica mecânica que precisam cumprir. Se assim observarmos uma rede de transmissão, o aterramento da torre pode ser feito, como mostra a Figura 4.6, através de uma rede de aterramento, ou de eletrodos radialmente aprofundados a profundidades variáveis em função da natureza do solo. Condições semelhantes são encontradas nas cercas de aterramento, mostrando a Figura 4.7 os casos de cercas "simples" e cercas com porteiras. Da mesma forma, podem-se ter eletrodos ou condutores de aterramento e, se necessário eletrodos interligados, para maior segurança. A Figura 4.7 mostra um condutor de aterramento soldado, numa cerca metálica, processo bastante recomendado pelas suas características técnicas e facilidade de execução, e a Figura 4.6, caso análogo no aterramento de torres ou postes metálicos.

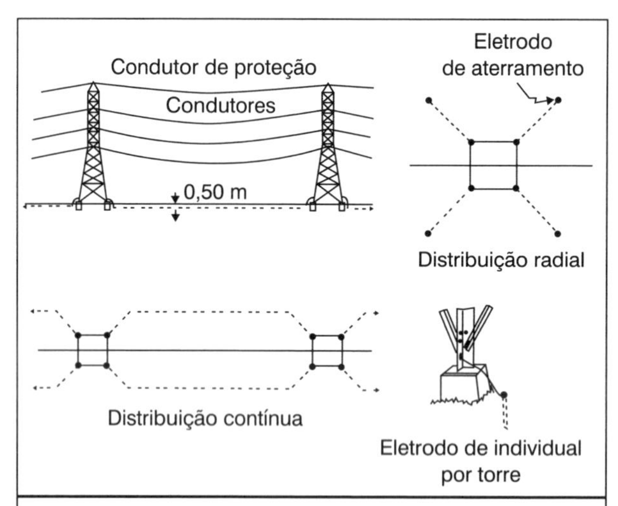

Figura 4.6 • Sistemas de aterramento encontradaos em torres, com eletrodo individual ou rede radial e contínua.

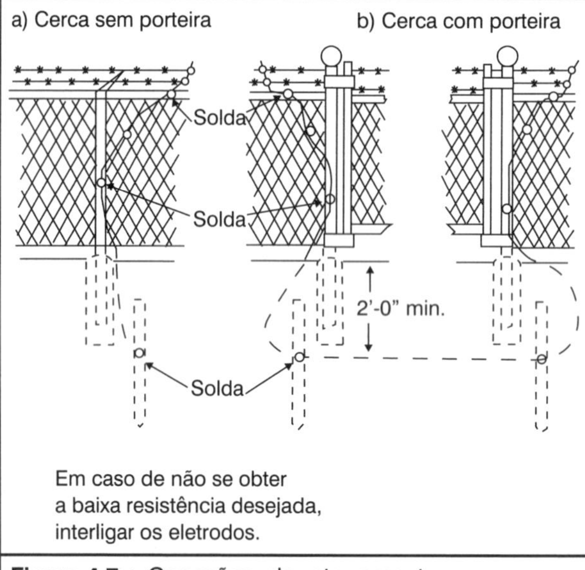

Figura 4.7 • Conexões de aterramento em cercas, com e sem portão, e eletrodos individuais ou interligados.

Nesta citação de exemplos práticos, pela sua frequência de emprego têm-se ainda as malhas de aterramento, particularmente encontradas em subestações e em instalações dotadas de antenas de comunicação e refletores. No caso específico das malhas de terra de subestações, o emprego da malha se justifica em consequência da baixa resistência com o solo que resulta, cobrindo uma área bastante grande.

Obtém-se assim excelente controle dos gradientes de potencial em toda instalação, para a segurança do pessoal que trabalha num local, caracterizado geralmente por elevado número de chaves de alta tensão, descargas atmosféricas e correntes de fuga. Sendo um sistema que pode apresentar baixa resistência, qualquer surto de corrente é rapidamente dissipado.

Especificações técnicas

Dos fatores que envolvem assim a análise das características determinantes do funcionamento de um elemento de aterramento, pode-se concluir desde já que devem merecer nossa atenção:

a) resistência da torre ou cerca;
b) resistência do condutor de ligação;
c) resistência do eletrodo de haste, quando usado;
d) resistência dos elementos de conexão dos três anteriormente mencionados.

Cada um contribuirá com sua parcela na determinação da resistência total do sistema, e influirá na maior ou menor facilidade com que um surto possa ser neutralizado. Assim, façamos uma análise dos valores de cada um, bem como dos fatores que possam vir a influir.

Da norma VDE 0141, pode-se destacar a tabela de resistividade em ohm x metro, de diversos *tipos* de *solos* (Tabela 4.1).

Tabela 4.1 • Valores médios de resistividade do solo.

Tipo de solo	Pântano	Argila úmida	Areia úmida	Pedregulho úmido	Areia seca ou pedregulho	Pedras
Valor médio da resistividade s (ohm x metro)	30	100	200	500	1 000	3 000

Esta resistividade própria do solo determinará, em função do tipo de sistema de aterramento empregado, a resistência de dissipação no solo. Como, em geral, o solo pertence ao grupo das argilas úmidas ou húmus, a norma apresenta valores calculados para esta condição. Em caso de solos de outra natureza, basta estabelecer a proporcionalidade dos valores.

Assim, para P = 100 ohm x metro, resultam os valores práticos indicados na Tabela 4.2.

Tabela 4.2 • Valores da resistência de dissipação para P = 100 ohm x metro.

Tipo de eletrodo	Eletrodo de fita ou cabo				Eletrodo de tubo ou de haste				Eletrodo de placa, aresta superior 1 m, abaixo do solo	
	Comprimento				Comprimento				Tamanho	
	10 m	25 m	50 m	100 m	1 m	2 m	3 m	5 m	0,5 m x 1 m	1 m x 1 m
Resistência de dissipação	20	10	5	3	70	40	30	20	35	25

Passando das condições de resistência de dissipação no solo para o componente seguinte do sistema, analisemos os eletrodos. Como material, recomenda-se ferro galvanizado a fogo, aço recoberto com cobre (ou equivalente) e o cobre, contanto que condições locais, particularmente agentes químicos, não determinem outros materiais. Estes eletrodos são recomendados na norma VDE 0141, com as dimensões indicadas na Tabela 4.3. Para os cabos de aterramento, a mesma norma determina inicialmente que os mesmos devem ser facilmente visíveis. Caso sejam instalados com proteção externa, por exemplo, passando dentro de tubos, o acesso aos mesmos deve ser fácil. Ainda devem estes condutores ser protegidos contra agentes locais, tais como corrosão, ácidos, choques mecânicos etc. Permite-se também a colocação de condutores sem isolação diretamente no concreto de pisos em instalações cobertas. O dimensionamento da seção transversal dos cabos de aterramento deve obedecer aos seguintes valores mínimos:

1) de aço galvanizado a fogo ou recoberto com cobre: 50 mm^2;
2) de cobre galvanizado a fogo ou recoberto com cobre: 16 mm^2;
3) de alumínio: 35 mm^2.

Tabela 4.3 • Seções mínimas para os eletrodos.

Tipo de eletrodo \ Material	Aço Galvanizado a fogo	Aço recoberto com cobre	Cobre
Eletrodo em chapa ou cabo	100 mm^2 Espessura mínima: 3 mm	50 mm^2	Em chapa: 50 mm^2 Espessura mínima: 2 mm; cabo: 35 mm^2
Eletrodo de Haste	Tubo de aço de 1" – Aço em U6½ ou equivalente	Haste de aço 15 mm de diâmetro e recobrimento de cobre de 2,5 mm	Tubo de 30 x 3 Fio ou cabo 35 mm^2 Barra 50 mm^2

A norma determina ainda que:

- Os pontos de ligação entre haste e cabo, ou entre condutores, ou destes às estruturas devem ser analisados cuidadosamente, recomendando, entre outras medidas, a ligação por *solda* ou por conectores especiais aparafusados.
- Os pontos de ligação dentro do solo (condutor de aterramento à haste, por exemplo) devem ser adequadamente protegidos contra corrosão.
- Em caso de substituição de algum elemento do sistema de aterramento, seja evitada a interrupção do circuito de terra.
- No aterramento de postes ou estruturas de concreto o condutor de aterramento seja embutido no próprio poste ou estrutura, com pontos terminais de fácil acesso e, dentro do poste ou estrutura, não ter nenhuma emenda. A própria armação de aço pode servir de elemento de aterramento, contanto que o aço ou ferro tenha seção transversal adequada e que não seja descontínuo, podendo ser soldado se esta solda garantir perfeita continuidade elétrica.

Resta abordar o comportamento resistivo dos *elementos de* conexão. Neste particular, a análise deve abordar tanto os materiais quanto os métodos de conexão. Quanto aos materiais, valem os mesmos já abordados anteriormente, dando-se sempre que possível preferência a conexões que empregam cobre ou ligas de cobre, tanto pelas suas características de condutividade e resistência mecânica quanto pelo aspecto de corrosão.

No que se refere ao tipo de conexão, deve-se destacar a grandeza da resistência de contato. Uma análise detalhada e cuidadosa dos conectores convencionais demonstra que o circuito elétrico em todos eles apenas tem continuidade através de *pontos de contato,* por vezes pouco numerosos, motivando concentração de corrente no ato de seu funcionamento, e dificultando assim o escoamento rápido do surto de corrente. Além disso, muitos dos conectores convencionais não têm um formato que evite a penetração de água, ácidos e outros agentes, motivando oxidação e outras modificações do material, todas tendo como resultado o aumento da resistência de contato.

Esta resistência de contato, como função direta da superfície de contato, ainda poderia ser reduzida aumentando-se a pressão de fixação entre cabo e elemento de aterramento, ou reduzindo a dureza do material empregado. Ambas as soluções, porém, apresentam suas limitações práticas, de um lado, pela deformação que poderá ocorrer perante aumento de pressão e, de outro lado, pela insuficiente resistência mecânica que resultaria, colocando em perigo a segurança do sistema de aterramento.

Como consequência da análise feita, empresas de larga experiência valem-se hoje sobretudo da *soldagem* para interligar seus componentes do sistema de aterramento. Entre os sistemas de solda particularmente recomendados para o setor elétrico encontramos a termomoldagem, que é executada em cadinhos ou moldes de grafita preparados para cada tipo de ligação, e material de solda em forma de pó. O sistema vem detalhado nas Figuras 4.8 e 4.9, resultando conexões perfeitas sob o ponto de vista elétrico e mecânico.

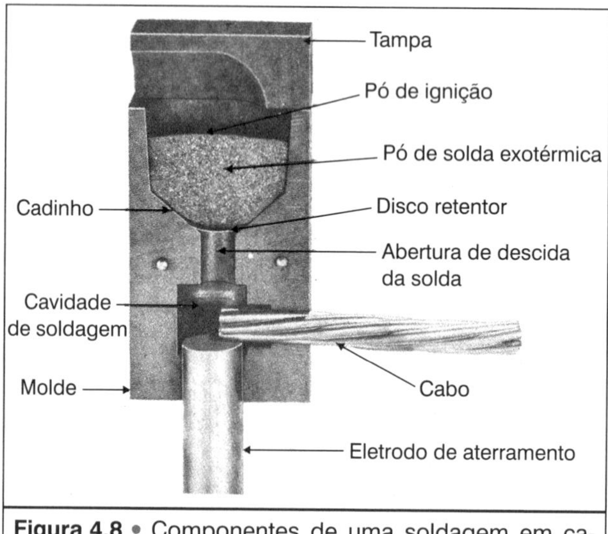

Figura 4.8 • Componentes de uma soldagem em cadinho, numa conexão condutor-eletrodo de terra.

Figura 4.9 • Soldagem em molde de grafita de dois condutores.

Conclusões

Verifica-se, pela análise feita, que um bom aterramento é sobretudo função do perfeito conhecimento *das* condições locais, e do emprego adequado dos elementos de aterramento e sua interligação. Entretanto, também deve-se lembrar que nem sempre é fácil reunir todos os elementos necessários para determinar qual a resistência oferecida pelo sistema, particularmente no que se refere ao solo e à variação de sua resistividacfe em função da umidade. Esta resistividade vai determinar a resistência de dissipação, a qual, segundo a mesma norma, deve ser tal que

$$Rd \leq \frac{125\ (V)}{Id\ (A)},$$

Onde

Rd = resistência de dissipação;

Id = corrente de descarga.

Para tanto, a corrente de descarga é a corrente que aparece no ponto de aterramento, proveniente da rede. O valor de 125 V é o valor máximo da diferença de potencial admissível perante a corrente Id. Mais detalhes sobre como proceder para atingir os valores especificados vêm indicados na norma em questão (VDE 0141).

Transformadores de potência

Os transformadores de potência, em contraste com os para instrumentos e outros tipos, têm suas características e construção determinadas pela norma NBR 5389, sempre em sua mais recente publicação, pois normas de mesmo número de edições anteriores a esta última edição não têm mais validade.

Incluem-se neste grupo os transformadores de força e os de distribuição, tanto com imersão em óleo mineral quanto os a seco encapsulados em resina epóxi, em cada caso acompanhados por normas específicas. Assim, por exemplo, o cobre usado tem suas normas particulares que servirão para o dimensionamento dos condutores dos enrolamentos, o óleo mineral tem suas normas no estado novo e no usado, etc., sempre indicando valores mínimos que não podem ser desconsiderados.

No presente capítulo, serão apresentadas inicialmente considerações gerais sobre transformadores de potência, seguidos de aspectos particulares dos transformadores encapsulados em epóxi.

Transformadores de distribuição são normalmente fabricados na faixa de tensões de distribuição até 25 kV, e em geral para redes de 13,2 kV, e potencias não superiores a 300 kVA, com seus enrolamentos de cobre isolados com papel ou verniz e imersos em óleo mineral. A norma que se aplica é a NBR 5440 e demais citadas logo no início do texto desta norma, e que definem aspectos particulares deste tipo de componente.

Os transformadores de distribuição são os componentes de maior custo de uma rede, e por isto são alvo de diversos estudos, destinados a analisar a sua vida útil, características de operação e assim por diante.

1 • OBJETIVO

O presente estudo se destina a técnicos, tecnólogos e engenheiros em fase de formação ou procurando uma revisão dos seus conhecimentos, envolvendo abordagens que vão desde a parte conceitual até considerações de caráter aplicativo, envolvendo transformadores de potência de distribuição e de força. Neste sentido, são feitas considerações específicas aplicáveis a transformadores em óleo mineral e em resina sintética do tipo epóxi.

2 • FUNDAMENTOS

Corrente, tensão, fluxo magnético e outras grandezas elétricas são tradicionalmente representadas por vetores, estando no que segue a sua indicação para dois casos frequentes no regime de funcionamento de um transformador (ou simplesmente trafo).

Funcionamento em vazio ou sem carga

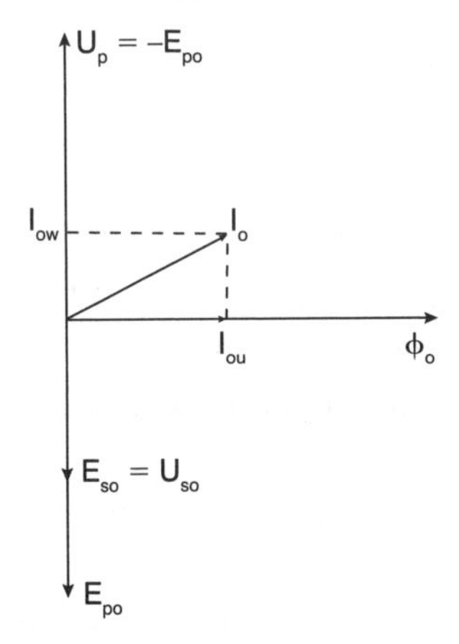

Onde o significado desses vetores é:

U_p = tensão de linha aplicada ao primário;

E_{po} = f.e.m. induzida no primário pelo fluxo magnético;

I_o = corrente primária em vazio;

I_{ow} = corrente para suprir as perdas no núcleo (ferro), em vazio;

I_{ou} = corrente magnetizante;

U_{so} = d.d.p. nos terminais do secundário, em vazio;

E_{so} = f.e.m. nos terminais do secundário, em vazio;

ϕ = fluxo magnético comum ao primário e secundário, em vazio.

Funcionamento com carga indutiva

Conforme sabemos, as cargas podem ser de natureza indutiva, resistiva ou capacitiva. Porém, a maioria dessas são de natureza indutiva, e, particularmente, cargas em que predominam os motores, razão pela qual representamos no que segue apenas o diagrama vetorial que se apresenta com cargas indutivas. Os diagramas com outras cargas podem ser achados facilmente em literatura especializada. Nesse diagrama temos:

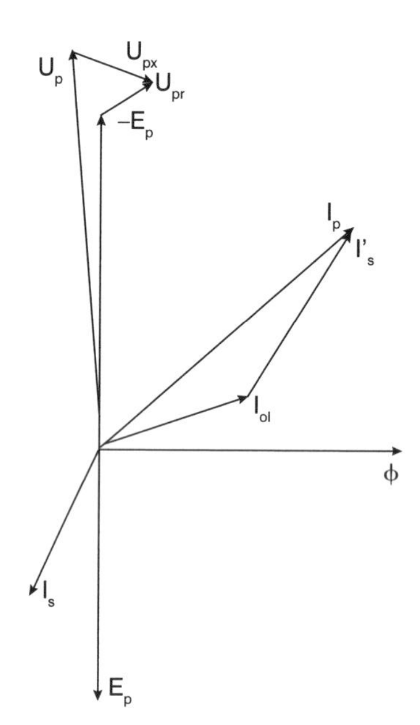

ϕ = fluxo magnético comum do primário e do secundário, em carga;

U_p = tensão de linha aplicada ao primário;

U_{px} = componente da tensão aplicada para vencer a f.e.m. da queda indutiva primária;

U_{pr} = componente da tensão aplicada necessária para vencer a resistência ôhmica do primário;

E_p = f.e.m. induzida no primário pelo fluxo magnético comum;

I_s = corrente de carga secundária, em atraso com a tensão;

I_P= corrente primária total (vetorialmente $I'_s + I_{oI}$);

I'_s = corrente absorvida pelo primário para compensar a f.m.m.;

I_{oI} = corrente primária necessária para produzir o fluxo comum em carga.

Relação entre espiras, tensão e corrente

Vale lembrar que a relação entre a f.e.m. do primário e do secundário em vazio está na mesma proporção do respectivo número de espiras. Ou seja:

$$E_{po} / E_{so} = n_p/n_s$$

Do mesmo modo que a relação entre as tensões eficazes primárias e secundárias estão na mesma proporção do respectivo número de espiras. Logo:

$$U_p/U_{so} = n_p/n_s$$

Quanto às correntes, a relação entre as correntes primárias e secundárias estão na razão inversa do seu respectivo número de espiras. Assim:

$$I_p/ I_s = n_s/ n_p$$

A potência nominal de um enrolamento é o valor da potência aparente atribuído ao enrolamento e pelo qual ele é designado, nas condições prescritas na norma pertinente. É portanto o valor do produto, medida em volt-ampère, da tensão e da corrente anteriormente analisadas.

3 • NORMAS TÉCNICAS

São fundamentais para os profissionais da área técnica, independentemente da sua área de atividades, e assim também àqueles que se dedicam à construção e uso dos transformadores, que se lembrem que toda atividade de caráter técnico vem baseada em normas técnicas, as quais, na área de potência, estão reunidas e publicadas pela Associação Brasileira de Normas Técnicas – ABNT, que, entre outras referências, faz valer as decisões do Inmetro – Instituto Nacional de Metrologia, Normalização e Qualidade Industrial e as normas da IEC – Comissão Eletrotécnica Internacional, no que couber, ao lado de algumas referências regionais.

Para cada produto, a ABNT estabelece as condições a serem atendidas (chamadas de **Especificações**), como essas condições podem ser comprovadas (**Método de Ensaio**), como designar grandezas e componentes pelo termo correto (**Terminologia**) e quais as condições de projeto que devem ser obedecidas (**Normas Gerais**). Somam-se ainda as normas de **Símbolos Gráficos e Símbolos Literais**, e eventualmente uma **Padronização**, em todos os casos sempre valendo apenas a mais recente das edições das mesmas.

Dentro do conteúdo do texto que segue, frequentemente são feitas referências a essas determinações normativas, que precisam servir de orientação aos profissionais para a coleta de mais informações relativas ao assunto, quando for necessário.

O que cabe destacar no momento é que:

a) Para cada tipo de transformador, existe em tese um jogo completo de determinações normativas.

b) Também os procedimentos de uso, como recebimento, instalação etc., já têm normas definidas, que orientam o usuário no seu procedimento.

Para finalizar esses comentários gerais e orientativos, destaque-se ainda que, antes de aplicar um texto de norma para um caso específico, é necessário verificar se o texto da norma que queremos utilizar **se aplica ao nosso caso.** Para tanto, cada norma inicia sua análise com a seção OBJETIVO, onde está descrita a sua área de aplicação.

Vejamos um exemplo.

Uma norma muito citada no texto que apresentamos é a **NBR 5356 -Transformadores de Potência.** Informa-se no Objetivo dessa que a norma NÃO SE APLICA a transformadores para ensaios, transformadores para tração elétrica e mais 8 tipos de transformadores, que possuem, via de regra, normas próprias. Outra citação normalmente encontrada é a indicação de uma seção DOCUMENTOS COMPLEMENTARES, que são outras normas cujas determinações de aplicam na norma em uso, no presente exemplo, a NBR 5356. Para qualquer detalhe a mais, há necessidade de consultar a norma em referência. E como terceiro destaque, a seção DEFINIÇÕES, que relaciona diretamente (ou se reporta a outras normas), os termos técnicos utilizados e o seu significado. É a TERMINOLOGIA da qual destacamos em seguida os termos mais importantes para o presente estudo.

4 • TERMINOLOGIA

Para que o leitor ou o estudioso do assunto use corretamente os termos e entenda o seu significado no presente texto, sugerimos tomar conhecimento das seguintes definições, mais utilizadas no que segue:

Característica nominal

Conjunto de valores nominais atribuídos às grandezas que definem o funcionamento de um transformador, nas condições especificadas na respectiva norma, e que servem de base às garantias do fabricante e aos ensaios.

Transformador (termo geral)

Equipamento elétrico estático que, por indução eletromagnética, transforma tensão e corrente alternadas entre dois ou mais enrolamentos, sem mudança de frequência.

Transformador de potência

Transformador cuja finalidade principal é transformar energia elétrica entre partes de um sistema elétrico.

Transformador de distribuição[1]

Transformador de potência utilizado em sistemas de distribuição de energia elétrica.

Transformador monofásico

Transformador constituído de apenas um enrolamento de fase em cada tensão.

---

[1] NA: A norma de terminologia não contém, nas edições em vigor, um termo adequado para os transformadores utilizados em redes que não sejam de distribuição, e que tem, via de regra, potência maior e mais sofisticados recursos de proteção. Tais transformadores são industrialmente designados por TRANSFORMADORES DE FORÇA, com potência geralmente superior a 500 kVA.

Transformador polifásico[2]

Transformador cujos enrolamentos primário e secundário são polifásicos.

Transformador abaixador (elevador)

Transformador no qual a tensão do enrolamento primário é superior (inferior) a do enrolamento secundário.

Transformador para exterior

Transformador projetado para suportar exposição permanente às intempéries.

Transformador para interior

Transformador projetado para ser abrigado permanentemente das intempéries.

Transformador regulador

Transformador de potência provido de comutador de derivações em carga.[3]

Transformador de núcleo envolvido[4]

Transformador cujo núcleo é constituído por colunas interligadas pelos jugos, todas elas atravessando bobinas dos enrolamentos.

Transformador de núcleo envolvente

Transformador cujo núcleo é constituído por colunas interligadas pelos jugos, dos quais algumas não atravessam bobinas dos enrolamentos.

Jugo

Parte ferromagnética fixa, geralmente não circundada por enrolamento, cuja finalidade preponderante é complementar o circuito magnético principal de um dispositivo elétrico.

Jugo de transformador

Cada uma das partes do núcleo que interliga as colunas.

---

[2] NA: Em termos práticos, os polifásicos são trifásicos.

[3] NA: Nem todo transformador de potência pode ter seus terminais comutados em carga. É o caso dos transformadores cuja comutação entre derivações é feita por meio de um conjunto de terminais dos enrolamentos, levados a um **painel de religação ou comutador**, e que tem sido o mais frequente em transformadores de potência para distribuição.

[4] NA: Esse é o tipo de núcleo mais comum em transformadores na área da distribuição.

Coluna do núcleo de um transformador

Cada uma das partes do núcleo, paralela aos eixos dos enrolamentos, envolvida ou não por enrolamentos.

Banco de transformadores

Conjunto de transformadores monofásicos interligados de modo a formarem o equivalente de um transformador polifásico.

Bucha

Peça ou estrutura de material isolante que assegura a passagem isolada de um condutor através de uma parede não isolante (p.ex. o tanque do transformador).

Tanque de um transformador

Recipiente que contém a parte ativa e o meio isolante.

Parte ativa de um transformador

Conjunto formado pelo núcleo, enrolamentos e suas partes acessórias.

Derivação

Ligação feita em qualquer ponto do enrolamento, de modo a permitir a mudança da relação das tensões de um transformador.[5]

Comutador

Dispositivo de manobra (mecânico) cuja função principal é transferir a ligação existente de um condutor ou circuito, para outros condutores ou circuitos.

Comutador de derivações

Dispositivo para mudança das ligações de um enrolamento.

Comutador de derivações em carga

Comutador de derivações adequado para operação com o transformador energizado, em vazio ou em carga.

Comutador de derivações sem tensão

Comutador de derivações adequado somente para operação com o transformador desenergizado.

---

[5] NA: Em inglês, esse termo é o *tap*, que não faz parte da terminologia brasileira, e, assim, não pode ser usado.

Conservador[6]

Reservatório auxiliar parcialmente cheio de líquido isolante ligado ao tanque de um transformador, de modo a mantê-lo completamente cheio, permitir a livre expansão e contração do líquido isolante, bem como minimizar a sua contaminação.

Perda em carga

Potência ativa absorvida por um transformador quando alimentado por um dos seus enrolamentos, com os terminais de um outro enrolamento em curto-circuito, nas condições prescritas na norma pertinente.

Perdas em vazio

Potência ativa absorvida por um transformador, quando alimentado por um dos seus enrolamentos, com os terminais dos outros enrolamentos em circuito aberto.

Perdas totais

Soma das perdas em vazio e das perdas em carga de um transformador.

Radiador

Dispositivo que aumenta a superfície de irradiação, para facilitar a dissipação de calor.

Transformador em líquido isolante

Transformador cuja parte ativa é imersa em líquido isolante.

Transformador submersível

Transformador capaz de funcionar normalmente, mesmo quando imerso em água, em condições especificadas.

Transformador subterrâneo

Transformador para ser instalado em câmara abaixo do nível do solo.

Tensão nominal (de um enrolamento)

Valor de tensão atribuído a um enrolamento e pelo qual ele é designado, nas condições prescritas na norma pertinente.

---

[6] NA: Esse conservador também é chamado industrialmente de **tubo de expansão**, que é termo não normalizado, e assim não deve ser usado.

Respirador com secador de ar

Dispositivo ligado ao ambiente, não imerso em líquido isolante, de um conservador de transformador, de modo a somente permitir a passagem do ar externo através de elementos de filtragem e secagem, minimizando a contaminação do óleo isolante.

5 • CONDIÇÕES NORMALIZADAS PARA DEFINIR A POTÊNCIA NOMINAL

A potência nominal é, em outras palavras, a potência de placa do transformador. O seu valor é obtido em condições de carga, temperatura e altitude fixados em norma, por meio de um ensaio definido na norma **NBR 5416 – Aplicação de carga em transformadores de potência – Procedimento**, e que pelo seu item 1.3, na norma em vigor que é de 1997, **não se aplica a transformadores de distribuição e subterrâneos**. Por outro lado, entre outras condições, especifica-se que a potência nominal de placa deve ser obtida em local com altitude não superior a 1 000 m, e condições de temperatura máxima de 40 °C e média de 30 °C.

O que desejamos destacar nesse ponto é que:

1. Os dados de placa são válidos apenas dentro de condições preestabelecidas nas normas de ensaio. Portanto, fora dessas condições, dadas pelo local de instalação, NÃO VALEM MAIS NECESSARIAMENTE OS VALORES DE PLACA. É necessário, portanto, comparar as condições no local de instalação do transformador com essas condições de referência normalizadas.
2. Não havendo coincidência **de todas** as condições de norma com as do local de instalação, há necessidade de se efetuar uma correção da potência nominal, multiplicando o valor da potência nominal de placa por fatores de correção dados em norma.
3. Há, portanto, necessidade imperiosa de determinarem-se as condições de altitude, temperatura, agressividade e outras, **no local da instalação**. Sobre o assunto, seguem mais adiante algumas informações de como proceder. No caso particular da temperatura, vamos justificar que a temperatura-limite de operação de um transformador, e que é a que define a potência nominal, é função da **classe térmica do material isolante**, assunto abordado na NBR 7034, que também merecerá nossa atenção, até porque no texto, contemplaremos transformadores de mais de uma temperatura-limite.
4. Há de se analisar também o comportamento do transformador perante condições de alimentação diferentes das nominais. Apesar de não serem as únicas, em itens que seguem serão analisadas as preocupações de funcionamento do transformador perante correntes críticas (como a de curto-circuito) e tensões críticas [como as sobretensões provenientes de surtos atmosféricos e de rede (coordenação de isolamento)].

Coordenação de isolamento

O assunto é detalhado pela norma **NBR 6939 – Coordenação de isolamento – Procedimento**, sendo seu objetivo definir as condições de ensaios dos materiais dielétricos, a que esses estão sujeitos durante a operação do transformador. Essa não é uma tarefa muito fácil, se considerarmos que o equipamento, em sua vida útil de mais de 20 anos, está sujeito a uma infinidade de sobretensões de diferentes formas de onda, intensidades e tempo de aplicação. E que, por outras razões, particularmente térmicas, os materiais isolantes sofrem alterações físico-químicas em prejuízo dos seus valores iniciais, devido ao chamado "envelhecimento".

As sobretensões, conforme vem demonstrado em figura que segue, dividem-se em:

- de longa duração e fracamente amortecidas;
- de curta duração e fortemente amortecidas.

As de longa duração e fracamente amortecidas são as chamadas SOBRETENSÕES TEMPORAIS, e são provenientes de:

- falta para a terra;
- perda súbita de carga; e
- ressonância no circuito.

As de curta duração e fortemente amortecidas, por seu lado, são as provenientes de SURTOS DE MANOBRA (internas à rede) e SURTOS ATMOSFÉRICOS (externos à rede). As sobretensões desse grupo são oriundas de:

- faltas e eliminação de faltas;
- energização e religação de linhas;
- interrupção de correntes capacitivas e de médias e pequenas correntes indutivas causadas por partida de motores, ou interrupção da corrente magnetizante de transformadores e reatores, ou manobra de bancos de capacitores ou de fornos a arco, e mais alguns motivos menos frequentes;
- perda súbita de carga; e
- descargas atmosféricas.

Esses surtos são dependentes da tensão de operação das redes, observando-se:

- na faixa de tensões menores ou iguais a 145 kV, prevalecem os surtos atmosféricos;
- na faixa de tensões iguais ou superiores a 220 kV, prevalecem os surtos de manobra.

A cada enrolamento de um transformador é atribuído um valor de tensão máxima, indicado por U_m. As prescrições para a coordenação de isolamento de um transformador, referentes a sobretensões transitórias, são formuladas em função de U_m.

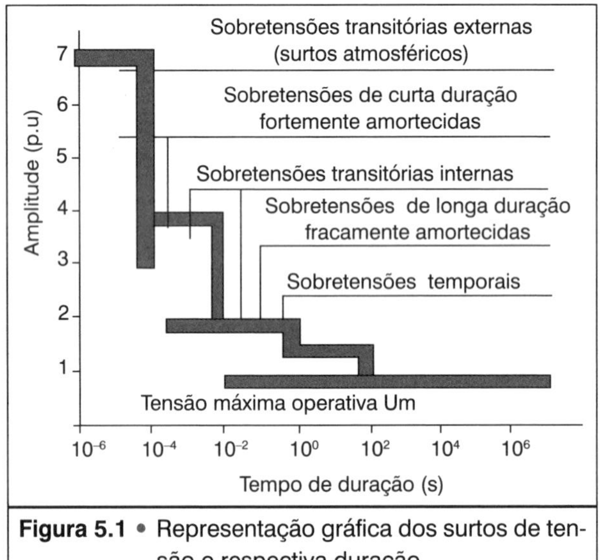

Figura 5.1 • Representação gráfica dos surtos de tensão e respectiva duração.

As tensões suportáveis nominais de um enrolamento constituem o seu NÍVEL DE ISOLAMENTO, que são verificados pelos ensaios específicos, sob condições indicadas nas tabelas que seguem, seja na forma da tensão suportável nominal de impulso atmosférico (que tem um formato de onda não senoidal), seja da tensão suportável nominal à frequência industrial (que é uma onda de tensão senoidal).

Na norma que trata do assunto, que é a NBR 5356, os transformadores são divididos em duas classes, quanto ao seu nível de isolamento:

- Classe I: estão nesta classe todos os enrolamentos com tensão máxima do equipamento igual ou inferior a 242 kV.
- Classe II: com pelo menos um enrolamento com tensão máxima de equipamento igual ou superior a 362 kV.

Sendo de classe I ou II, alteram-se um pouco os ensaios aplicados. No de classe I, aplicam-se o ensaio de tensão suportável nominal à frequência industrial (também chamado de ensaio de tensão aplicada), o ensaio de tensão induzida e o ensaio de tensão suportável nominal de impulso atmosférico. Já no de classe II, acrescenta-se o ensaio de tensão induzida de longa duração. Sem entrar agora nos detalhes dos ensaios assim realizados, por não ser o objetivo do presente estudo, deve-se observar que os transformadores de classe II apresentam um nível de isolamento mais apurado, sendo mais próprios para regiões onde **sobretensões podem ocorrer com maior intensidade**.

Portanto, quando da proposta, o fabricante deve indicar a qual classe pertence o transformador ofertado, ou o futuro usuário deve indicar qual é a classe de isolamento de que necessita.

Ressalte-se que a escolha do nível de isolamento certo é fundamental para se ter o transformador correto na região em que vai ser instalado, como acontece, por exemplo, em locais de frequentes descargas atmosféricas, e onde é elevado o número de transformadores que queimam perante tais surtos de tensão.

Tabela 5.1 • Níveis de isolamento classe I, para tensões máximas do equipamento iguais ou inferiores a 242 kV.

Tensão máxima do equipamento kV (eficaz)	Tensão suportável nominal de impulso atmósferico		Tensão suportável nominal à frequência industrial, durante 1 min e tensão induzida kV (eficaz)
	Pleno kV (crista)	Cortado kV (crista)	
1	2	3	4
0,6			4
1,2			10
	40	44	
7,2			20
	60	66	
	95	105	
15			34
	110	121	
	125	138	
24,2			50
	150	165	
	150	165	
36,2	170	187	70
	200	220	
72,5	350	385	140
	380	418	150
92,4			
	450	495	185
	450	495	185
145	550	605	230
	650	715	275
	750	825	325
242	850	935	360
	950	1 045	395

Tabela 5.2 • Isolamento classe II, para tensões máximas do equipamento iguais ou superiores a 362 kV.

Tensão máxima do equipamento kV (eficaz)	Tensão suportável nominal de impulso		
	Com impulso de manobra kV (crista)	Com impulso atmosférico pleno normalizado kV (crista)	Com impulso atmosférico cortado kV (crista)
1	2	3	4
		950	1 045
	850		
362		1 050	1 155
	950		
		1 175	1 292
		1 300	1 430
460	1 050		
		1 425	1 567
		1 300	1 430
	1 050		
		1 425	1 567
550	1 175		
		1 550	1 705
	1 300	1 675	1 842
		1 800	1 980
	1 425		
		1 950	2 145
800			
		1 800	1 980
	1 550	1 950	2 145
		2 100	2 310

6 • LIGAÇÃO EM PARALELO DE TRANSFORMADORES

A ligação em paralelo entre transformadores ocorre sempre que houver vantagem em dividir entre mais de um transformador a potência de alimentação de uma dada carga. Tal é a situação, por exemplo, na entrada de subestações ou de fábricas de porte médio a grande, e onde, por questão de segurança, **não se recomenda ter apenas um transformador de entrada.** Isso porque, em caso de defeito, toda a instalação ficaria desligada, enquanto com alguns transformadores em paralelo, e com a possibilidade de elevar passageiramente sua potência nominal através de uma ventilação forçada, o problema poderá estar provisoriamente resolvido.

Mas sempre que se faz a ligação em paralelo entre equipamentos ou componentes, as normas técnicas fazem algumas exigências particulares, e que precisam ser entendidas e atendidas. Uma delas, no caso dos transformadores, são as características que tais equipamentos precisam apresentar entre si. Ou seja, não é admissível ligar sem alguns cuidados dois ou mais transformadores em paralelo. Isso porque, poderão aparecer, por exemplo, correntes circulantes entre eles, de elevado valor, e que, além de sobrecarregar os transformadores, levarão a uma situação complicada dos relés de proteção eventualmente instalados, entre outros fatores.

Vejamos os detalhes.

A teoria do funcionamento em paralelo faz parte do estudo do sistema ao qual esses transformadores estão ligados, estando, simultaneamente, em paralelo tanto o primário quanto o secundário. Pertencendo a um mesmo sistema, é assim óbvio que a frequência é a mesma em todos eles. As demais condições a serem analisadas nesse funcionamento, são:

- Os defasamentos e o sentido de rotação dos enrolamentos dos secundários em relação ao seu primário devem ser os mesmos em todos os transformadores a serem ligados em paralelo.
- O diagrama vetorial de todos os secundários dos transformadores em paralelo deve ser o mesmo.
- As tensões porcentuais de curto-circuito ou as impedâncias porcentuais devem ter os mesmos valores relativos, sendo recomendável que essa condição seja atendida separadamente pelos seus componentes que são as perdas ôhmicas porcentuais e a f.e.m. da reatância porcentual.
- As relações de transformação entre as tensões de linha tem de ser as mesmas.

A tabela da página seguinte nos indica quais as combinações primário-secundário existentes, com seus respectivos defasamentos angulares.

Perdas no transformador

Antes de abordar individualmente os diversos tipos de perdas no transformador, e lembrando as grandezas de que dependem, é importante destacar que PERDAS, na própria concepção da palavra, representam um ônus do qual não se tira proveito. No nosso caso, são quilowatt-horas consumidas, que não revertem em trabalho útil, **mas que tem de ser pagas,** e como tal representam um investimento permanente **durante toda a VIDA ÚTIL do equipamento.** Esse aquecimento representa ainda uma mais rápida alteração (para pior) dos materiais, notadamente os isolantes, o que vai reduzir a mencionada VIDA ÚTIL, acelerando ainda mais a aplicação de novos investimentos em transformador. Portanto, **as perdas e suas consequências devem ser observadas com a máxima atenção, precisando entrar no julgamento do transformador mais adequado perante uma consulta aos fabricantes.**

E é por essa razão que os fabricantes, ao lado de outras características, devem sempre informar quais são as perdas na parte condutora (no cobre ou no alumínio) e as perdas na parte magnética (ou perdas no ferro).

O conceito de perdas está intimamente associado à QUALIDADE DOS MATERIAIS UTILIZADOS e ao seu DIMENSIONAMENTO. Podemos, portanto, ter transformadores com a potência necessária, fabricados com materiais fora das exigências normalizadas, o que porém se reflete nas perdas que se apresentam, e no aquecimento daí resultante. Nesse caso, o seu valor ultrapassará os valores-limite especificados pela norma para materiais isolantes pertencentes a uma dada classe de temperatura definida dentro da norma NBR 7034 – Classificação Térmica dos Materiais Isolantes; e, com o envelhecimento que se vai manifestar, cai a VIDA ÚTIL do equipamento.

Portanto, **perdas, aquecimento** e **vida útil** estão intimamente relacionados, e assim vão ser analisados no que segue.

Grupos de ligação possíveis

Identificação		Diagrama		Esquema		Relação de tensões compostas
Defas. Ang. BT	**Desig. IEC**	**AT**	**BT**	**AT**	**BT**	U_{AT}/U_{BT}
0°	Dd0	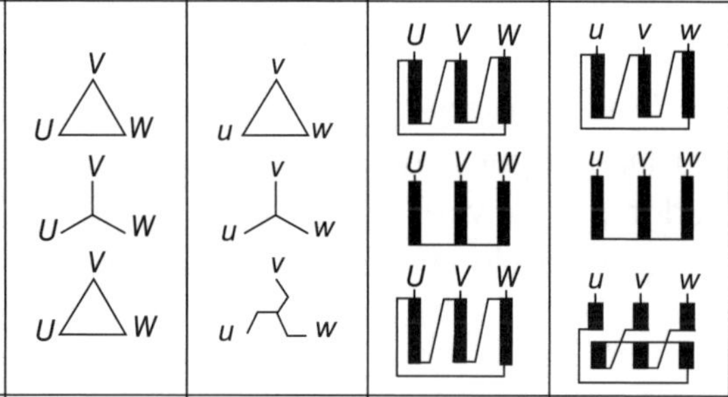 U V W	u v w	U V W	u v w	$\frac{N_A}{N_B}$
	Y_v0	U V W	u v w	U V W	u v w	$\frac{N_A}{N_B}$
	Dz0	U V W	u v w	U V W	u v w	$\frac{2N_A}{3N_B}$
150°	Dv5	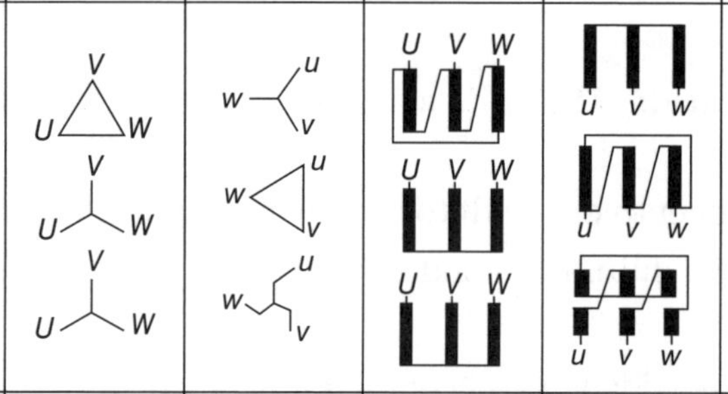 U V W	u v w	U V W	u v w	$\frac{N_A}{\sqrt{3}N_B}$
	Yd5	U V W	u v w	U V W	u v w	$\frac{\sqrt{3}N_A}{N_B}$
	Yz5	U V W	u v w	U V W	u v w	$\frac{2N_A}{\sqrt{3}N_B}$
180°	Dd6	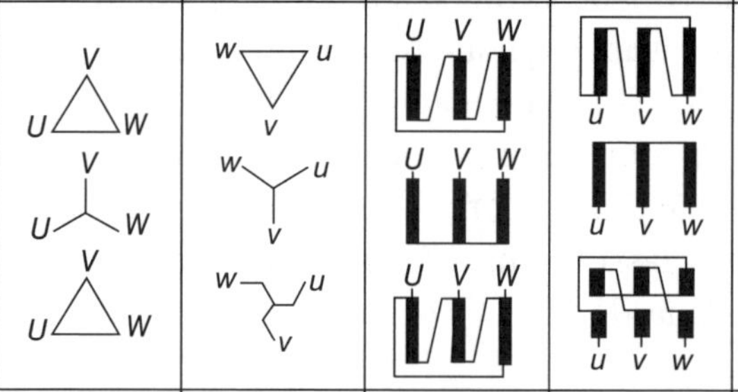 U V W	u v w	U V W	u v w	$\frac{N_A}{N_B}$
	Yv6	U V W	u v w	U V W	u v w	$\frac{N_A}{N_B}$
	Dz6	U V W	u v w	U V W	u v w	$\frac{2N_A}{3N_B}$
-30°	Dv11	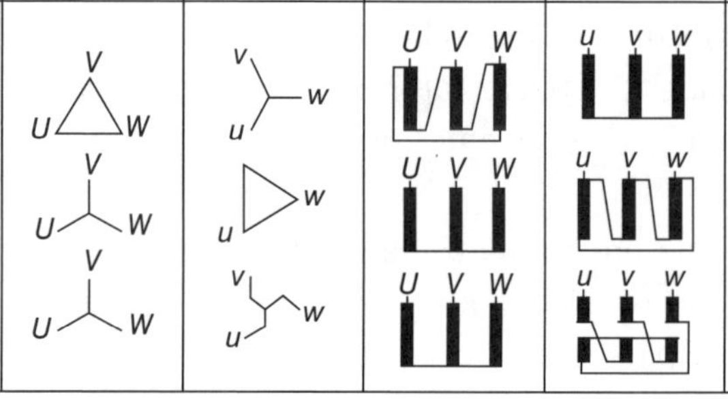 U V W	u v w	U V W	u v w	$\frac{N_A}{\sqrt{3}N_B}$
	Yd11	U V W	u v w	U V W	u v w	$\frac{\sqrt{3}N_A}{N_B}$
	Yz11	U V W	u v w	U V W	u v w	$\frac{2N_A}{\sqrt{3}N_B}$

U_{AT} = Tensão de linha, em alta tensão;
U_{BT} = Tensão de linha, em baixa tensão;
N_A = N. espiras em alta tensão;
N_B = N. espiras em baixa tensão.

Analisando os componentes de um transformador, formado dos enrolamentos primário e secundário, e do núcleo, vamos encontrar as perdas na parte condutora dos enrolamentos, chamadas, pela técnica ainda mais usada, de PERDAS NO COBRE OU PERDAS NO ALUMÍNIO, e no núcleo, tradicionalmente fabricado com chapas de aço – silício, de PERDAS NO FERRO, ao lado de algumas perdas secundárias lembradas a seguir. Vejamos em que se baseia cada uma destas perdas.

7 • PERDAS NO COBRE (NO ALUMÍNIO)

São as perdas elétricas, formadas basicamente pelas perdas joule nos enrolamentos e pelas perdas por contato nas interligações e no sistema de comutação (painel ou comutador), e que variam com a temperatura. Quanto maior a temperatura, maiores as perdas joule. A sua equação básica é a seguinte:

$$P_j = I^2 \times \rho \times L / S$$, medida em watts (W),

onde:

ρ = resistividade elétrica do material condutor, com valor normalizado (ohms $\times$ mm²/m);

L = comprimento do condutor do qual é fabricado o enrolamento (m);

S = seção condutora do condutor (mm²).

Como a resistividade varia com a temperatura, a resistência varia na mesma proporção, temperatura essa que tem como referência o valor máximo de 40 °C e médio de 30 °C, de acordo com a norma técnica, permitindo-se, nas construções tradicionais do transformador em óleo mineral natural, uma elevação de temperatura de 55 °C ou 65 °C. Isso porque, o que limita a temperatura do transformador é o óleo, que é de classe térmica A, com temperatura máxima de 105 °C e temperatura recomendada de 95 °C, conforme a norma NBR 7034, que analisaremos mais adiante.

Se as temperaturas no local da instalação forem diferentes das de referência, haverá necessidade de aplicar fatores de correção sobre os valores nominais da potência disponível, como veremos depois, ou de intensificar as condições de troca de calor.

Observe-se que um aumento da perda joule pode ser a consequência do uso de um material com resistividade elétrica superior ao valor definido em norma, presente por exemplo, em cobre sucateado e reaproveitado, e por isso mais barato, ou de estarem sendo usadas seções condutoras menores do que as recomendadas dentro de um nível de perdas suficientemente baixo. Ambas essas hipóteses levariam a um produto de menor custo, mas de perdas maiores, e que, ao longo dos anos, representaria um ônus significativo.

8 • PERDAS NO FERRO

As chamadas perdas no ferro são as perdas magnéticas que podem ser determinadas por um ensaio chamado de Ensaio de Epstein, que ocorrem no núcleo de um transformador, feito de chapas de aço-silício consequentes da maior ou menor dificuldade com que as linhas de fluxo magnético podem circular, e das perdas por histerese e por correntes de Foucault.

Para minimizar esse segundo aspecto das perdas, as chapas do núcleo são isoladas entre si, isolação que já vem com as chapas fornecidas pelos fabricantes da chapa ferromagnética.

O próprio silício acrescentado à chapa, por não ser material condutor, e, sim, isolante, se destina a aumentar a resistividade elétrica da chapa, com o que as correntes que possam vir a circular diminuem. Há, porém, um limite prático quanto à porcentagem de silício, dado pela dureza que torna o corte problemático e pelo fato de essa chapa se tornar quebradiça. Com isso, o teor máximo de silício, que aliás dificilmente é usado, é de 3%.

O conjunto dessas perdas é analisado no projeto de um núcleo sob diversos aspectos, para minimizar os seus efeitos externos, que, a exemplo de qualquer outra perda, leva ao aquecimento, e, no controle das temperaturas máximas admissíveis no componente, se soma às perdas joule e a temperatura ambiente no local da instalação.

Portanto, em tese, se estivermos operando o transformador em um local de temperatura ambiente mais elevado que a de referência de norma (e na qual foram determinadas suas características nominais, e entre elas, a potência nominal), teríamos dois caminhos para adequar as condições de operação visando evitar o sobreaquecimento; é, além da redução das perdas elétricas, também a redução das perdas magnéticas. Tal fato, porém, é limitado, pois as perdas magnéticas estão definidas com a construção do núcleo, e, como tal, inacessíveis após o transformador construído.

Mas, como limitar ou reduzir as perdas durante o dimensionamento e construção? É nesse sentido que vamos abordar os principais aspectos sobre os quais podemos influir.

Antes, porém, vamos lembrar que as perdas por histerese (P_h) e as perdas por correntes de Foucault (P_F) são dadas por:

$$P_h = v \cdot B_{máx}^{x} \cdot f \cdot G_h$$

e

$$P_F = \gamma \cdot B_{ef}^{2} \cdot \tau^{2} \cdot G_h$$

onde:

P_h = perda total por histerese, em watts;

P_F = perda total por correntes de Foucault, em watts;

$B_{máx}$ e B_{ef} = a indução magnética máxima e eficaz, respectivamente;

f = a frequência, em hertz;

G_h = o peso total do núcleo, em quilogramas;

τ = a espessura da chapa, em centímetros;

v = o coeficiente de histerese, proporcional a superfície do ciclo e dependente do material ferromagnético;

γ = coeficiente de Foucault, inversamente proporcional à resistividade elétrica do aço-carbono, ao valor da temperatura de uso, e diretamente proporcional ao fator de forma da corrente absorvida, função da curva de indução do material;

x = expoente de $B_{máx}$ dependente da qualidade da chapa, sendo da ordem de 2 a 2,5, e função da indução magnética, que é da ordem de 1,8 tesla (T).

As equações citadas demonstram que as perdas magnéticas crescem muito depressa com o aumento da indução magnética e destacam também a conveniência de se reduzir ao mínimo tecnicamente aceitável a espessura das chapas, que hoje, com exceção de chapas externas de fixação do núcleo, são geralmente de 0,23 a 0,50 milímetros (para aplicar na fórmula, 0,023 a 0,050 cm).

Das fórmulas ainda se deduz que ambas são indicadas em watts, o que torna fácil somá-las às perdas joule, também medidas em watts. Finalmente, porém, com uma influência final pequena, observa-se que, com elevação de temperatura, a resistividade elétrica dos diversos componentes se eleva, com o que as perdas de Foucault diminuem.

Assim, na etapa de escolha dos materiais e construção dos componentes do transformador, temos:

- Mencionamos na própria descrição deste capítulo que o núcleo magnético não é maciço, mas, sim, feito de **chapas** de aço-silício, em que a função do silício é elevar a resistividade elétrica do circuito magnético, reduzindo assim as correntes parasitas. As chapas têm uma espessura **relativamente pequena,** com a mesma finalidade de reduzir as correntes induzidas, sendo **isoladas entre si,** já na própria siderúrgica, mediante um tratamento no final do processo de laminação. O isolamento assim depositado é chamado de Carlite. A essas providências básicas se somam mais as que seguem:
- Uso de **chapas laminadas a frio, com grão orientado.** São chapas que, além das condições anteriores, possuem uma estrutura cristalina tal que apresente um eixo preferencial de magnetização (designado por e.p.m.) ao longo do qual as perdas magnéticas são mínimas. Portanto, na hora da

estampagem das lâminas, toma-se o devido cuidado para que se obtenha, na montagem, uma **coincidência entre os sentidos desse eixo e a das linhas do fluxo magnético,** otimizando-se as perdas que aí vão acontecer.

- Aplicado o que foi mencionado no item anterior, só persiste o problema de perdas magnéticas mais elevadas, na região em que o jugo se junta à coluna. Nessa região, a menos que se tome alguma providência, não haverá uma adequada coincidência das linha do fluxo com a do e.p.m.. O problema é resolvido, fazendo-se o corte da chapa nessa região a 45 graus. Porém, esse procedimento é apenas encontrado nos núcleos laminados EMPILHADOS, que serão comentados a seguir.
- Quando do corte das chapas, no tamanho certo para a montagem do núcleo, surge um problema na linha de corte dessa chapa: ocorre uma **deformação cristalina,** que faz com que a linha de fluxo e o e.p.m. não sejam mais coincidentes. Para resolver o problema, as chapas, já com seu tamanho final, são submetidas a um aquecimento, no qual, pela dilatação cristalina que ocorre, os cristais deformados ou deslocados se realinham com o restante da massa do material magnético, de modo que voltam ao mesmo alinhamento a linha de fluxo e o e.p.m. Esse processo é chamado de **recozimento da chapa.**

  Na posição em que a coluna e o jugo se sobrepõe, teremos novamente o problema da não coincidência do e.p.m. e da linha de fluxo. Por essa razão, é feito o corte a 45 graus, que atenua sensivelmente o problema. Na figura do núcleo empilhado que segue, esse corte está bem caracterizado. Nesse caso, também não é feito o recozimento da chapa.
- A montagem dos núcleos usados tradicionalmente na construção de transformadores de potência se faz de duas maneiras. Os já mencionados NÚCLEOS EMPILHADOS que conforme descrito, e para não elevar desnecessariamente as perdas, precisam ter suas chapas recozidas, ou aplicando-se um segundo método, que é chamado de ENROLADO. Nesse caso, as chapas de aço-silício não são estampadas, e, sim, enrola-se a chapa do material ferromagnético até atingir a seção magnética necessária. Nesse caso, como não houve estampagem, também não houve deformação cristalina, e não há necessidade de recozimento. A montagem dos enrolamentos, entretanto, precisa de um dispositivo adequado, mudando-se, portanto, a montagem do transformador.
- **Observe-se porém que, em núcleos enrolados submetidos a prensagem para formatação, o processo de recozimento também é aplicado, com a mesma finalidade anterior.**

No que segue, algumas ilustrações que representam os comentários feitos.

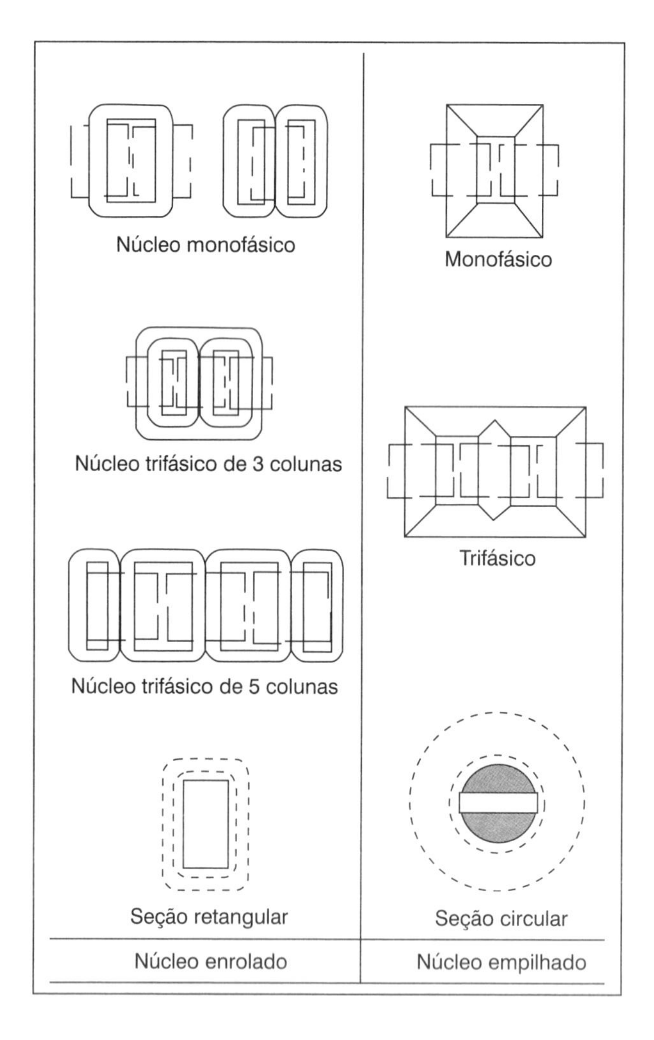

9 • PERDAS EM VAZIO E EM CARGA

Conforme já comentado anteriormente, as perdas elétricas e as magnéticas precisam ser levadas em consideração, tanto pelo custo de perdas que representam quanto pelo aquecimento daí resultante, que vai acelerar o envelhecimento do material e reduzir a sua VIDA ÚTIL.

O valor e a origem dessas perdas dependem do regime de funcionamento do transformador, podendo-se identificar dois regimes, a saber:

Operação em vazio

É o caso do secundário do transformador sem carga (aberto), ou em vazio. Nesse caso predominam as perdas magnéticas, pois não se apresentam correntes que possam levar a sensíveis perdas joule.

Operação em carga

Nesse caso, variável com a porcentagem de carga, somam-se as perdas em vazio, as perdas joule, e nessas condições também o transformador atingirá a sua temperatura plena de serviço, que não pode ser ultrapassada. No item relativo às condições térmicas, mais detalhes serão mencionados. Para efeito de norma, as condições se referem a 100% de carga.

10 • MÉTODOS DE ACELERAÇÃO DA TROCA DE CALOR

A necessidade de evitar sobreaquecimentos nos leva a observar com particular interesse as condições de troca de calor que o transformador apresenta. Neste sentido, são diversas as providências normalmente utilizadas, complementadas por outras que destacaremos a seguir.

Porém, antes, baseado na norma NBR 5356, vamos à caracterização que essa norma estabelece para o usuário saber quais os meios de refrigeração que um dado equipamento possui, e que vêm indicados na relação que segue:

Natureza do meio de resfriamento	Símbolo
Óleo	0
Líquido isolante sintético não inflamável	L
Gás	G
Água	W
Ar	A

Natureza da circulação	Símbolo
Natural	N
Forçada com fluxo de óleo não dirigido	F
Forçada com fluxo de óleo dirigido	D

Exemplos.

1. Transformador imerso em óleo, com circulação forçada e dirigida do fluxo de óleo e circulação forçada do ar: ODAF.
2. Transformador imerso em óleo, com resfriamento natural e circulação natural do óleo: ONAN.
3. Transformador seco sem invólucro protetor ventilado e resfriado naturalmente: AN.
4. Transformador seco com invólucro protetor não ventilado e ventilação natural interna ou externa: ANAN.

O aquecimento admissível em um equipamento é função da temperatura-limite que os materiais utilizados apresentam. Esse limite deve ser controlado, pois, caso contrário, estaremos colocando em risco o funcionamento correto do equipamento, reduzindo a sua vida útil devido ao envelhecimento dos materiais, conforme já comentado. Portanto esse limite é estabelecido pelos materiais, notadamente os isolantes, que são os termicamente mais frágeis, e, em especial, por aquele material isolante que menor temperatura suporta.

Encontramo-nos, portanto, perante a pergunta: qual a temperatura-limite dos materiais isolantes utilizados, e qual é o valor-limite que possuem? Resposta a essa dúvida é encontrada na NBR 7034 – Classificação Térmica dos Materiais Isolantes, que apresenta os diversos isolantes subdivididos em Classes de Temperatura.

Constata-se, portanto, que a avaliação se um equipamento está operando dentro do seu nível de aquecimento correto exige o conhecimento da Classe de Temperatura própria desse equipamento, função dos materiais utilizados.

A Classificação Térmica é a seguinte:

Classe	Temperatura máxima (°C)	Temperatura-limite proposta (C)
Y	90	80
A	105	95
E	120	110
B	130	120
F	155	145
H	180	170
C	>180	Depende do material.

Em cada uma dessas classes, a norma relaciona os materiais mais frequentemente utilizados pertencentes à mesma. Assim, por exemplo:

- O óleo mineral é Classe A.
- Os papéis isolantes, também usados no transformador, são geralmente Classe E.
- A resina epóxi, usada nos transformadores secos encapsulados, tem Classe F.

Com isso, nota-se que a temperatura de serviço de um transformador seco em resina epóxi é maior do que a do transformador em óleo. Tal fato influi no dimensionamento do transformador, na potência disponível medida em kVA/kg, nos modos de circulação do meio refrigerante e, daí, na própria construção dos enrolamentos.

A tendência natural, contanto que economicamente viável, é usar **cada vez mais materiais com Classe de Temperatura maior**, devido às vantagens daí resultantes. A tabela que segue indica os limites de elevação de temperatura para cada uma das classes citadas, de acordo com a NBR 10295.

Limites de elevação de temperatura segundo a NBR 10295, aplicada aos enrolamentos do transformador.

Ponto mais quente (C)	Determinação pelo método da variação de resistência	Classe de temperatura mínima do material	Temperatura de referência
65	55	A	75
80	70	E	75
90	80	B	115
115	105	F	115
140	130	H	115
180	150	C	115

Voltando ao título deste item, os meios de trocar esse calor de modo que os materiais utilizados não sofram consequências são tradicionalmente:

A) No caso de transformadores imersos em óleo mineral.

Antes de mais nada, o próprio óleo mineral, que assim tem a dupla função de **isolar** e **trocar calor**, geralmente por uma **movimentação natural ou convecção natural** dentro do tanque, valendo-se do fato de que esse óleo, ao receber o calor dos enrolamentos e do núcleo (devido às suas perdas), diminui de densidade e assim se **desloca para cima**. Com isso, dentro do tanque, se inicia uma troca de calor com o próprio tanque e com radiadores de calor (tubulares ou em chapa) que geralmente vêm montados sobre esse tanque, que transferem essas calorias para o ar externo. O calor assim trocado diminui a temperatura do óleo, com isso aumenta sua densidade, indo ocupar a **região mais baixa do tanque**, e voltando a se aquecer, repetindo o ciclo anterior.

Esse deslocamento deve se dar o mais próximo da região em que o aquecimento aparece, o que faz com que os enrolamentos não sejam fabricados de forma maciça, mas, sim, providos de canais de circulação de óleo, tanto longitudinal quanto transversalmente, levando-se em consideração porém se tal disposição não afetará a resistência mecânica do enrolamento perante as elevadas correntes de curto-circuito, conforme análise que segue. Fala-se daí em **enrolamentos contínuos e panquecados ou em discos**, conforme representado mais adiante.

Ao lado dessa troca de calor natural, podemos acelerar o processo, mediante:

1. Fluxo de ar forçado, externamente ao tanque, através de **ventiladores**, com o fluxo de ar direcionado pelos radiadores.
2. Fluxo de óleo forçado, através de bombas que injetam o óleo direcionado sobre a parte ativa.

3. Fluxo de óleo dirigido, também através de bombas, porém o fluxo de óleo segue um percurso determinado pelas partes isolantes na montagem da parte ativa.

B) Já no caso de transformadores secos, sem óleo e sem tanque, a troca de calor é feita através dos meios naturais do ar que passa pelos canais de refrigeração longitudinais, e pela instalação de ventiladores em baixo e/ou exaustores em cima, para garantir uma rápida retirada do ar quente do local em que está instalado esse equipamento.

Assim, no caso dos transformadores imersos em óleo, e de acordo com a norma NBR 5356, o aquecimento admissível que é somado à temperatura máxima de referência de 40 °C é dado pela Tabela que segue (NBR 5356):

Tabela 5.3 • Limite de elevação da temperatura.

<table>
<tr><th colspan="2" rowspan="4">Tipos de transformadores</th><th colspan="6">Limites de elevação de temperatura (°C)(A)</th></tr>
<tr><th colspan="3">Dos enrolamentos</th><th>Do óleo</th><th colspan="2">Das partes metálicas</th></tr>
<tr><th colspan="2">Método da variação da resistência</th><th rowspan="2">Do ponto mais quente</th><th rowspan="2"></th><th rowspan="2">Em contato com a Isolação sólida ou adjacente a ela</th><th rowspan="2">Não em contato com a isolação sólida e não adjacente a ela</th></tr>
<tr><th>Circulação do óleo natural ou forçada sem fluxo de óleo dirigido</th><th>Circulação forçada de óleo com fluxo dirigido</th></tr>
<tr><td rowspan="2">Em óleo</td><td>Sem conservador ou sem gás inerte acima do óleo</td><td>55</td><td>60</td><td>65</td><td>50(B)</td><td rowspan="2">Não devem atingir temperaturas superiores à máxima especificada para o ponto mais quente da isolação adjacente ou em contato com esta.</td><td rowspan="2">A temperatura não deve atingir, em nenhum caso, valores que venham a danificar estas partes, outras partes ou materiais adjacentes.</td></tr>
<tr><td>Com conservador ou com gás inerte acima do óleo</td><td>55
65(D)</td><td>60</td><td>65
80(D)</td><td>65(D)</td></tr>
</table>

(A) Os materiais isolantes, de ecordo com experiência prática e ensaios, devem ser adequados para o limite de elevação de temperatura em que o transformador é enquadrado.

(B) Medida proxima à superficie do óleo.

(C) Medida próxima à parte superior do tanque, quando tiver conservador, e próxima à superfície do óleo, no caso, o gás inerte.

(D) Quando é utilizada isolação de papel, este deve ser termoestabilizado.

Esses valores de temperatura são referentes à instalação em altitudes até 1 000 m, segundo a própria norma citada.

Para altitudes maiores, a densidade do ar é menor, o que reduz a capacidade de troca de calor, o que vai exigir a aplicação da fórmula e dos fatores de correção citados no que segue, aplicados aos valores da Tabela anterior.

11 • REDUÇÃO DA POTÊNCIA NOMINAL PARA ALTITUDES SUPERIORES A 1 000 M (NBR 5356-TAB. 1.1)

Tipo de resfriamento	Fator de redução k
Em líquido isolante:	
a) com resfriamento natural (ONAN);	0,004
b) com ventilação forçada (ONAF);	0,005
c) com circulação forçada do líquido isolante e com ventilação forçada (OFAF);	0,005
d) com circulação forçada do líquido isolante e com resfriamento a água (OFWF).	0,000

$$P_r = P_n\left(1 - k\frac{H - 1\,000}{100}\right)$$

onde:

P_r = potência reduzida, em kVA;

P_n" = potência nominal, em kVA;

H = altitude, em m (arredondamento, sempre, para a centena de metros seguinte);

k = fator de redução, de acordo com a Tabela.

A máxima temperatura média após um curto-circuito deve ser calculada pela fórmula que segue, aplicando-se os valores das duas tabelas que seguem:

$$\theta_1 = \theta_0 + a \cdot J^2 \cdot t \cdot 10^{-3} \ ^\circ C$$

onde:

θ_0 = temperatura inicial, em °C;

J = densidade da corrente de curto-circuito, em A/mm²;

t = duração, em s;

a = função da 1/2 ($\theta_2 + \theta_0$) de acordo com a tabela dos valores do fator "a";

θ_2 = máxima temperatura média admissível do enrolamento, como especificado na tabela que segue.

Tabela 5.4 • Valores máximos admissíveis θ_2 da máxima temperatura média do enrolamento após curto-circuito.

Tipo de transformador	Limite de elevação de temperatura dos enrolamentos Método de variação da resistência (°C)	Valor de θ_2 (°C)	
		Cobre	Alumínio
Imerso em óleo	55 65	250	200

Fator "a" = 1/2 ($\theta_2 + \theta_0$)	Enrolamentos de cobre	Enrolamentos de alumínio
140	7,41	16,5
160	7,80	17,4
180	8,20	18,3
200	8,59	19,1
220	8,99	–
240	9,38	–
260	9,78	–

12 • REQUISITOS PARA SUPORTAR A CORRENTE DE CURTO-CIRCUITO (I_K)

Os transformadores devem ser projetados e construídos de modo a suportar, sem danos, os efeitos térmicos e dinâmicos da corrente I_k, externa e simétrica, calculada em função da impedância de curto-circuito do transformador e eventualmente acrescido da impedância do sistema, dependendo da categoria do transformador (ver NBR 5356).

Os efeitos térmicos dessa corrente está diretamente ligado às perdas joule que ocorrem nessas condições ($Pj = I^2 R$), e os efeitos dinâmicos, pelas forças magnéticas de repulsão que se estabelecem intensamente quando da circulação de I_k.

A situação, entretanto, se complica, no caso de um curto-circuito interno, quando a impedância se altera profundamente, e o transformador tem seu enrolamento destruído.

Vejamos detalhes.

No aspecto dos efeitos térmicos, define-se a característica denominada CAPACIDADE TÉRMICA DE SUPORTAR CURTO-CIRCUITOS, em função da qual (ver NBR 5356), tem-se:

$$I_{ks} = \frac{U}{(Z_t + Z_s) \cdot \sqrt{3}} \text{ em kA}$$

onde:

I_{ks} = valor eficaz da corrente de curto-circuito simétrica (kA);

Z_t = impedância do transformador no enrolamento considerado (ohms/fase);

Z_s = impedância de curto-circuito do sistema por fase (ohms/fase).

$$Z_s = \frac{U_s^2}{S}$$

onde:

U = tensão nominal do enrolamento considerado, (kV);

S = potência aparente do transformador, (MVA);

U_s = tensão nominal do sistema (kV).

Temos ainda:

$$Z_t = \frac{U_z \cdot U_n^2}{100\ S_n}$$

sendo:

U_z = tensão de curto-circuito, expressas em % perante corrente nominal, na temperatura de referência (kV);

U_n = tensão nominal (kV);

S_n = potência nominal do transformador (MVA).

13 • CAPACIDADE DINÂMICA DE SUPORTAR A CORRENTE DE CURTO-CIRCUITO

Com a circulação de Ik pelo enrolamento, formado de condutores dispostos em paralelo, acentua-se uma força eletromagnética de repulsão entre as espiras, que, dependendo da construção da bobina, pode levar a sua deformação permanente e destruição.

Essa capacidade dinâmica de suportar a corrente de curto-circuito tem que ser, por norma, demonstrada por ensaios, segundo a norma NBR 5380. A norma ainda informa como calcular a amplitude da crista de onda de curto-circuito envolvendo o valor eficaz da corrente de curto-circuito simétrica e uma constante, assunto detalhado na NBR 5356.

De acordo com a norma citada, a capacidade dinâmica de suportar a corrente de curto-circuito é constatada por ensaios ou por similaridade com outros transformadores. Tomando-se como referência o valor eficaz da corrente de curto-circuito simétrica, aplica-se a equação:

$$I_{cr} = I\ K\sqrt{2}$$

onde:

I = valor eficaz da corrente de curto-circuito simétrica, indicada na NBR 5356.

A capacidade dinâmica varia com a construção das bobinas, ou seja, construções diferentes levam a capacidades dinâmicas de suportar a corrente de curto-circuito diferentes.

Basicamente, são duas as formas construtivas:

- Enrolamento contínuo. Nesse caso, todo o enrolamento primário e/ou secundário é feito colocando-se continuamente uma espira sobre a outra, numa sequência única do começo ao fim.
- Enrolamento formado de "panquecas", ou seja, discos sobrepostos, com uma separação entre elas, destinada a facilitar a circulação do óleo na sua função de refrigeração.

Na comparação das duas, temos a observar que em transformadores de distribuição, diversos fabricantes adotam a forma "panquecada", enquanto outros preferem a disposição contínua, por ser essa última a que melhores resultados traz quanto à capacidade dinâmica perante correntes de curto-circuito.

As figuras que seguem representam essas duas formas construtivas, a do enrolamento contínuo e a do em discos ou "panquecado".

Os enrolamentos são dotados de canais de circulação de óleo ou de ar, respectivamente nos transformadores imersos em óleo e os encapsulados em resina (epóxi), tendo-se:

- Canais axiais: ao longo do enrolamento (na altura), presentes entre o núcleo e o enrolamento de baixa tensão, entre as bobinas de baixa e de alta tensão e no interior das bobinas de baixa e de alta tensão.
- Canais radiais: canais na posição horizontal do enrolamento, encontrados apenas nas bobina do tipo disco ou panquecas.

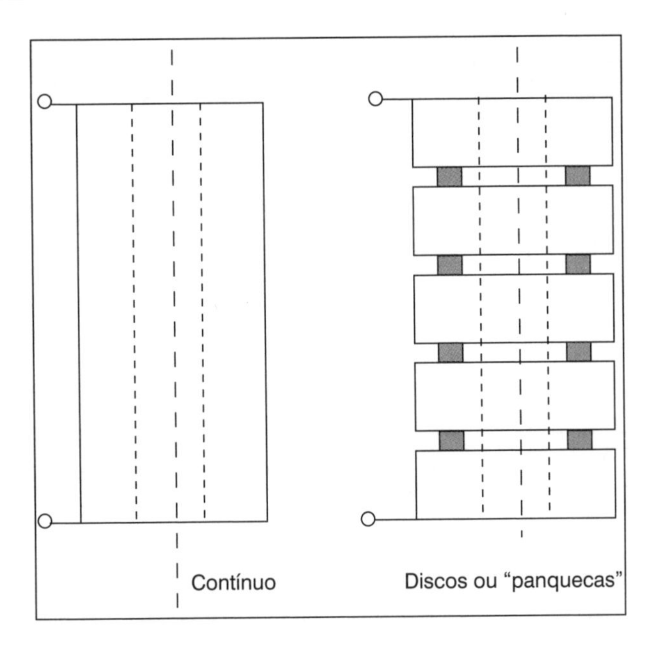

Detalhamento construtivo

Já vimos que um transformador é feito de uma parte ativa e de seus acessórios. Na parte ativa, temos:

- **Os enrolamentos**, fabricados de cobre, de seção circular ou retangular (tipo CTC – *continuous transposed cable*), isolados por papéis de diferentes naturezas (tipo *kraft*, *presspan*, *kraft* resinado e papel termoestabilizado), acrescentando-se ainda fio com esmalte de poliester-amida, e os enrolamentos com chapa de alumínio, isolados com filmes isolantes.
- **O núcleo**, montado com chapas de aço-silício, isoladas entre si, conforme previamente analisado no item de perdas magnéticas. O material ferromagnético se caracteriza por algumas curvas que vão servir de referência ao projetista, e que são as de permeabilidade, as curvas de magnetização, as da potência de excitação e as das perdas magnéticas, que vêm representadas a seguir. Nos exemplos, as curvas do aço E004; mas, de qualquer modo, o projetista tem de usar as curvas correspondentes do material magnético que vai usar no seu projeto.

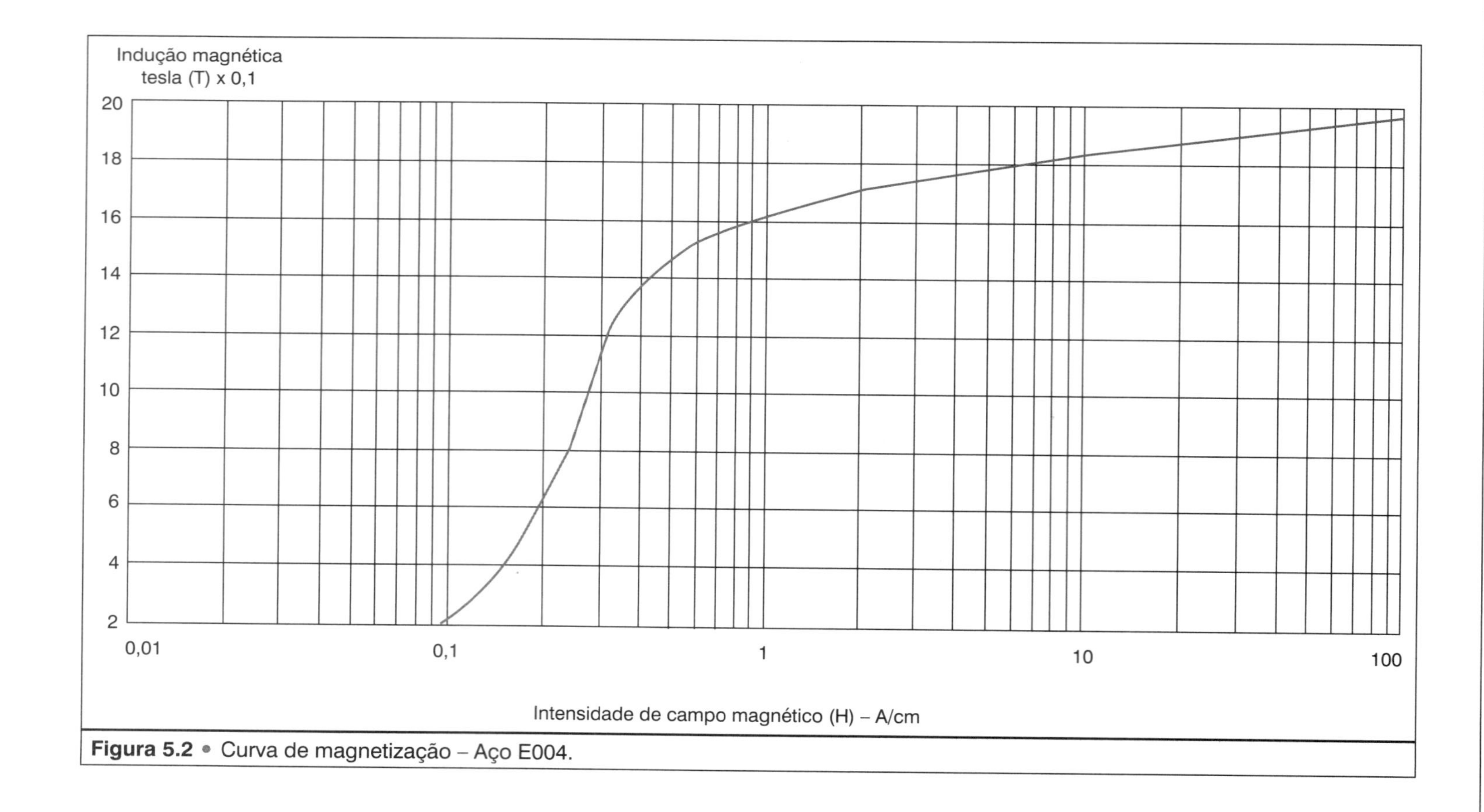

Figura 5.2 • Curva de magnetização – Aço E004.

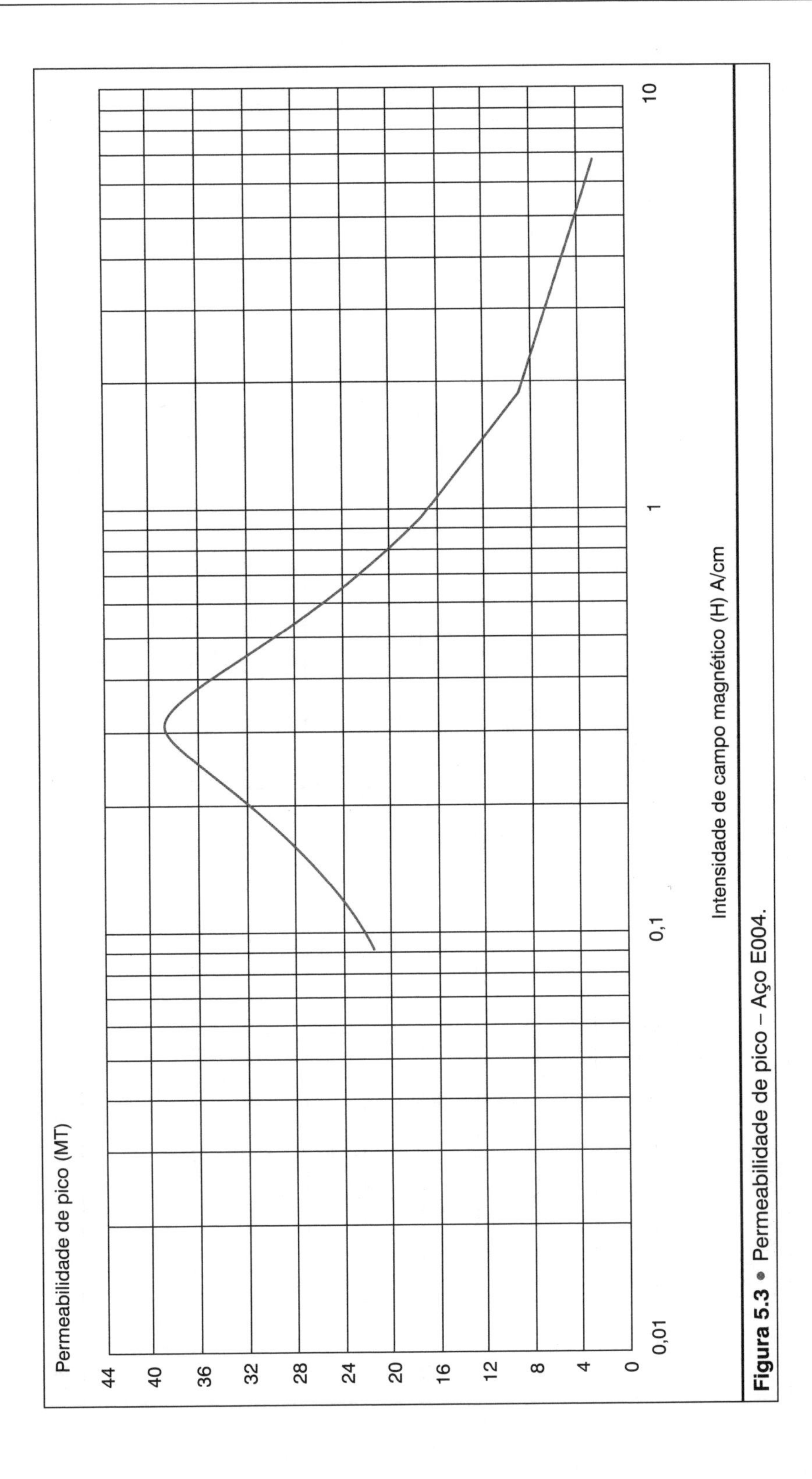

Figura 5.3 • Permeabilidade de pico – Aço E004.

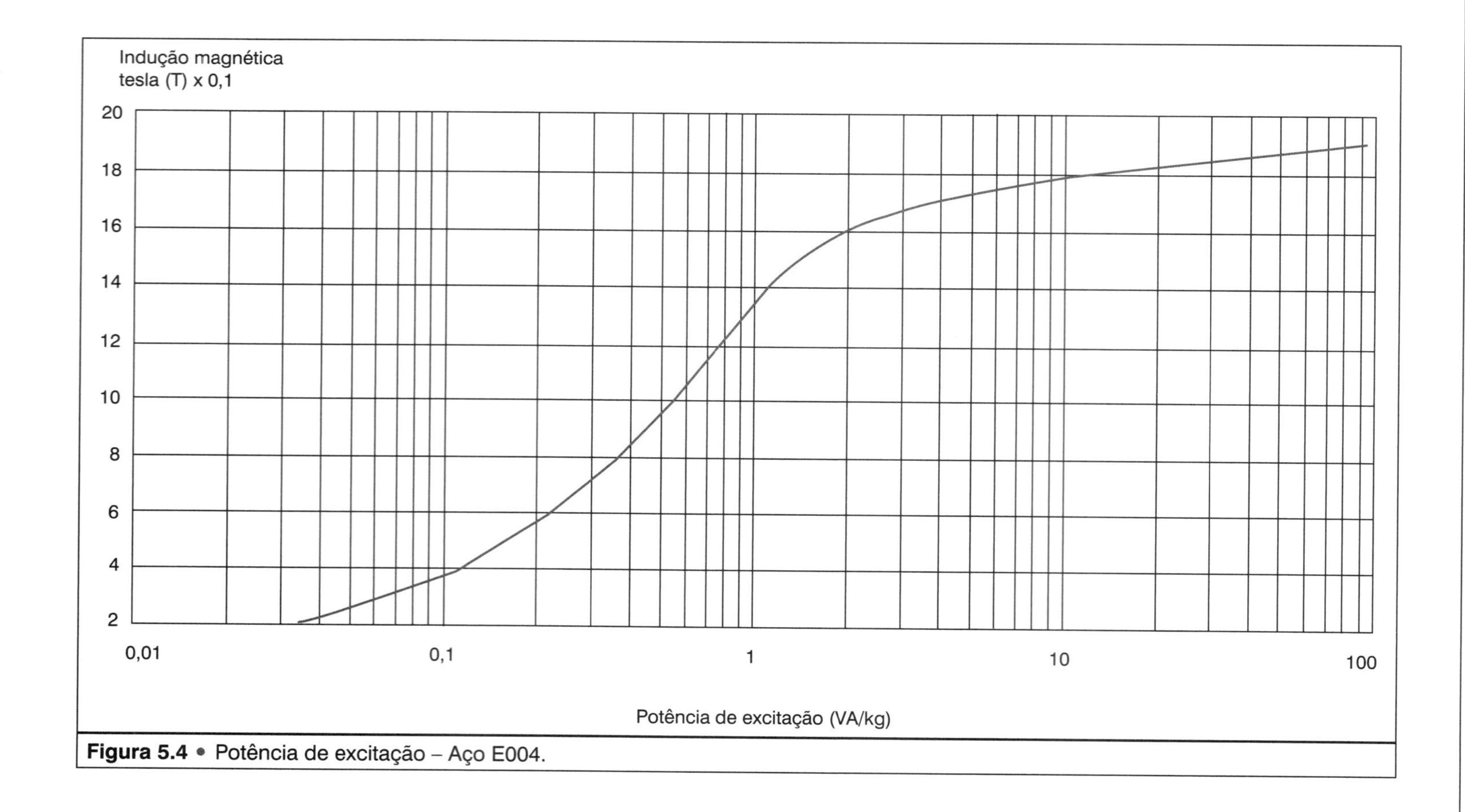

Figura 5.4 • Potência de excitação – Aço E004.

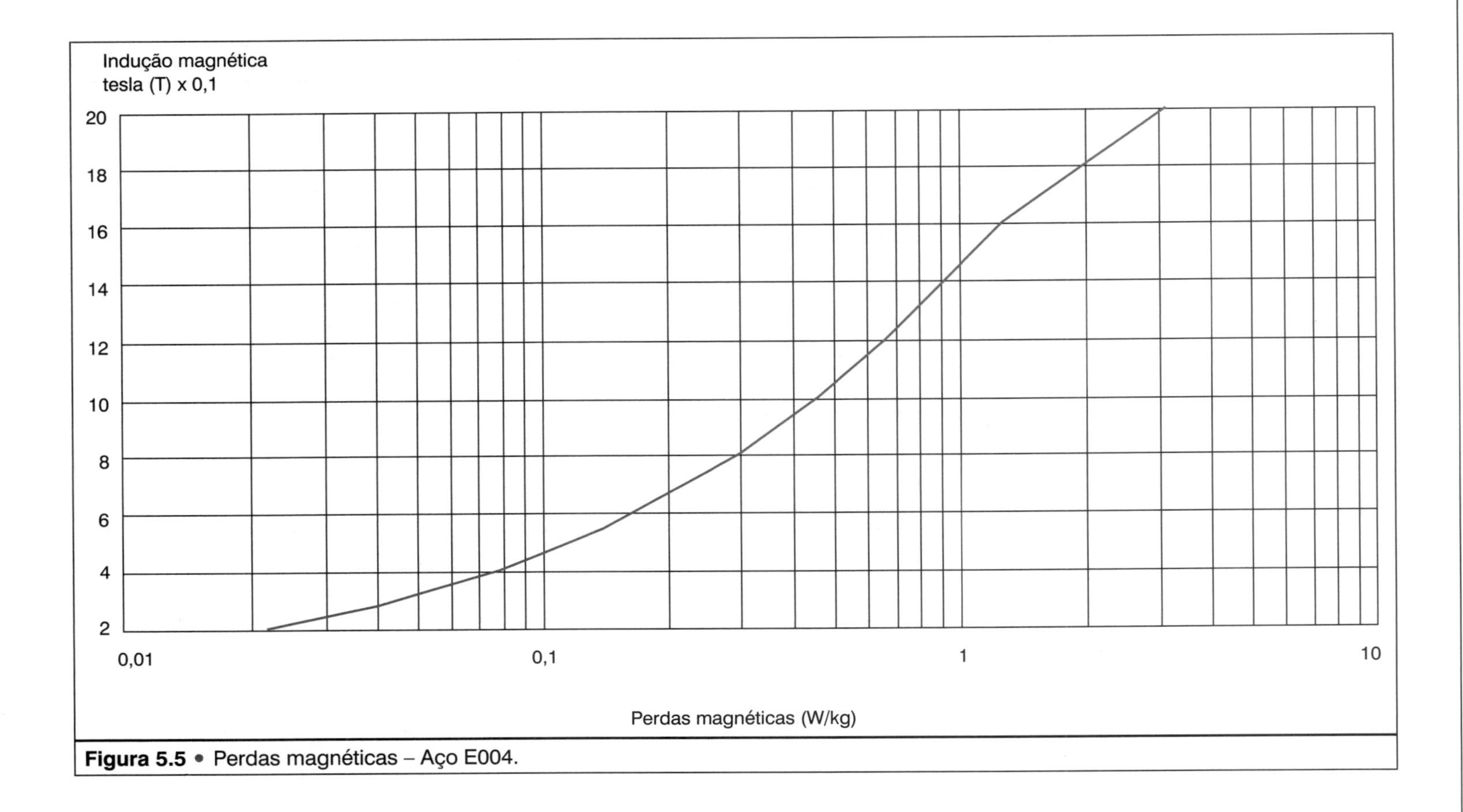

Figura 5.5 • Perdas magnéticas – Aço E004.

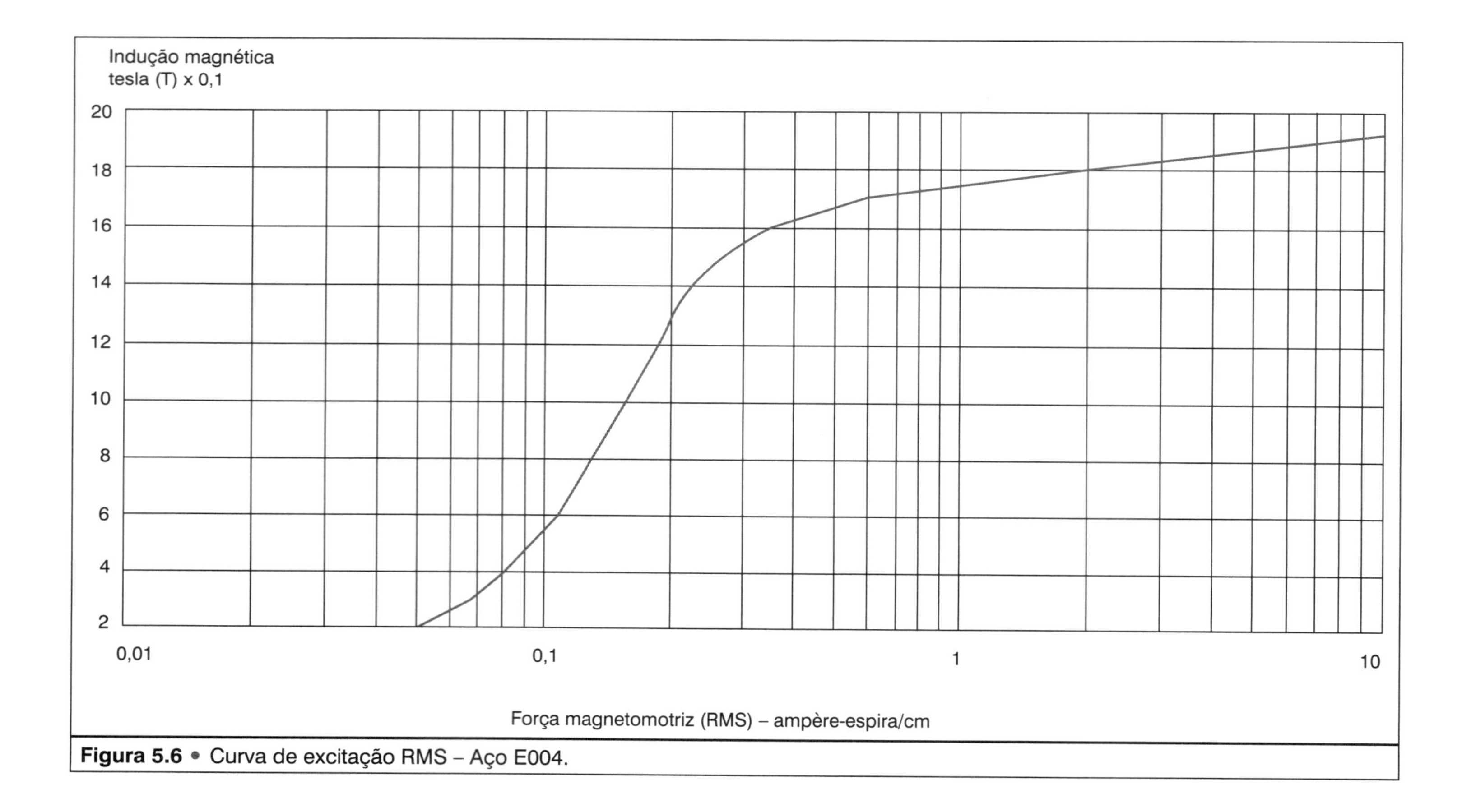

Figura 5.6 • Curva de excitação RMS – Aço E004.

- **O óleo mineral inflamável, podendo ser do tipo naftênico (tipo A) ou parafínico (tipo B)**, que se caracteriza como sendo um isolante com a dupla função de resfriar (trocador de calor) e isolar, de classe térmica A, e que é um subproduto do petróleo. Como tal, vem acompanhado de impurezas que vão reagindo como o óleo nas condições de temperatura de serviço (95 ou 105 °C), e sofrendo a penetração da umidade, e, daí, a deposição de água, que contamina suas boas propriedades isolantes.

Daí, a necessidade de uma purificação periódica, através de equipamentos conhecidos como filtros-prensa (para a retirada de partes sólidas ou pastosas que se formam por reação química), e de câmara a vácuo (onde se retira a umidade/água).

Vale destacar que a manutenção também precisa ser computada nos custos que esse tipo de transformador apresenta durante a sua VIDA ÚTIL. Normalmente, essa purificação precisa ser feita de 5 em 5 anos, dependendo das condições de carga do transformador.

As partes sólidas que são retiradas pelo filtro-prensa são resultantes de descargas parciais internas ao óleo e de "lamas" que se formam por reação química com as impurezas existentes no óleo.

Ainda, o óleo mineral é inflamável, o que leva a certas limitações de uso, descritas mais adiante. Quanto às características dos óleos naftênicos (tipo A) e parafínicos (tipo B, esses últimos identificados nos tanques dos transformadores por um círculo pintado de verde), as tabelas da NBR 5356 informam os detalhes de suas características.

Tabela 5.5 • Características do óleo mineral isolante tipo A (para tensão máxima do equipamento superior a 145 kV).

Características (A)		Método de ensaio	Unidade	Valores garantidos	
				Mínimo	Máximo
Densidade 20/4 °C: (B)		NBR 7148	–	0,861	0,900
Viscosidade cinemática (C)	a 20 °C	NBR 10441	mm²/s	–	25,0
	a 40 °C				11,0
	a 100 °C				3,0
Ponto de fulgor (B)		NBR 11341	°C	140	–
Ponto de fluidez (B)		NBR 11349	°C	–	–39
Índice de neutralização (B)		ASTM D 974	mgKOH/g	–	0,03
Tensão interfacial a 25 °C (B) (G)		NBR 6234	mN/m	40	–
Cor ASTM		ASTM D 1500	–	–	1,0
Teor de água (B) (D)		NBR 5755	mg/kg	–	35
Cloretos e sulfatos		NBR 5779	–	Ausentes	
Enxofre corrosivo		NBR 10505	–	Ausente	
Ponto de anilina (B)		NBR 11343	°C	63	84
Índice de refração a 20 °C		NBR 5778	–	1,485	1,500
Rigidez dielétrica (B) (D)		NBR 6869	kV	30	–
Fator de perdas dielétricas (B) (E) (Q) ou Fator de dissipação	a 100 °C	ASTM D 924	%		0,50
	a 90 °C	IEC 247			0,40
Teor de inibidor de oxidação DBPC/DBP		ASTM D 2668	% massa		0,08
Porcentagem de carbonos		ASTM D 2140	%	Anotar	
Estabilidade à oxidação: (F) índice de neutralização		IEC 74	mgKOH/g	–	0,4
borra			% massa		0,10
fator de dissipação a 90 °C		IEC 247	%	–	20

Obs.: Significado das letras (A, B, C, etc.), segundo as normas indicadas.

Tabela 5.6 • Características do óleo mineral isolante tipo B (para tensão máxima do equipamento igual ou inferior a 145 kV).

Características (A)		Método de ensaio	Unidade	Valores garantidos	
				Mínimo	Máximo
Densidade 20/4 °C: (B)		NBR 7148	–	–	0,860
Viscosidade cinemática (C)	a 20 °C	NBR 10441	mm²/s	–	25,0
	a 40 °C				12,0
	a 100 °C				3,0
Ponto de fulgor (B)		NBR 11341	°C	140	–
Ponto de fluidez (B)		NBR 11349	°C	–	12
Índice de neutralização (B)		ASTM D 974	mgKOH/g	–	0,03
Tensão interfacial a 25 °C (B) (G)		NBR 6234	mN/m	40	–
Cor ASTM		ASTM D 1500	–	–	1,0
Teor de água (B) (D)		NBR 5755	mg/kg	–	35
Enxofre corrosivo		NBR 10505	–	Ausentes	
Enxofre total		ASTM D 1552	% massa	–	0,30
Ponto de anilina (B)		NBR 11343	°C	85	91
Rigidez dielétrica (B) (D)		NBR 6869	kV	30	–
		IEC 156		42	–
Índice de refração a 20 °C		NBR 5778	–	1,469	1,478
Fator de perdas dielétricas (B) (E) (Q) ou Fator de dissipação	a 100 °C	ASTM D 924	%	–	0,50
	a 90 °C	IEC 247		–	0,40
	a 25 °C	ASTM D 924		–	0,05
Teor de inibidor de oxidação DBPC/DBP		ASTM D 2668		Não detectável	
Teor de carbonos aromáticos		ASTM D 2140	%	7,0	–
Estabilidade à oxidação: (F) índice de neutralização		IEC 74	mgKOH/g % massa	–	0,4
borra				–	0,10
fator de dissipação a 90 °C		IEC 247	–	–	20

Obs.: Significado das letras (A, B, C, etc.), segundo as normas indicadas.

A tabela seguinte, por sua vez, indica as características dos dois óleos, após contato com os componentes do equipamento, que leva a algumas modificações, lembrando que são essas as condições do óleo em operação do equipamento.

Tabela 5.7 • Características do óleo mineral isolante tipo A ou tipo B, após contato com o equipamento.

<table>
<tr><th colspan="3" rowspan="2">Características</th><th rowspan="2">Método de ensaio</th><th rowspan="2">Unidade</th><th colspan="2">Valores garantidos</th></tr>
<tr><th>Mínimo</th><th>Máximo</th></tr>
<tr><td colspan="3">Tensão interfacial a 25 °C</td><td>NBR 6234</td><td>mN/m</td><td>40</td><td>–</td></tr>
<tr><td colspan="2" rowspan="2">Teor de água</td><td>Un < 72,5 kV</td><td rowspan="2">NBR 5755</td><td rowspan="2">mg/kg</td><td rowspan="2">–</td><td>25</td></tr>
<tr><td>Un ≥ 72,5 kV</td><td>15</td></tr>
<tr><td colspan="2" rowspan="3">Rigidez dielétrica</td><td>Un < 72,5 kV</td><td>NBR 6659</td><td></td><td>30</td><td>–</td></tr>
<tr><td>Un < 72,5 kV</td><td rowspan="2">IEC 156</td><td rowspan="2">kV</td><td>50</td><td>–</td></tr>
<tr><td>Un ≥ 72,5 kV</td><td>70</td><td>–</td></tr>
<tr><td rowspan="4">Fator da perdas dielétricas
ou
Fator de dissipação</td><td rowspan="2">a 100 °C</td><td>Un < 72,5 kV</td><td rowspan="2">ASTM D 924</td><td rowspan="4">%</td><td>–</td><td>0,90</td></tr>
<tr><td>Un ≥ 72,5 kV</td><td>–</td><td>0,6</td></tr>
<tr><td rowspan="2">a 90 °C</td><td>Un < 72,5 kV</td><td rowspan="2">IEC 247</td><td>–</td><td>0,7</td></tr>
<tr><td>Un ≥ 72,5 kV</td><td>–</td><td>0,5</td></tr>
<tr><td colspan="7">Nota: Para fins de verificação das caractarísticas, considera-se óleo novo, após contato com o equipamento, depois do primeiro enchimento, antes dos ensaios de fábrica e após, no mínimo, 24 h de repouso.</td></tr>
</table>

Esse mesmo óleo já em uso, e para verificar se precisa de uma purificação, deve atender no mínimo às condições indicadas na tabela que segue.

Valores-limite típicos para óleos minerais isolantes continuarem em operação

Esta tabela é originária, completa, na NBR 10576. Vamos, nos dados seguintes, nos concentrar nos valores de óleos minerais parafínicos e naftênicos, operando a tensões até 25 kV (classe C), para o qual as referências são as dadas na Tabela 5.8.

Tabela 5.8 • Valores numéricos de óleos minerais em uso normal.

Característica	Método de ensaio	Tipo de ensaio	Valor-limite	Ação sugerida
Aparência	Visual	Laboratório e campo	Claro, isento de mat. em suspensão	A indicada por outros ensaios
Rigidez dielétrica kV/2,5 mm mínimo	NBR 6869	Laboratório e campo	25	Recondicionamento ou substituição
Rigidez dielétrica kV/2,5 mm VDE/mínimo	IEC 156	Laboratório e campo	35	Recondicionamento ou substituição
Teor de água ppm máx	NBR 5755 IEC 733	Laboratório	40	Verificar origem umidade. Recondicionamento ou substituir.
Fator de dissipação (%) a 25 °C a 90°C	IEC 247	Laboratório	15 75	Investigar itens 5.5 e 8.2.2. Recondicionar ou sustituir
Fator de potência (%) 25 °C 100 °C	ASTM D-974	Laboratório	20 100	Idem anterior
Índice de neutralização (mgKOH/g)	ASTM D-974	Laboratório	0,5	Regeneração ou substituição
Tensão interfacial mN/m a 25 °C-mín.	NBR 6234	Laboratório	20	Regeneração ou substituição
Resistividade volumétrica (G.ohm.m) 90 °C-mín	IEC 247	Laboratório	60	Investigar seções 5.5 e 8.2.2. Regenerar ou substituir
Ponto de fulgor (°C)	ASTM D-92	Laboratório	Decréscimo máximo 15 °C	Inspeção no equipamento e substituição
Sedimentos	ASTM D-974	Laboratório	Nenhum sedimento ou borra precipitável. Índices abaixo de 0,02% devem ser desprezados.	Recondicionamento ou substituição.
Teor total de Gases %	NBR 7070	Laboratório	-	

Conservador ou tubo de expansão

O conservador de óleo é um acessório destinado a permitir a variação do nível de óleo durante a fase de aquecimento, e para diminuir a superfície de contato do óleo com o ar contaminado encontrado nos transformadores sem conservador, como pode ser visto na comparação entre transformadores idênticos com e sem conservador, representados no que segue, aplicado aos transformadores em corte.

O ar interno ao conservador se comunica com o meio externo por meio de uma válvula de respiro, a qual vem equipada de uma câmara de sílica-gel, que são cristais que retém a umidade até a saturação, quando mudam de cor e podem ser secos ou são substituídos.

Na interligação entre o conservador e o tanque se instala o **Relé Buchholz,** que controla fluxos de óleo provenientes de intensas dilatações internas deste, geralmente provenientes de descargas internas que, pela temperatura e consequente dilatação, levam a um fluxo de óleo, e registra também eventuais formações de gases, que também podem ser consequentes da queima de óleo perante descargas parciais.

Quando o transformador não tem conservador de óleo, pode ser dotado de uma câmara de compensação dentro do próprio tanque, que tem efeito idêntico. Nesse caso, o transformador é dito "selado", o que porém exclui a instalação do relé de proteção citado.

Para os demais componentes de um transformador convencional, são usados os seguintes materiais:

Tanque

Chapa de aço conforme as normas NBR 6650 e NBR 6663.

Acabamento do tanque

Tratamento à prova de corrosão, conforme NBR 11388; até 5 MVA; cor externa cinza-claro tipo Munsell N 6.5. Para transformadores maiores que 5 MVA, acabamento interno na cor branca Munsell N 9.5. Para ambientes livres de poluição e ar salino, a composição da tinta é epóxi/poliamida, acrescida de esmalte; e para ambientes agressivos, usa-se uma mistura de epóxi/poliamida com poliuretano alifático.

Radiadores, em tubos ou chapa

Em chapa de aço: mínimo de 1,2 mm de espessura, conforme norma NBR 5915.

Em tubos de aço: mínimo de 1,5 mm de espessura, conforme norma NBR 5590.

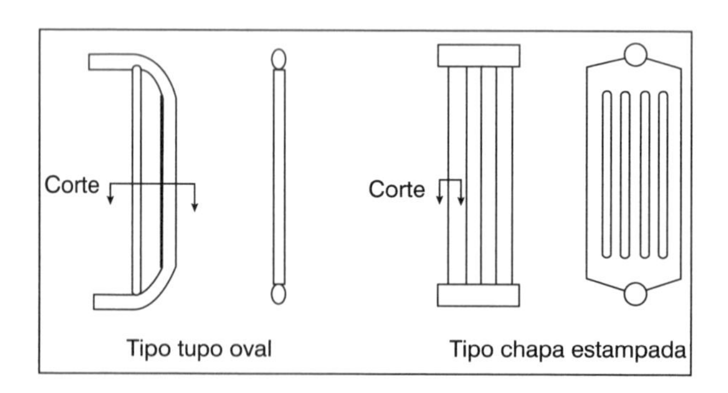

Juntas de vedação do tanque

Elastômeros (borrachas sintéticas) à prova de óleo mineral isolante, também conhecidas por "O-ring".

Aterramento do núcleo

Em um único ponto; para transformadores com potência superior a 20 MVA, esse ponto deve ser de fácil desconexão e acessível externamente, sem necessidade de baixar o nível de óleo.

Suportabilidade a vácuo

Para potências acima de 750 kVA, deve suportar o vácuo pleno; para valores abaixo, o assunto deve ser acertado entre fabricante e comprador.

Marcação dos terminais

Na parte da tensão mais alta, e no caso de transformador trifásico, identificar por H1, H2 e H3, da direita para a esquerda, quando se olha o transformador do lado dessa tensão. Para os enrolamentos de baixa, usar X0, X1, X2 e X3, na mesma sequência anterior.

Buchas

Normalmente as buchas de alta tensão são fabricadas em porcelana, segundo a NBR 5034, **necessariamente com um nível de isolante superior ao dos enrolamentos.** As buchas de baixa tensão são fabricadas tanto em porcelana quanto em resina sintética (epóxi, p.ex.).

Ventiladores

Com a instalação de uma circulação forçada de ar usando ventiladores, a potência de um transformador **pode ser elevada em 33%.** Esse fato pode ser muito importante quando precisamos, mesmo que passageiramente, elevar a potência de saída de um equipamento, e sobretudo quando temos diversos transformadores ligados em paralelo, e um deles por alguma razão é tirado de serviço. Nesse caso, poderemos ter a situação de que, dependendo das condições de carga e do número de transformadores ligados em paralelo, a carga plena pode ser mantida devido ao acréscimo citado.

14 • ANÁLISE CONSTRUTIVA DE TRANSFORMADORES TRIFÁSICOS

A) Imersos em óleo mineral

Nas figuras em corte que se seguem, e aplicando os componentes descritos anteriormente, são dados alguns detalhes construtivos de tais equipamentos, com as respectivas tabelas de tensões padronizadas e respectivas dimensões necessárias para avaliar o espaço que o equipamento vai ocupar numa subestação ou dentro de um cubículo, bem como o seu peso, importante para prever uma sustentação apropriada aos mesmos.

Quando do uso de transformadores imersos em óleo, nunca esquecer que os mesmos estão sujeitos a ter esse óleo se inflamando, o que vai levar o tanque a explodir. Por isso mesmo, transformadores sobretudo de médio e grande porte vêm dotados de relés de proteção que atuam sobre dispositivos de manobra perante tais condições, desligando o transformador.

Porém, esse já não é o caso normal de transformadores de distribuição para potências geralmente não superiores a 300 kVA, que, sendo instalados nas redes de distribuição em média tensão (geralmente não superior a classe 25), devem ser dotados de uma proteção contra descargas atmosféricas, através de para-raios. Em alguns desses tipos de construção e tecnologia mais recente, usam-se transformadores autoprotegidos, que não serão abordados neste estudo.

Tratando-se de transformadores para redes de distribuição, esses são geralmente instalados em postes, ao ar livre, havendo uma potência máxima para essa construção que é função do seu peso. Esse peso varia bastante de fabricante para fabricante e de ano de fabricação, com uma natural tendência de que os transformadores para mesma potência vão sendo construídos cada vez com dimensões menores.

Pensando-se na instalação dos transformadores em óleo mineral, inflamável e necessitando de periódica manutenção, dentro do local de produção industrial,e preferencialmente no seu centro de carga, há necessidade de garantir a segurança da instalação de um transformador próximo aos operários e funcionários de que o mesmo seja envolto por uma parede de alvenaria à prova de explosão. Ou seja, se o transformador explodir, não afetará as pessoas próximas a ele. Esse fato leva a um acréscimo significativo no custo de instalação de um tal transformador, e é um aspecto que leva a se preferir em tais instalações o uso de transformadores secos isolados com resina epóxi.

B) Em resina epóxi

Para evitar os problemas do óleo mineral, e quando as demais condições o permitem, é crescente o uso de transformadores encapsulados em a resina sólida de epóxi, que, além de não explodir e nem se inflamar nos níveis de temperatura do óleo, ainda apresenta as seguintes vantagens:

- Não necessitam de manutenção, pois não tem óleo, que é exatamente o componente que necessita desse tratamento.
- Não tem risco de vazamento, pois o isolante é sólido.
- Não tendo óleo, o transformador não precisa de tanque e nem de radiadores; também não precisa de conservador de óleo ou tubo de expansão.
- Por não ser inflamável e não ter tanque, e ser de uma classe de temperatura mais elevada (B ou F, enquanto o óleo é A), ocupa normalmente um espaço e tem um peso menores do que o transformador imerso em óleo de mesma potência.

Como desvantagem, mas que está rapidamente perdendo importância, podemos citar que na comparação de preços de aquisição, o transformador seco em resina epóxi ainda é mais caro: porém, se computarmos os aspectos de segurança, ausência de uma parede à prova de explosão, risco de vazamento de óleo, maior peso e com isso um estudo e execução de bases ou elementos de sustentação mais reforçados, e a grande vantagem de se poder instalá-lo no centro de carga (o que reduz o custo da aquisição de cabos de alimentação), resulta que o transformador em resina epóxi apresenta uma solução integrada de menor custo.

Suas limitações entretanto são:

- Opera praticamente apenas em baixa e média tensão, até 35 kV, pela natureza da resina epóxi.
- E, pela própria resina epóxi normal, tem de ser instalado em ambiente abrigado, pois não pode ficar exposto à radiação ultravioleta (UV) do sol. Entretanto, experimentalmente e certamente logo mais como produto liberado, já existem transformadores secos com resina modificada, para instalação externa (ao tempo).

Pelas próprias características apontadas, conclui-se que esse transformador tem uma grande aplicação na área industrial, pois essa é alimentada geralmente com média tensão, e onde a instalação de transformadores nos centros de carga tem particular interesse. Já na parte das redes, de distribuição, de subtransmissão e de transmissão, que geralmente são predominantemente entre nós ao ar livre, e de nível de tensão mais elevada do que o limite dos transformadores secos em resina epóxi, e onde não se aplica com a mesma vantagem o conceito de centro de carga, ainda se opta pelos transformadores em óleo mineral.

Para finalizar esses comentários, encontramos por vezes ainda transformadores em óleo sintético, que é o óleo de silicone, algum transformador antigo em askarel, que também é um óleo sintético, ou por vezes isolado com gás SF6. Sobre esses casos, podemos fazer os seguintes comentários:

C) Transformadores em óleo de silicone

Em princípio, menor preocupação quanto a sua segurança de uso, pois o mesmo apresenta um ponto de fulgor mais elevado, tornando-se inflamável a temperaturas normalmente inexistentes no regime de serviço de um transformador, e apresenta características dielétricas muito boas. É pouco usado apenas devido ao seu elevado preço, e nessa situação, o transformador em resina epóxi leva vantagem sobre o em silicone, a menos que a tensão de alimentação seja superior a 35 kV. De qualquer modo, é uma solução tecnicamente boa, mas pouco usada.

D) Transformadores com outros meios isolantes

Mais alguns tipos são encontrados, porém sem muita frequência, por motivos diversos, alguns já citados no estudo feito. De qualquer modo, novas soluções, usando novos materiais, representam uma tendência natural, e o profissional da área precisa sempre saber avaliar as vantagens e as desvantagens, nem sempre só técnicas mas também de uso e de custo que as novas soluções apresentam.

Detalhes construtivos

Quando da construção, fator importante é a definição das condições de uso do equipamento. Essas condições já têm de vir elaboradas pelo projetista da instalação, que por sua vez tem de conhecer a fundo como e onde esse transformador vai ser utilizado, informando ao projetista do equipamento, entre outros fatores: temperatura no local, altitude, regime de carga, tipo de transformador escolhido (em óleo, epóxi etc.), condições do local etc. Com esses dados, já se definem as normas que vão ser aplicadas na construção e no ensaio, fatores fundamentais para que o produto deixe a fábrica em adequadas condições para o uso previsto.

Quanto às normas, há uma infinidade delas a serem aplicadas, tanto dos materiais utilizados na construção ou aquisição dos componentes quanto no modo de serem ensaiados. No que segue, serão indicadas as normas básicas, que por sua vez vão se reportar a outras, como se pode verificar, na consulta às mesmas.

Assim temos:

TRANSFORMADORES DE DISTRIBUIÇÃO.

- NBR 5440 – Transformadores para Redes Aéreas de Distribuição – Padronização
- NBR 5356 – Transformadores de Potência – Especificação
- NBR 5380 – Transformadores de Potência – Método de Ensaio
- NBR 10295 – Transformadores de Potência Secos – Especificação
- NBR 9369 – Transformadores Subterrâneos – Características Elétricas e Mecânicas – Especificação

TRANSFORMADORES DE FORÇA.

- NBR 5356 – Transformadores de Potência – Especificação
- NBR 5380 – Transformadores de Potência – Método de Ensaio
- NBR 5416 – Aplicação de carga em Transformadores de Potência – Procedimento
- IEC 76-1 – Power Transformers – Part 1 – General
- IEC 76-2 – Power Transformers – Part 2 – Temperature Rise
- IEC 600076-2 – Part 3 – Insulation Leveis, Dielectric Tests and External Clearences in Air
- IEC 354 – Loading Guide for Oil-immersed Power Transformers
- IEEE Standard C 57.91 – Guide for Loading Mineral-oil-immersed Transformers
- IEEE Standard C 57.12.00 – IEEE Standard General Requirements for Liquid-immersed Distribution Power and Regulating Transformers.

Nota: Devido a frequentes dúvidas a respeito, e a partir de 2001, não se aplica a **transformadores de potência de distribuição** a norma **NBR 5416**, conforme item 1.3 dessa norma.

15 • PADRONIZAÇÃO DE POTÊNCIAS NOMINAIS

Em transformadores de distribuição:

Conforme NBR 5440, temos:

- Transformadores monofásicos; 3; 5; 10; 15; 25; 37,5; 50; 75 e 100 kVA.
- Transformadores trifásicos; 15; 30; 45; 75; 122,5; 150; 225 e 300 kVA.

Em transformadores de força: conforme especificado pelo cliente. Não há padronização.

Figuras em corte

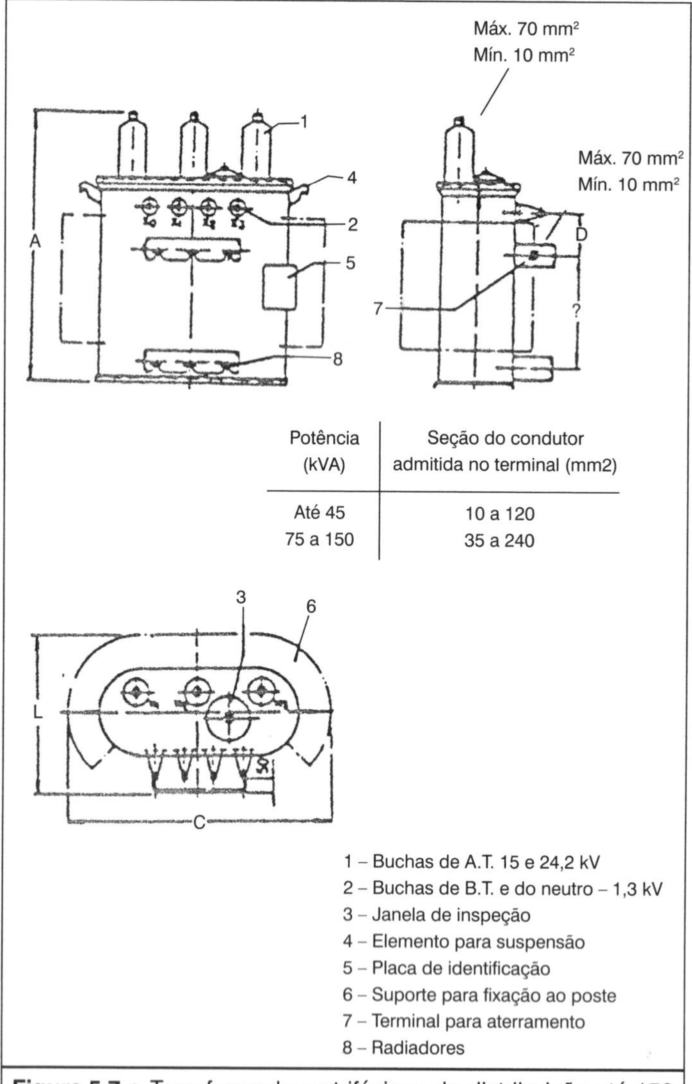

Potência (kVA)	Seção do condutor admitida no terminal (mm2)
Até 45	10 a 120
75 a 150	35 a 240

1 – Buchas de A.T. 15 e 24,2 kV
2 – Buchas de B.T. e do neutro – 1,3 kV
3 – Janela de inspeção
4 – Elemento para suspensão
5 – Placa de identificação
6 – Suporte para fixação ao poste
7 – Terminal para aterramento
8 – Radiadores

Figura 5.7 • Transformadores trifásicos de distribuição até 150 kVA e 24,2 kV.

Potência (kVA)	Dimensões (mm)								Massa (kg)			
	Comprim. (C)		Largura (L)		Altura (A)		Medida (D)	Medida (B)	Óleo		Total	
	15 kV	24,2 kV	15 kV	24,2 kV	15 kV	24,2 W	15 kV/24,2 kV	15 kV/24,2 kV	15 kV	24,2 kV	15 kV	24,2 kV
15	730	735	520	520	825	1 035	120	300	25	35	155	175
30	840	850	525	540	865	1 065	120	300	30	45	200	240
45	910	990	535	555	900	1 115	120	300	35	55	245	300
75	1 115	1 045	710	610	1 030	1 135	150	400	60	75	360	400
112,5	1 140	1 190	665	720	1 010	1 185	150	400	65	90	450	520
150	1 190	1 340	710	845	1 055	1 230	150	400	80	105	555	630

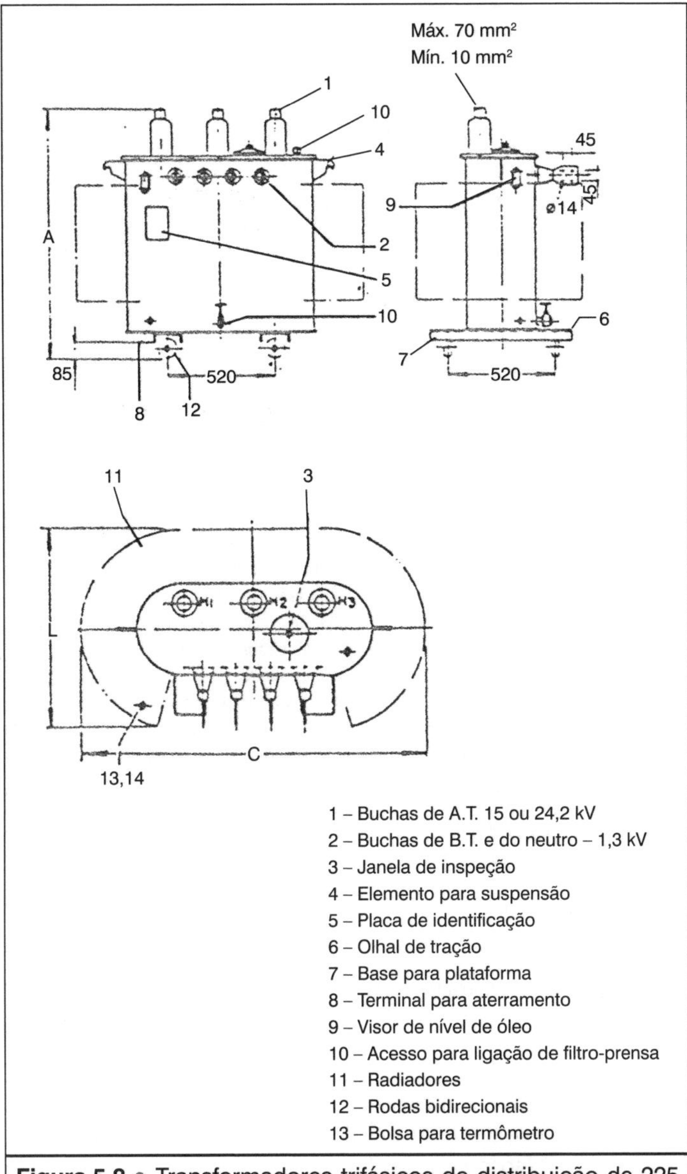

Figura 5.8 • Transformadores trifásicos de distribuição de 225 a 500 kVA e tensão de 15 a 24,2 kV – sem conservador ou tubo de expansão de óleo.

Potência (kVA)	Dimensões (mm)						Massas (kg)			
	Comprimento (C)		Largura (L)		Altura (A)		Óleo		Total	
	15 kV	24,2 kV	15 kV	24,2 kV	15 kV	24,2 kV	15 kV	24,2 kV	15 kV	24,2 kV
225	1 445	1 450	825	825	1 230	1 420	130	160	820	870
300	1 505	1 580	835	955	1 305	1 480	160	180	985	1 015
500	1 850	1 925	1 220	1 260	1 505	1 540	230	240	1 405	1 480

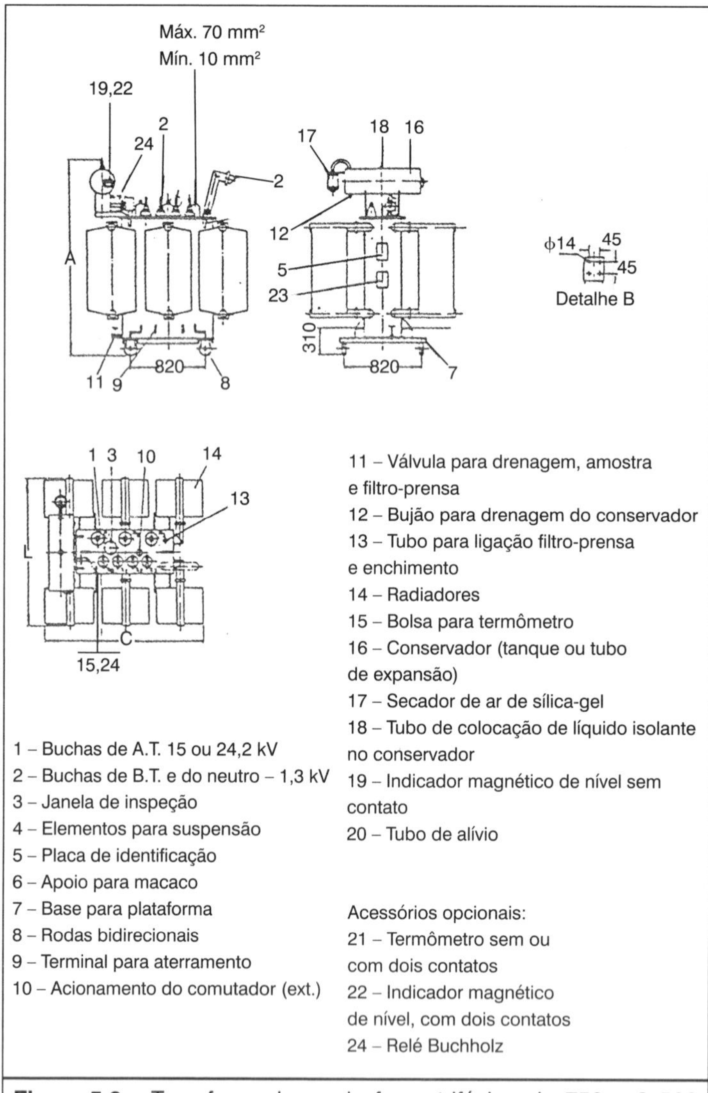

Figura 5.9 • Transformadores de força trifásico de 750 a 2 500 kVA, tensões de 15 a 24,2 kV – com conservador de óleo.

Potência (KVA)	Dimensões (mm)						Massas (kg)			
	Comprimento (C)		Largura (L)		Altura (A)		Óleo		Total	
	15 kV	24,2 kV	15 kV	24,2 kV	15 kV	24,2 kV	15 kV	24,2 kV	15 kV	24,2 kV
750	1 840	1 860	1 620	1 640	2 010	2 010	480	510	2 480	2 540
1 000	1 880	1 890	1 720	1 720	2 160	2 160	550	620	3 030	3 070
1 500	2 010	2 020	1 965	1 965	2 440	2 440	840	840	4 330	4 330
2 000	2 025	2 035	2 205	2 035	2 700	2 700	1 100	1 100	5 460	5 310
2 500	2 045	2 045	2 400	2 435	2 835	2 835	1 300	1 320	6 500	6 220

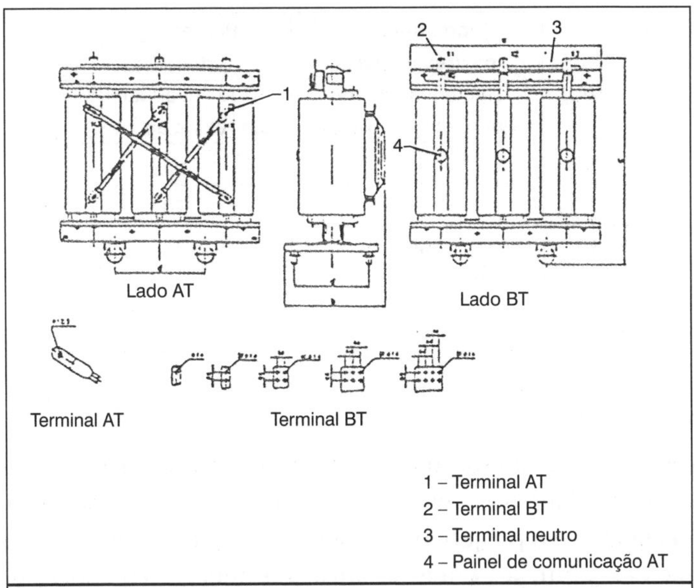

Figura 5.10 • Transformadores a seco em resina, potência de 300 a 2 000 kVA, tensões até 23,1 kV.

Relações de transformação padronizadas											
AT – 13,8/13,2/12,6/12,0/11,4 kV BT – 220 ou 380 ou 440 ou 450 ou 480 V						AT – 23,1/22,56/22,0/21,45/20,5 kV BT – 220 ou 380 ou 440 0u 460 ou 480 V					
Dimensões e pesos aproximados											
Pot. kVA	Dimensões mm				Peso total kg	Pot. kVA	Dimensões mm				Peso total kg
	a	b	c	d			a	b	c	d	
300	1 400	780	1 320	520	1 400	300	1 560	950	1 450	670	1 650
500	1 500	790	1 450	520	1 750	500	1 580	950	1 560	670	2 150
750	1 630	810	1 600	520	2 050	750	1 810	1 020	1 720	670	2 550
1 000	1 680	900	1 850	670	2 500	1 000	1 890	1 020	1 870	670	3 200
1 500	1 850	940	1 850	670	2 400	1 500	2 050	1 090	1 940	820	4 200
2 000	2 170	1060	2 050	820	5 000	2 000	2 200	1 100	2 100	820	6 000
Número de fases 3; Frequência 60 Mz; Classe térmica AT; Instalação até 1000 m acima do nível do mar; Normas ABNT 10295. IEC 726 Potência de 2 000 kVA/380 V											

Fazendo-se uma análise comparativa entre as porcentagens de peso e de área ocupada por transformadores de mesma potência, um executado em óleo mineral, e o outro em resina epóxi, chega-se a seguinte situação nos dias atuais, tomando-se como valor de referência de 100% o transformador em óleo mineral.

Potência (kVA)	Porcentagem da área ocupada Tipo encapsulado em resina epóxi (%)	Porcentagem do peso Tipo encapsulado em resina epóxi (%)
750	56	68
1 000	39	70
1 500	40	76
2 000	52	85
2 500	56	90

Dados de encomenda

São os seguintes os dados que um fabricante precisa para construir um transformador. Esses dados devem se basear nas condições do local e serão definidos entre o usuário e o projetista da instalação, que por sua vez terá de colher certas informações junto à concessionária de energia (tensões, condições de carga etc.). Dependendo do detalhe, certos aspectos também são analisados e definidos no contato entre o projetista e o fabricante.

16 • TRANSFORMADORES DE POTÊNCIA DE DISTRIBUIÇÃO OU DE FORÇA

- Tipo de transformador (em óleo mineral, em óleo de silicone, em resina epóxi etc.);
- Número de fases de alimentação (monofásico, trifásico);
- Normas aplicáveis (especificação, ensaios, condições de carregamento etc.);
- Potência em regime de troca de calor natural e/ou com ventilação forçada;
- Condições de sobrecarga e presença de harmônicos, se existirem;
- Tensão do primário e do secundário, com respectivos níveis de isolamento;
- Frequência nominal;
- Altitude e temperatura de trabalho;
- Grupo de ligação (estrela, triângulo etc.);
- Valores de perdas, impedância, corrente de excitação, com indicação da temperatura e potência, se existirem, ou indicação da norma pertinente ou se não há limitação;
- Condições de paralelismo e/ou intercambiabilidade, se existirem;
- Execução mecânica (selado ou com conservador de óleo, caixas flangeadas, posicionamento dos terminais);
- Acessórios especiais, se desejados (termômetros, relés de proteção etc.).

Fios e cabos de energia de baixa tensão

Acompanhando o Sistema Elétrico que nos serviu de referência desde o início deste livro, chegamos ao setor de baixa tensão, que, segundo as normas, se aplica a valores de tensão até 1 000 volts. Estes componentes, em termos de instalação, são regulamentados pela norma básica NBR 5410 – Instalações Elétricas de Baixa Tensão, e que é, assim, uma das principais normas no contexto da regulamentação elétrica.

Podemos destacar, neste grupo, componentes como os condutores nus e isolados nas suas diversas formas de instalação e construção, os contatores e disjuntores e seus relés de proteção, os transformadores do tipo convencional com seus enrolamentos imersos em meio líquido, e os encapsulados em resina epóxi, e os motores e capacitores, estes últimos não abordados no presente texto. Quanto às normas técnicas, destaque-se que logo nas primeiras páginas da citada norma NBR 5410, estão relacionadas as normas específicas que se aplicam na instalação, ensaio e critérios de escolha destes componentes, tanto as da ABNT quanto da IEC – Comissão Eletrotécnica Internacional, que é, oficialmente, a referência do conteúdo das normas da ABNT, sendo estas normas publicadas pela Cobei, com sede em São Paulo.

A partir da página 20 da NBR 5410, encontramos tabelas que determinam os valores de referência de temperatura, ambiente, condições climáticas do ambiente, altitude, presença de água e de sólidos, substância corrosiva, solicitações mecânicas, presença de mofo e uma série de outras referências, perante as quais os componentes têm de apresentar um funcionamento normal, ou, caso tais condições não estiverem presentes, quais os fatores de correção que devem ser aplicados. Destaque-se que é para estas condições ditas "normais" que os fabricantes indicam as características que os seus produtos apresentam, tais como corrente nominal, frequência, tensão etc. Assim, por exemplo, a máxima corrente em um condutor, dentro de um critério economicamente admissível, é indicada para condições de temperatura ambiente de 30 °C, variando a sua temperatura máxima no condutor do tipo de material isolante utilizado, entre outras condições de referência. Este e outros exemplos serão apresentados também em função do tipo de construção dos fios e cabos e do material condutor utilizado, que são o cobre e o alumínio.

Da mesma maneira, as curvas características de relés de proteção são especificadas em função de uma temperatura de referência, e indicadas as correções que precisam ser feitas quando as condições de operação são diferentes das "condições normais de referência", uma vez que a temperatura ambiente influi sobre o tempo de disparo ou der atuação destes relés.

É importante, assim, que se observe que as condições de operação dos diversos componentes são função das condições ambientais em que cada componente opera, condições estas que o projetista e os operadores devem conhecer com precisão, para que o sistema opere dentro do previsto; não são, portanto, condições fixas para qualquer situação, respeitada também a vida útil ou durabilidade que o fabricante informa para este componente. E quando as condições no local diferem das condições de referência, há necessidade de efetuarem-se correções que vão determinar as novas condições de operação. E todas estas informações estão contidas em normas técnicas, e, em especial, na norma NBR 5410 e demais normas citadas nesta publicação.

No que segue, vamos concentrar nossa atenção nos fios e cabos de baixa tensão, e, posteriormente, nos dispositivos de manobra e proteção desta mesma faixa de tensões, que, segundo a mencionada norma ABNT NBR 5410, se aplica aos calores de 1 V até 1 000 volts. Na prática, os valores normalmente encontrados nas redes de distribuição são de 110/127 V, 220 V, 380 V 440 V e alguns valores especiais de 600 V, para tração elétrica, e 24 V/42 V, para sistemas de proteção. Em termos do material, este deve ser isolado para U = 1 kV, havendo casos de componentes isolados para 570 V, de certo modo fora da referida norma.

Vamos iniciar esta parte do livro com os condutores (fios e cabos), complementando aspectos já mencionados no estudo sobre fios e cabos de alta tensão. Note-se que é baseado nestas considerações que são construídos os cabos, nas suas numerosas e variadas formas.

1 • CARACTERÍSTICAS CONSTRUTIVAS

Os cabos de energia são caracterizados por quatro elementos básicos, ou sejam:

- condutor;
- sistema dielétrico;
- blindagem metálica;
- proteção externa.

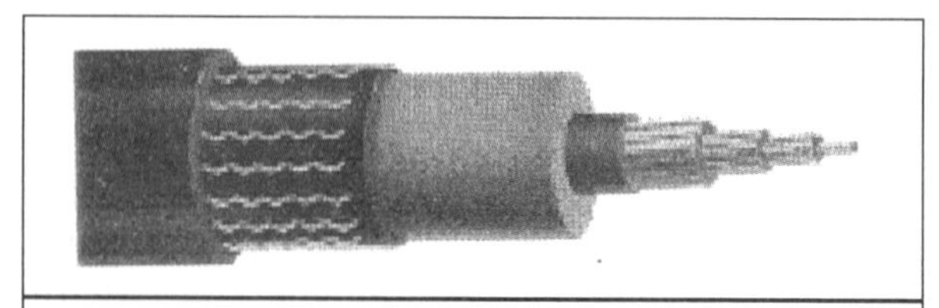

Figura 6.1 • Características construtivas.

O condutor, elemento de transporte da energia elétrica, pode ser único, no caso de cabos singelos (unipolares), ou múltiplos, no caso de cabos multipolares.

O sistema dielétrico pode ser simples e constituído apenas pela isolação, no caso de cabos de baixa tensão, ou composto pela blindagem do condutor – isolação – blindagem da isolação, no caso de cabos de média ou alta tensões.

A blindagem metálica pode ser utilizada objetivando proteger os condutores de um cabo de controle contra interferência, principalmente eletromagnéticas, ou servir como um condutor para o transporte das correntes de carga capacitiva e de curto-circuito do sistema, no caso de cabos de média ou alta tensões.

A proteção externa pode ser simples, constituída apenas por uma camada extrudada, ou por uma combinação de reforços mecânicos, seja por fios, fitas metálicas ou mesmo por capas metálicas.

A estrutura construtiva do cabo vai depender fundamentalmente da sua tensão de isolamento, aplicação e utilização.

Nas seções seguintes serão descritos os elementos construtivos dos cabos de energia, com ênfase à sua finalidade e requisitos.

2 • MATERIAIS

Os materiais normalmente utilizados como condutores elétricos são o cobre e o alumínio. A seleção do material condutor leva em conta a capacidade de condução de corrente (ampacidade), limitações de dimensões, custo e, algumas vezes, a massa do cabo.

Os condutores de cobre têm o seu uso mais generalizado, devido às suas superiores características elétricas e mecânicas. Principalmente para fios e cabos isolados para baixa tensão em que requisitos de facilidade e segurança para as conexões são requeridos.

Para o setor de transmissão e distribuição aérea de energia, o alumínio é genericamente utilizado principalmente devido ao seu menor peso e custo.

No caso de cabos isolados, o diferencial de custo é algumas vezes absorvido pelos materiais para isolação, blindagem e proteção. Para a transmissão de mesma quantidade e energia, é necessário utilizar uma seção de alumínio cerca de 70% maior do que a de cobre, implicando em um acréscimo de volume dos materiais para isolação, eventual blindagem e de proteção.

Tabela 6.1 • Propriedades cobre e alumínio.

Material	Densidade (g/cm^3)	Resistividade ($ohm \times mm^2/km$)
Cobre	8,890	17,241
Alumínio	2,703	28,264

Para a mesma resistência elétrica resulta:

$R_{Al} = 28,264 \frac{L_o}{S_{Al}}$	$R_{Al} = R_{Cu}$	$S_{Al} = S_{Cu} \frac{28,264}{17,241}$
$R_{Cu} = 17,241 \frac{L_o}{S_{Cu}}$	$\frac{28,264 = 17,241}{S_{Al} \quad S_{Cu}}$	$S_{Al} = 1,64\ S_{Cu}$

De acordo com as características mecânicas, o cobre pode ser classificado em três categorias de têmpera, ou sejam: mole (ou recozido); meio duro e duro, com propriedades distintas, sendo o cobre mole o de menor resistividade, e o duro, de maior resistência mecânica à tração.

A resistividade elétrica a 20 °C para fios de cobre têmpera mole é de 0,017241Ω x mm²/m, correspondendo a 100% de condutividade.

Diâmetro do fio (mm)		Resistividade (Ω x mm²/m)		Condutividade (%)	
		Meio duro	Duro	Meio duro	Duro
≥ 1,024	≤ 8,252	0,017837	0,017930	96,66	96,16
> 8,252	≤ 11,684	0,017654	0,017745	97,66	97,16

O cobre meio duro é normalmente utilizado para fios e cabos nus aplicados a redes aéreas, onde se necessita alta resistência à tração sem ser necessária flexibilidade. Pode ser ainda utilizado em malhas de aterramento ou como condutor de proteção.

O cobre têmpera mole é o recomendável para a aplicação geral a condutores isolados onde se faz necessária alta condutibilidade e flexibilidade, sendo a resistência à tração fator secundário.

Tabela 6.2 • Fios de cobre mole – propriedades mecânicas (1).

Diâmetros nominais (mm)		Alongamento na ruptura mínimo individual (%) em 250 mm
Superior ou igual a	Inferior a	
0,080	0,280	15
0,280	0,560	20
0,560	3,00	25
3,00	8,5	30
8,5	11,80	35

O alumínio, dependendo de sua têmpera, pode ser classificado como H19, H16, H14 e O. O alumínio H19 é o que apresenta maior resistência à tração, sendo normalmente utilizado em redes aéreas, e o "O", o de maior flexibilidade necessária, por exemplo, em lides para ligações de bancos de transformadores de rede aérea.

Tabela 6.3 • Resistência à tração dos fios de alumínio – têmpera H19 (2).

Diâmetro nominal (mm)		Resistência à tração mínima
Acima de	Até (inclusive)	MPa
	1,25	200
1,25	1,50	195
1,50	1,75	190
1,75	2,00	185
2,00	2,25	180
2,25	2,50	175
2,50	3,00	170
3,00	3,50	165
3,50	5,00	160

Tabela 6.4 • Resistência à tração dos fios de alumínio. Têmperas H16, H14 e O (2).

Têmpera	Valor mínimo MPa	Valor máximo MPa
H16	115	150
H14	105	140
O	60	95

Para o caso de cabos isolados com condutores de alumínio em geral, os fios antes do encordoamento devem ter uma resistência à tração mínima de 105 MPa.

Os condutores dos cabos de energia podem ser formados por um único fio ou pela reunião de vários fios formando cordas. As cordas são formadas de modo a se chegar a diferentes graus de flexibilidade, a qual depende da relação entre a seção total do condutor e a do fio elementar, do passo de encordoamento e do grau de recozimento para o material do condutor.

De um modo geral, quanto maior for o número de fios componentes, mais flexível será o cabo, porém também haverá a tendência de um custo mais elevado para o produto acabado, devido a um maior número de operações de trefilação e encordoamento.

Na sua concepção, os condutores podem ter as seguintes construções básicas:

Condutores redondos ou fios com encordoamento concêntrico

Neste caso o condutor é formado por um único fio ou por duas ou mais camadas concêntricas de fios de mesmo diâmetro em torno de um fio central.

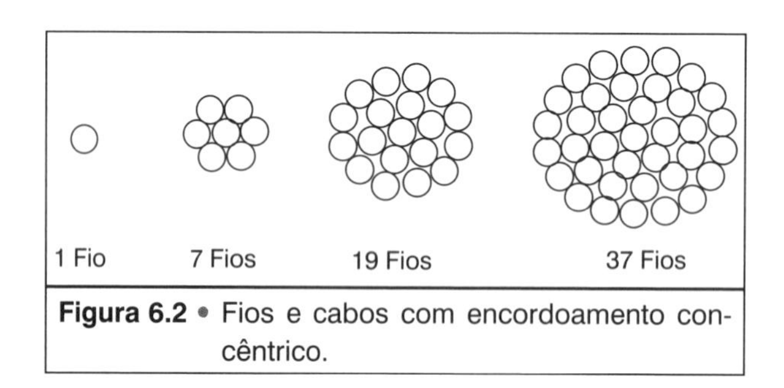

Figura 6.2 • Fios e cabos com encordoamento concêntrico.

A formação do condutor com um único fio reduz significativamente a flexibilidade do condutor, e normalmente esta construção é limitada por praticidade da instalação em 16 mm^2.

As formações padronizadas para cabos com encordoamento concêntrico são:

N. de fios	Formação
7	1 + 6
19	1 + 6 + 12
37	1 + 6 + 12 + 18
61	1 + 6 + 12 + 18 + 24

Ou seja, cada coroa possui um número de fios igual a última acrescida de mais seis.

Condutores redondos com encordoamento compacto

Durante a formação de corda, cada coroa é continuamente compactada por uma fieira de compactação, objetivando reduzir os espaços entre os fios componentes e tornando o diâmetro final da corda significativamente menor.

Neste caso não é necessário se ter um encordoamento concêntrico, porém o número de fios mínimos por condutor para cada seção deve estar conforme Tabela acima.

Para seções acima de 240 mm^2, a técnica de compactação contínua começa a ser ineficiente, principalmente no caso de condutores de cobre. Com o objetivo de contornar os problemas decorrentes, foi desenvolvida a construção dos condutores onde a última coroa é composta por fios quadrados que se assentam de modo uniforme e homogêneo, dando ao cabo um grau de compactação ótimo.

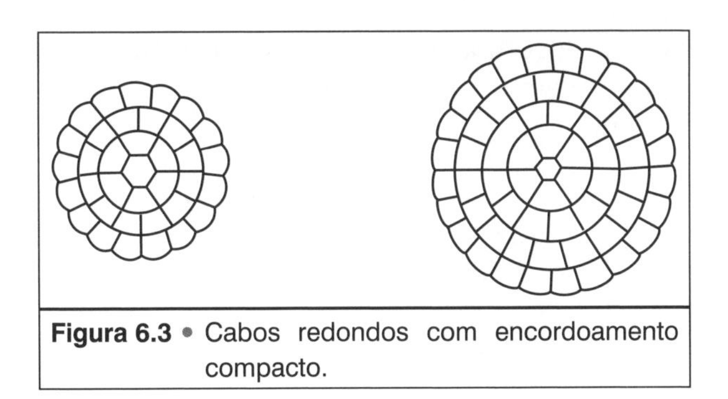

Figura 6.3 • Cabos redondos com encordoamento compacto.

As vantagens decorrentes da construção compacta são inúmeras, destacando-se que os cabos quase nunca necessitam de separador, e têm um menor diâmetro final, permitindo um melhor aproveitamento dos dutos e menores raios de curvatura. Devido principalmente à diminuição do volume de materiais isolantes, proteções e, eventualmente, de blindagem, resulta um cabo de menor custo, mais leve, permitindo maior facilidade de manuseio e maiores lances para acondicionamento e instalação.

A construção compacta, evidentemente, diminui a flexibilidade do cabo, porém não a compromete significantemente quando se tratam de cabos de potência de baixa ou de média tensões ou quando estes possuam proteções metálicas.

De uma forma genérica, atualmente, os cabos de potência disponíveis no mercado possuem condutores compactados devido a inúmeras vantagens.

Condutores setoriais compactados

São normalmente utilizados em cabos multipolares (três ou quatro condutores) objetivando a obtenção de cabos com menor diâmetro externo.

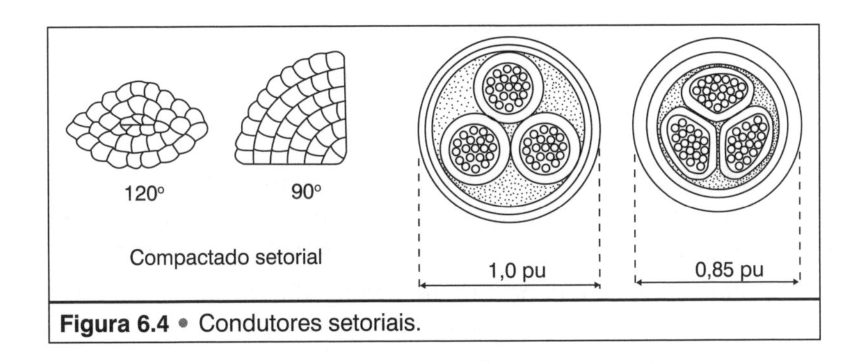

Figura 6.4 • Condutores setoriais.

Condutores redondos com encordoamento composto

São formados pela reunião de vários condutores, previamente encordoados, chamados cochas.

Esta modalidade de encordoamento é largamente utilizada em cabos para uso móvel e cordões que exigem grande flexibilidade e resistência à fadiga, devido a sua movimentação contínua.

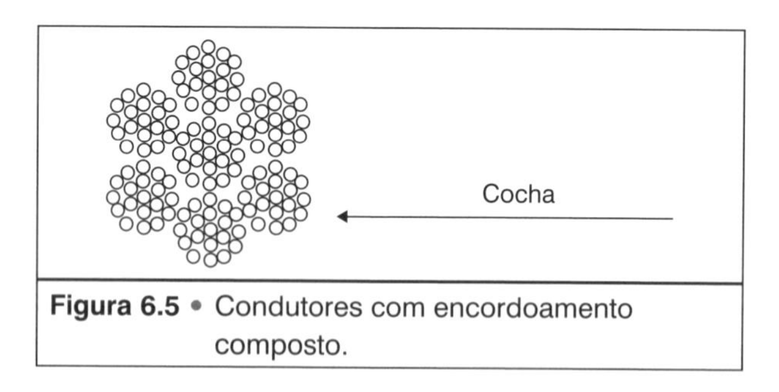

Figura 6.5 • Condutores com encordoamento composto.

Existem ainda construções especiais para condutores, sendo a que mais se destaca a do condutor segmentado, que é um condutor dividido geralmente em quatro ou seis segmentos isolados entre si. Sua principal aplicação se destina a cabos singelos com seção a partir de 800 mm^2, objetivando reduzir o componente de efeito pelicular da resistência à corrente alternada.

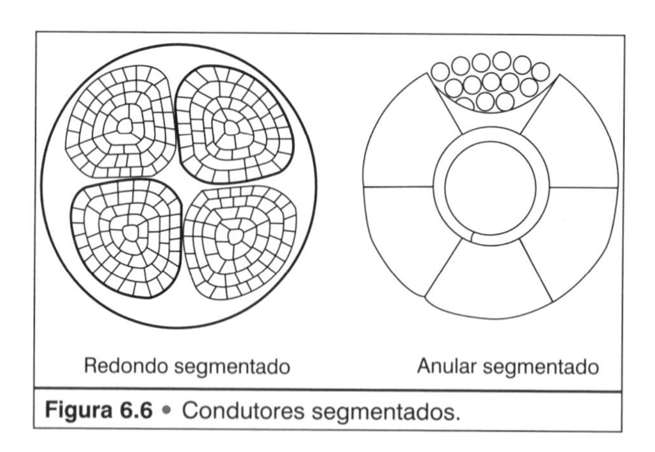

Figura 6.6 • Condutores segmentados.

A forma dos condutores, para cabos de média e alta tensões, é geralmente circular, objetivando minimizar concentrações de campo elétrico. Em cabos multipolares, devido a não uniformidade da distribuição do campo elétrico, a aplicação de condutores setoriais é limitada à tensão de isolamento de 20/35 kV.

O projeto dimensional do condutor, uma vez definida sua seção ou resistência ôhmica desejada, consiste em determinar o número e a dimensão dos fios componentes. Estes são determinados procurando conciliar um máximo de flexibilidade (inúmeros fios) com um custo mínimo (poucos fios).

É sempre importante considerar que a flexibilidade de um cabo isolado deve ser analisada de uma forma global, ou seja, ela será a resultante da formação do condutor e dos materiais isolantes e de proteção, sendo estes algumas vezes predominantes.

Tabela 6.5 • Características dos condutores de cobre (3).

Seção (mm²)	Número mínimo de fios		Diâmetro máximo dos fios (mm)		
	Classe 2		Classe 4	Classe 5	Classe 6
	Concêntrico	Compacto			
1,5	7	6	0,41	0,26	0,16
2,5	7	6	0,41	0,26	0,16
4	7	6	0,51	0,31	0,16
6	7	6	0,51	0,31	0,21
10	7	6	0,51	0,41	0,21
16	7	6	0,61	0,41	0,21
25	7	6	0,61	0,41	0,21
35	7	6	0,68	0,41	0,21
50	19	6	0,68	0,41	0,31
70	19	12	0,68	0,41	0,31
95	19	15	0,68	0,51	0,31
120	37	18	0,68	0,51	0,31
150	37	18	0,86	0,51	0,31
185	37	30	0,86	0,51	0,41
240	61	34	0,86	0,51	0,41
300	61	34	0,86	0,51	0,41
400	61	53	0,86	0,51	–
500	61	53	0,86	0,61	–
630	91	53	0,86	0,61	–

Principais listados na referência (3).

Tabela 6.6 • Resistência elétrica máxima a 20 °C (3,4). (Ω/km)

Seção (mm²)	Condutor de cobre redondo ou compactado		Condutor de cobre flexíveis		Condutor de alumínio redondo ou compactado
	Fios nus	Fios revestidos	Fios nus	Fios revestidos	
1,5	12,1	12,2	13,3	13,7	–
2,5	7,41	7,56	7,98	8,21	–
4	4,61	4,70	4,95	5,09	7,41

(continua)

(continuação)

Seção (mm²)	Condutor de cobre redondo ou compactado		Condutor de cobre flexíveis		Condutor de alumínio redondo ou compactado
	Fios nus	Fios revestidos	Fios nus	Fios revestidos	
6	3,08	3,11	3,30	3,39	4,61
10	1,83	1,84	1,91	1,95	3,08
16	1,15	1,16	1,21	1,24	1,91
25	0,727	0,734	0,780	0,795	1,20
35	0,524	0,529	0,554	0,565	0,868
50	0,387	0,391	0,386	0,393	0,641
70	0,268	0,270	0,272	0,277	0,443
95	0,193	0,195	0,206	0,210	0,320
120	0,153	0,154	0,161	0,164	0,253
150	0,124	0,126	0,129	0,132	0,206
185	0,0991	0,100	0,106	0,108	0,164
240	0,0754	0,0762	0,0801	0,0817	0,125
300	0,0601	0,0607	0,0641	0,0654	0,100
400	0,0470	0,0475	0,0486	0,0495	0,0778
500	0,0366	0,0369	0,0384	0,0391	0,0605
630	0,0283	0,0286	–	–	0,0469

Principais listados nas referências (3,4).

Bloqueio do condutor

Quando é especificada a construção bloqueada longitudinalmente, os interstícios internos entre os fios componentes do condutor são preenchidos com um material compatível, objetivando eliminar a possibilidade de migração de água pelo condutor.

A construção bloqueada impede a corrosão de condutores de alumínio isolados ou protegidos para rede aérea e o surgimento do fenômeno de *water treeing*, devido à presença de água nos condutores, em cabos com isolação polimérica para média e alta tensões.

Normalmente os compostos de bloqueio se apresentam na forma de massa polimérica, pó ou fitas de bloqueio. Em qualquer caso, os compostos devem ser compatíveis química e termicamente com os componentes do cabo.

Blindagem do condutor

A blindagem do condutor, constituída por materiais poliméricos condutores não metálicos – normalmente chamados de semicondutores, tem como principal finalidade dar uma forma perfeitamente cilíndrica ao condutor e eliminar espaços vazios entre o condutor e a isolação.

Caso um condutor encordoado de um cabo de média ou alta tensão não possua um recobrimento com material semicondutor, o campo elétrico assume uma forma distorcida, acompanhando a superfície do condutor. Nesta condição, a isolação é solicitada de modo não uniforme, sendo que, em alguns pontos, devido à concentração do campo elétrico, estas solicitações poderão ultrapassar os limites admissíveis para o dielétrico, resultando em uma depreciação na vida do cabo.

No caso de isolações poliméricas, quando da extrusão do material da isolação diretamente sobre o condutor, poderão surgir bolhas de ar onde o material isolante não penetrou totalmente entre os fios. O ar será ionizado pela ação do campo elétrico e vão ocorrer descargas parciais que irão danificar a isolação até a sua perfuração, devido tanto ao bombardeio de elétrons, gerando calor e erosão, quanto ao ataque da ozona.

Em geral, cabos com tensão nominal a partir de 3,6/6 kV possuem condutores blindados.

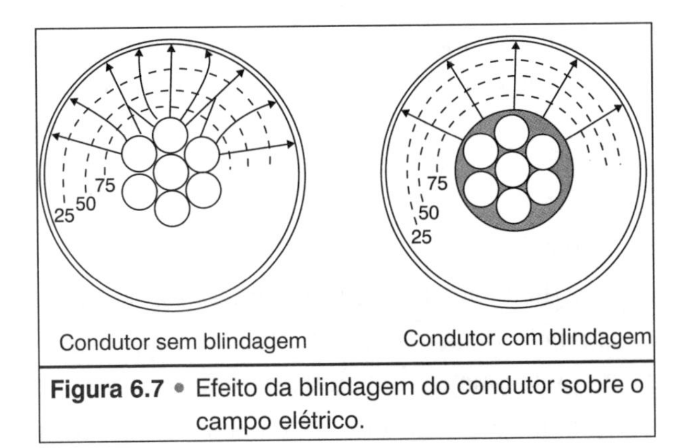

Figura 6.7 • Efeito da blindagem do condutor sobre o campo elétrico.

A blindagem do condutor deve estar em íntimo contato com a superfície interna da isolação e aderente a esta, objetivando a eliminação de vazios e descontinuidades na interface, evitando a ocorrência de descargas parciais, otimizando assim a sua função.

Para se obter uma ligação à nível molecular com a isolação, a blindagem do condutor deve ser constituída por polímero compatível e ser extrudada simultaneamente com a isolação.

Para isolação em polietileno (LDPE ou XLPE), o polímero-base normalmente utilizado para a blindagem são copolímeros do etileno, tais como etileno etil acrilato ou etileno vinil acetato. Para isolações de etileno-propileno (EPR), frequentemente são utilizados compostos à base de EPDM.

A base polimérica dos compostos de blindagem adquire sua capacidade condutora através da incorporação e dispersão de tipos especiais de negro de fumo (*carbon black*) na matriz do polímero-base.

A aplicação de fita têxtil semicondutora normalmente deve ser restrita a cabos com condutores flexíveis para uso móvel ou como separador associada a uma camada semicondutora extrudada.

Para ser efetiva a blindagem do condutor, deve ter resistividade máxima de 50 000 Ω x cm a 70 °C, para compostos termoplásticos, e 100 000 Ω x cm a 90 °C, para compostos termofixos.

Quando a blindagem semicondutora do condutor for constituída por fita têxtil, esta deve ter uma sobreposição mínima de 10% e uma espessura mínima de 0,065 mm.

No caso da blindagem do condutor ser composta por camada extrudada, esta deve ter espessura média de 0,4 mm e espessura mínima em um ponto de 0,32 mm.

Materiais isolantes

Provavelmente um componente dos mais importantes em um cabo de energia é a sua isolação. Com a necessidade crescente de maiores gradientes de serviço, melhor performance térmica e mecânica, para os cabos atuais, resultam no desenvolvimento tecnológico contínuo, objetivando o aprimoramento dos dielétricos e processos em uso e a criação de novos tipos.

Na escolha do material isolante a ser especificado, são determinantes algumas características, tais como:

- elevada rigidez dielétrica perante solicitações a 60 Hz e a impulso;
- baixas perdas dielétricas e, portanto, baixos valores para o produto fator de dissipação pela constante dielétrica;
- fácil dissipação de calor e, portanto, baixa resistividade térmica;
- estabilidade térmica em regime permanente, durante períodos de emergência e em condições transitórias de curto-circuito;
- estabilidade de suas propriedades elétricas quando em contato com água, ou seja, resistência ao fenômeno de *water treeing*;

- resistência ao envelhecimento nas condições de gradiente elétrico – temperatura de serviço (espera-se normalmente que os cabos tenham uma vida superior a 30 anos);
- flexibilidade principalmente nas instalações de equipamentos móveis.

Cada característica terá uma importância maior ou menor, dependendo da aplicação e utilização da isolação em um particular cabo de energia.

Na tabela a seguir serão apresentadas algumas propriedades típicas para as isolações poliméricas normalmente utilizadas em cabos de energia.

Característica nominal		Material			
		PVC	**PE**	**XLPE**	**EPR**
Rigidez dielétrica (kV/mm)	**CA**	15	50	50	40
	Impulso	40	65	65	60
Fator de perdas (tg δ)		0,07	0,0005	0,0005	0,003
Constante dielétrica (ε)		5-7	2,3	2,3	2,6 – 3,0
ε.Tgδ (x 10^3)		350 – 490	1,15	1,15	7,8 – 9,0
Resistividade térmica (°C.m/W)		5,0	3,5	3,5	5,0
Estabilidade em água		Má	Má	Regular	Ótima
Flexibilidade		Regular	Má	Má	Ótima
Limites térmicos (°C)	Permanente	70	75	90	90
	Sobrecarga	100	90	105 – 130	130
	Curto-circuito	150	150	250	250
Nota: Valores típicos, não devendo ser utilizados para especificação.					

Isolações poliméricas

As isolações poliméricas ou dielétricos sólidos são materiais compostos por macromoléculas que quando formados por moléculas da mesma espécie, são denominados homopolímeros, e quando compostos por combinação de moléculas distintas, são denominados de copolímeros. Segundo seu comportamento termomecânico, os polímeros podem ser divididos em:

- termoplásticos;
- termofixos.

Isolações termoplásticas

Os termoplásticos, obtidos diretamente pela extrusão do composto, são materiais que quando sujeitos a um aumento gradativo de temperatura, mantêm seu estado sólido até cerca de 105 °C – 130 °C, e a partir daí perdem as suas propriedades mecânicas e amolecem até se tornarem líquidos.

Na prática, os compostos termoplásticos têm sua temperatura de regime normal e transitória limitada, para que não haja perda significativa de suas propriedades mecânicas nestas condições.

As principais isolações termoplásticas atualmente em uso para cabos de energia são: policloreto de vinila (PVC) e o polietileno (PE).

Policloreto de vinila (PVC)

Os compostos de PVC são obtidos a partir de formulações especialmente desenvolvidas para determinadas aplicações, que são: compostos para isolação, compostos para coberturas, compostos resistentes à chama, compostos para alta temperatura e mais uma série de características particulares.

Uma formulação básica de PVC quase sempre é composta por:

- resina de PVC;
- plastificante;
- carga;
- antioxidante;
- estabilizante.

Complementado por ingredientes particulares, tais como:

- auxiliar de processamento;
- retardante à chama;
- pigmento.

O resultado em termos de características elétricas, mecânicas e de desempenho é o somatório da combinação e da qualidade dos componentes da formulação.

Os compostos de PVC têm se mostrado adequados para utilização como isolação de cabos com tensão de isolamento de até 3,6/6 kV. Suas altas perdas dielétricas limitam sua utilização para tensões de isolamento superiores.

Devido a sua ótima resistência mecânica, sua estabilidade perante agentes químicos e principalmente pela sua propriedade de não propagar à chama, encontra grande aplicação como isolação de cabos para instalações de uso geral com tensão de isolamento de 750 V e 1 kV.

A utilização de cabos com isolação em PVC vem encontrando restrições em instalações em locais com grande afluência de público, como, por exemplo: hotéis, teatros, hospitais, *shopping centers*; porque em condições de incêndio, apesar de não propagar o fogo, libera gases tóxicos e ácidos, além de desprender grande quantidade de fumaça escura durante a sua queima.

Polietileno (PE)

Basicamente existem dois tipos de polietileno utilizados como isolação de cabos de energia, são eles: (LDPE) polietileno de baixa densidade e (HDPE) polietileno de alta densidade.

O LDPE é obtido a partir da polimerização do etileno (C_2H_4), sob alta pressão (23 kpsi – 46 kpsi) e alta temperatura (160 °C – 300 °C), dando origem a longos grupos de moléculas (CH_2). Após ser removido do reator, em forma líquida, o polímero é misturado com antioxidante, extrudado e cortado em forma de *pellets*.

O HDPE é obtido através de uma reação à baixa pressão (385 psi – 615 psi) e moderada temperatura (50 °C – 150 °C), resultando em um polímero de alta densidade e essencialmente linear.

O polietileno é um polímero amorfo-cristalino. O grau de cristalinidade, isto é, a razão entre a massa cristalina para a massa total do LDPE está na faixa de 43% a 50%, em peso, a 20 °C, e para o HDPE entre 55% a 65%.

Os compostos de polietileno têm se mostrado adequados para utilização como isolação de cabos, devido às suas ótimas propriedades elétricas, isto é, baixo fator de dissipação e constante dielétrica e alta rigidez dielétrica em corrente alternada e impulso.

Nos Estados Unidos, nos anos 1960 e 1970, o LDPE foi largamente utilizado como isolação de alimentadores de 15 kV a 35 kV, de sistemas subterrâneos residenciais urbanos (URD). A baixa performance dos cabos URD, principalmente perante ao fenômeno de *water treeing*, fizeram com que fossem largamente substituídos pelo polietileno reticulado (XLPE) e pela borracha etileno-propileno (EPR).

O HDPE tem sido utilizado para aplicações em cabos de baixa tensão e para redes aéreas protegidas para tensões de isolamento de até 35 kV. Neste caso quase sempre em conjunto com o LDPE em dupla camada, ou seja, o LDPE funciona como isolação primária com ótimas propriedades elétricas, e o HDPE, como isolação secundária, com ótimas propriedades mecânicas e resistência ao trilhamento elétrico quando em contato com árvores.

Isolações termofixas

Os dielétricos termofixos, obtidos a partir da extrusão e reticulação (vulcanização) do material, são caracterizados por manter seu estado físico mesmo em regimes nos quais altas temperaturas estão envolvidas, uma vez que quando se eleva sua temperatura além do limite admissível, o material se carboniza sem se tornar líquido.

Na prática, a temperatura de regime permanente recomendável é de 90 °C, sendo que em regime de sobrecarga se permite atingir 105 °C a 130 °C, e durante transitórios provenientes de curtos-circuitos, os termofixos podem operar em até 250 °C.

A excelente estabilidade térmica destes materiais permite que mais potência possa ser transportada para a mesma seção de condutor do que o similar termoplástico, e, principalmente, em sistemas em que se tem alto nível de curto-circuito, uma economia global pode ser obtida com a utilização de isolações termofixas.

As principais isolações termofixas utilizadas em cabos de energia são o polietileno reticulado (XLPE) e a borracha etileno-propileno (EPR).

Polietileno reticulado (XLPE)

O polietileno reticulado (XLPE) é obtido a partir da modificação da estrutura do polietileno termoplástico (LDPE) em outra reticulada, em que os enlaces moleculares proporcionam ótima estabilidade térmica ao polímero.

A obtenção do XLPE pode se dar por meio da adição de peróxido orgânico (reticulação química), da irradiação de elétrons ou da cura via úmida, pela adição de silano (SIOPLÁS).

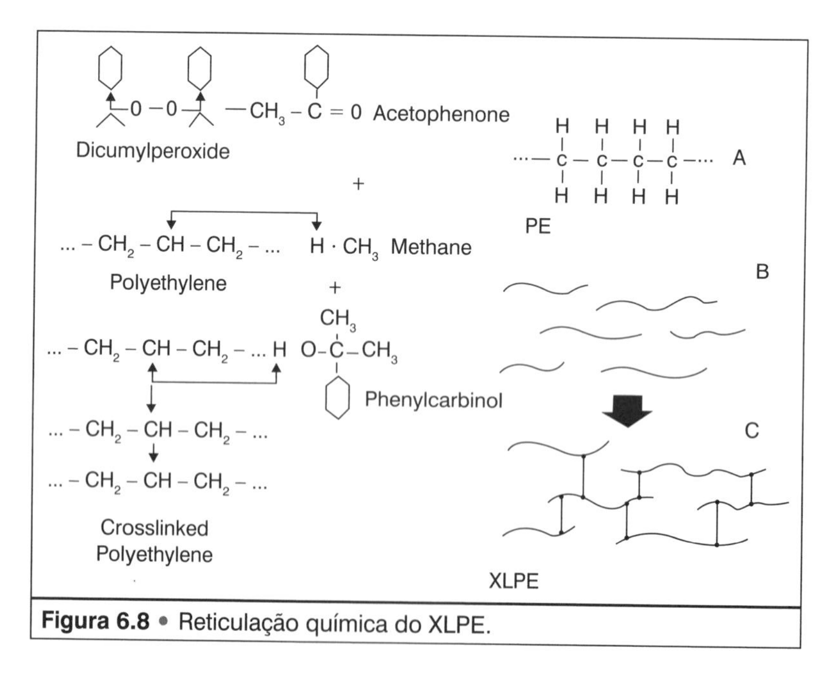

Figura 6.8 • Reticulação química do XLPE.

O polietileno reticulado (XLPE) possui essencialmente todas as propriedades elétricas do LDPE, entretanto, apresentando melhores propriedades físicas e melhor retenção destas propriedades com o aumento da temperatura. Por ser um material termofixo possui maior resistência à deformação nas temperaturas de operação.

O XLPE possui como base polimérica o LDPE, que é parcialmente cristalino e possui um ponto de fusão da ordem de 105 °C.

Objetivando manter a total estabilidade térmica da isolação do cabo, bem como estável seu comportamento termomecânico, principalmente mantendo sob controle sua expansão térmica, a temperatura de regime de sobrecarga de 130 °C das especificações americanas tem sido questionada e muitas vezes reduzida na Europa e no Japão para 105 °C.

O XLPE tem tido aplicações em todo o mundo como isolação de cabos para baixa, média e alta tensões. Principalmente na Europa e no Japão tem sido utilizado em sistemas de 245 kV a 275 kV.

Por ser um material sensível ao fenômeno do *water treeing*, quando utilizado como isolação de cabos de alta tensão, estes possuem capas metálicas e construções bloqueadas. Para cabos de média tensão alguma restrição normalmente é feita para sua operação em contato prolongado com água quando não são utilizadas capas metálicas.

No Brasil, o XLPE é utilizado como isolação de cabos para baixa tensão 1 kV e média tensão até 35 kV. O XLPE tem sido também muito difundido como camada de proteção dos cabos para redes aéreas protegidas sobre isoladores ou do tipo compactadas (*spacer*). Neste caso, o XLPE quase sempre é formulado com negro de fumo disperso na base polimérica, para conferir resistência à radiação ultravioleta e ao trilhamento elétrico.

O XLPE para aplicações especiais, tais como isolação de cabos de baixa tensão sem cobertura, proteção de cabos para rede aérea ou isolações de cabos resistentes à chama, quase sempre são copolímeros carregados, objetivando conferir ao material propriedades específicas de resistência à abrasão, impacto, trilhamento elétrico, ultravioleta etc. e ainda atender às necessidades de processamento (extrudabilidade).

Borracha etileno-propileno (EPR)

A borracha etileno-propileno (EPR) é um polímero obtido a partir da copolimerização do etileno e propileno (EPM) ou um terpolímero etileno-propileno dieno monômero (EPDM), dando origem a um elastômero com ótimas características físicas.

O EPM copolímero ou o EPDM terpolímero são elastômeros amorfos ou semicristalinos. A cristalinidade do polímero é função da razão da quantidade de etileno e propileno que pode ser caracterizada como se segue:

% Etileno	Cristalinidade
45-55	Baixa
55-65	Média
65-70	Alta

Os compostos de EPM ou EPDM são obtidos a partir de formulações especialmente projetadas para aplicações específicas, são eles: compostos para isolações de cabos extraflexíveis para uso móvel, compostos para alta temperatura, compostos resistentes à chama, compostos para cabos de alta tensão e um sem-número de aplicações particulares.

O termo isolação de composto à base de EPR se aplica bem, pois uma formulação típica de EPR contém de sete a nove ingredientes, enquanto o EPM ou EPDM constitui apenas 45% a 50%, em peso, do total do composto. O restante da formulação consiste em carga mineral, antioxidante, agente de vulcanização, coagentes, agentes de processo e agentes especiais que conferem características específicas aos compostos.

O EPM ou EPDM é a parte principal do composto isolante e determina a base física e as propriedades elétricas da isolação. A carga mineral serve para melhorar as propriedades físicas.

Um tratamento da carga mineral com silano contribui para uma melhor estabilidade das propriedades físicas e elétricas do composto a respeito da água. O antioxidante protege o EPM ou EPDM contra a decomposição térmica durante as altas temperaturas de processamento e também prolonga a vida da isolação em serviço quando exposta à temperatura de regime normal ou de sobrecarga. O agente de vulcanização, ativado pelo calor, propicia as ligações cruzadas na estrutura molecular. A reticulação proporciona uma melhora nas propriedades físicas e mecânicas essenciais para as isolações de cabos.

Os auxiliares de processamento facilitam a extrusão do composto e melhoram o estado de sua superfície. Os agentes especiais implementam características específicas, como, por exemplo, resistência à chama para o composto.

O resultado em termos de característica de desempenho é o somatório da combinação, da qualidade, da pureza e da dispersão dos componentes da formulação.

A borracha etileno-propileno (EPR) tem tido as mais diversas aplicações como isolação de cabos de baixa, média e alta tensões até 150 kV. Sua limitação em tensão tem sido causada pelas suas perdas dielétricas relativamente mais altas do que as do LDPE e XLPE.

Por ser um material, se adequadamente formulado, resistente ao fenômeno de *water treeing* tem tido grande aplicação em cabos de média e alta tensões que tenham de operar em contato prolongado com a água, sem a necessidade de utilização de capas metálicas (*wet design*).

Para o caso particular de cabos de média tensão até 35 kV, especificamente com construção bloqueada, o EPR tem sido largamente utilizado como isolação de cabos instalados em ambientes com água, sem capa metálica, e gradiente de projeto de 4 kV/mm.

A isolação de EPR encontra grande aplicação em cabos de controle e potência de baixa tensão. Sua ótima flexibilidade recomenda a sua aplicação em cabos de uso móvel, e sua ótima estabilidade térmica permite sua utilização em lides para 130 °C e como isolação de cabos para bombeio de petróleo com temperaturas de operação de até 204 °C.

Formulações específicas de EPR permitem ainda sua aplicação como isolação de cabos não halogenados, não propagantes do fogo (chama) e em cabos resistentes ao fogo (chama) para circuitos que devem operar mesmo em condição de incêndio.

Processos de reticulação

O processo de reticulação química é o mais usual para o XLPE e para o EPR, e se processa em um ambiente com elevada temperatura e pressão imediatamente seguindo a operação de extrusão da isolação associada às eventuais camadas semicondutoras. Se o vapor é utilizado, para fornecer o calor necessário a reticulação, a pressão normalmente se encontra na faixa de 1 400 kPa a 2 000 kPa, e a temperatura correspondente na faixa de 175 °C a 230 °C. Se o aquecimento elétrico e pressurização por nitrogênio é utilizado, a pressão de gás envolvida para suprimir a formação de bolhas provenientes dos gases oriundos da reticulação está na faixa de 500 kPa a 1 000 kPa, e a temperatura na ordem de 400 °C a 500 °C.

A reticulação química pode ainda se processar em um banho pressurizado de óleo de silicone, a cerca de 200 °C, no interior de uma catenária ou em sistemas horizontais com matriz longa em que o núcleo do cabo é praticamente moldado em uma matriz aquecida e lubrificada por um fluido injetado. Este processo é conhecido como MDCV e recomendado para cabos de alta tensão de grande seção nominal e elevadas espessuras para a isolação.

A reticulação por irradiação é um processo quimicamente similar ao que usa peróxido. A isolação a ser irradiada é composta apenas por polietileno e antioxidante. Uma vez que não há risco de pré-vulcanizados na operação de extrusão, devido à inexistência de peróxidos, um polietileno de alto grau molecular pode ser utilizado.

A reticulação por via úmida com o uso de silanos apresenta grandes vantagens quando comparada à reticulação por peróxidos, que são: menor custo em equipamentos de produção, maior velocidade no processo nas extrusoras, menor sucata, melhor controle da espessura da isolação e, consequentemente, uso mais efetivo do material.

A água é o agente de reticulação no processo de cura por silano. Após a extrusão da isolação, os cabos são dispostos em tanques com água quente ou em cabines cheias de vapor à alta temperatura, durante um período de tempo, para que a água ou vapor-d'água difunda pela isolação, provocando a reticulação.

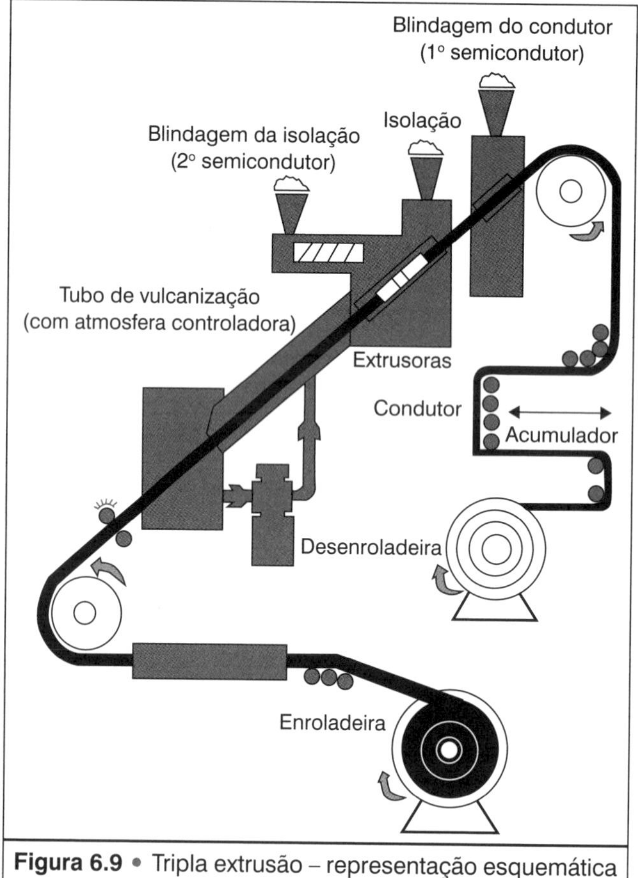

Figura 6.9 • Tripla extrusão – representação esquemática do sistema de reticulação química.

Determinação da espessura da isolação

A espessura da isolação de um cabo de energia é determinada de modo que esteja garantida a sua integridade mecânica e elétrica durante os procedimentos de fabricação, instalação e operação.

No caso de cabos de baixa tensão, quase sempre predomina o critério mecânico para a determinação da espessura da isolação, já no caso de cabos de média e alta tensões, a espessura da isolação é determinada de modo que seja garantido que o gradiente de potencial máximo não supere um certo valor especificado; tanto em condições de operação normal quanto em condições transitórias de impulso atmosférico.

No caso de cabos de média e alta tensões, normalmente se tem uma estrutura coaxial, de modo que o campo elétrico somente possua componentes radiais e seja uniforme em todas as direções, decrescendo desde a blindagem do condutor até a blindagem da isolação.

Para uma estrutura coaxial, o gradiente de potencial máximo pode ser determinado por:

$$E = \frac{U_o}{\log n\left(1+\frac{t}{r}\right)}$$

onde:

E = gradiente de potencial (kV/mm);

U_o = tensão fase terra (kV);

r = raio da blindagem do condutor (mm);

t = espessura da isolação (mm).

Para cabos de média tensão até 35 kV, as espessuras da isolação são normalmente fixadas por normas, independentemente da variação da seção dos condutores, de modo que resulte um gradiente máximo de projeto predeterminado para a pior condição.

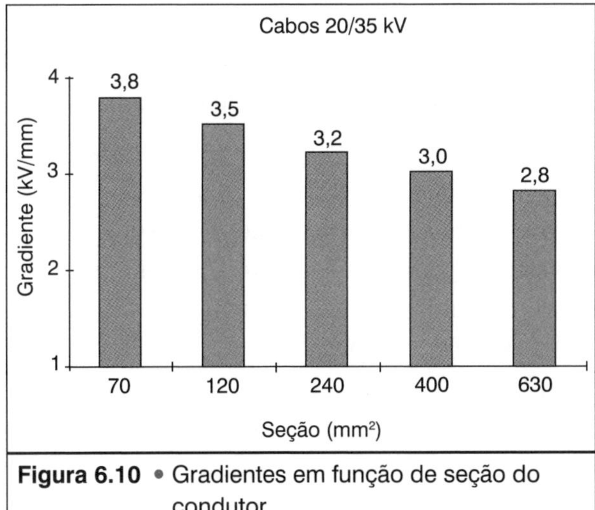

Figura 6.10 • Gradientes em função de seção do condutor.

Estes gradientes são determinados em função de ensaios de rigidez dielétrica e da experiência adquirida com a análise do desempenho operacional, objetivando um projeto adequado para a isolação.

Para a mesma tensão de isolamento, se mantendo fixa a espessura da isolação, resultam diferentes gradientes de potencial para cada seção de condutor.

No caso de cabos de média tensão, com tensão de isolamento de 3,6/6 kV até 20/35 kV, são especificados diferentes gradientes máximos de projeto para cada tensão, de modo que cabos com maior tensão de isolamento tenham maiores gradientes de projeto.

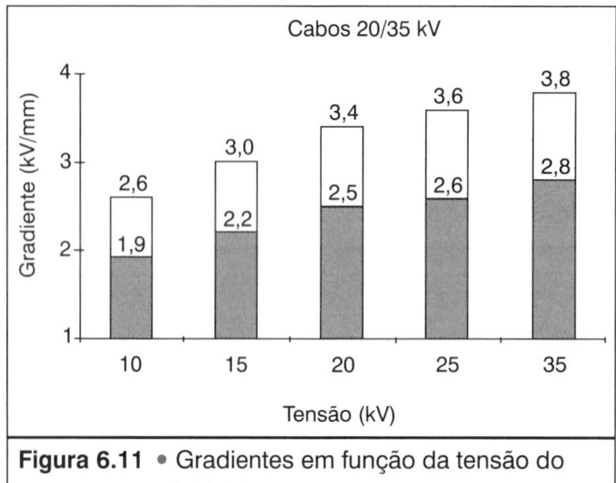

Figura 6.11 • Gradientes em função da tensão do isolamento.

Este fato pode ser considerado um paradoxo, uma vez que quanto maior for a tensão de isolamento, maior será o índice de responsabilidade da rede, e, consequentemente, maior deverá ser a confiabilidade do cabo.

Como consequência, para um mesmo sistema dielétrico, menor deveria ser o gradiente de exercício.

Se os cabos para uma determinada gama de tensões de isolamento são fabricados com a mesma tecnologia, ou seja, mesmo critério de projeto, mesmos materiais, mesmo processo e equipamentos e mesmo pessoal, podem ser utilizados os mesmos gradientes máximos de projeto para todas as tensões de isolamento.

Este conceito foi introduzido, a partir de 1988, para cabos com construção bloqueada e isolação de borracha etileno-propileno, em que foi fixado como gradiente máximo de projeto na blindagem do condutor 4 kV/mm, e na blindagem da isolação, 2,5 kV/mm.

Os cabos de média tensão com isolação de EPR e construção bloqueada, projetados com espessura da isolação coordenada para 4 kV/mm, apresentam um custo efetivo com alta confiabilidade e são a melhor alternativa para sistemas de distribuição nos quais os cabos devam operar em contato com água.

A espessura média da isolação não deve ser inferior ao valor nominal especificado.

No caso de cabos de potência, com tensões de isolamento de 1 kV a 35 kV, a espessura mínima da isolação, em um ponto qualquer da seção transversal, não pode ser inferior a 0,1 mm + 10% do valor nominal especificado.

O fenômeno do *water treeing*

A experiência prática operacional de campo, bem como a simulação em laboratório realizada em cabos modelo, tem demonstrado que a água tem um efeito prejudicial às isolações poliméricas e, particularmente, ao LDPE e XLPE.

Utilizando técnicas apropriadas é possível se observar o fenômeno de *treeing* em materiais poliméricos submetidos a um campo elétrico. O *treeing* se origina em falhas microscópicas do sistema dielétrico e segue a direção do campo elétrico.

Existem duas modalidades de *treeing*: os *electrical* e os *water trees*, sendo que este último pode ser considerado um *treeing* eletroquímico, existindo três estágios para o seu desenvolvimento: incubação, propagação e perfuração do dielétrico.

Os *electrical trees* normalmente se desenvolvem em falhas do sistema dielétrico sob campo elétrico intenso e são acompanhados pelo processo de ionização e descargas parciais. Os *water trees* se propagam mesmo sob baixo gradiente de potencial em imperfeições do sistema dielétrico contendo umidade.

As estruturas de um *water treeing* podem ser divididas em dois grupos: *bow-tie trees*, que ocorrem no interior da isolação, e as *vented trees,* que se originam nas interfaces das semicondutoras com a isolação.

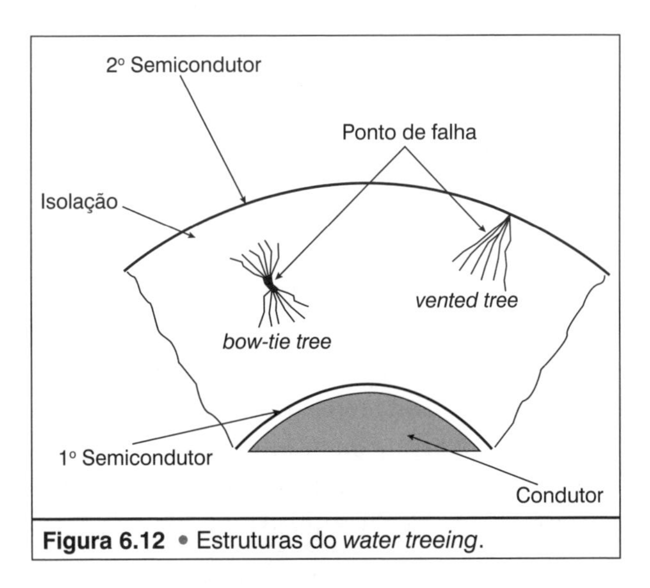

Figura 6.12 • Estruturas do *water treeing.*

Devido à baixa concentração de umidade no interior da isolação, o crescimento das *bow-tie trees* é muito lento e geralmente não leva um cabo à falha em serviço.

No caso das *vented trees* elas se propagam com maior intensidade e, dessa forma, a estabilidade elétrica do dielétrico se reduz gradualmente até que a perfuração da isolação se inicia pela conversão de um *water tree* em um *electrical tree*. Consulte também as Figuras 2.12 e 2.13, à página 31.

Experimentos em cabos isolados com LDPE removidos de serviço, onde houve penetração de água pelo condutor e pela blindagem, confirmam os resultados de envelhecimento acelerado em laboratório e mostram uma degradação na rigidez dielétrica de sistemas dielétricos em contato com a água.

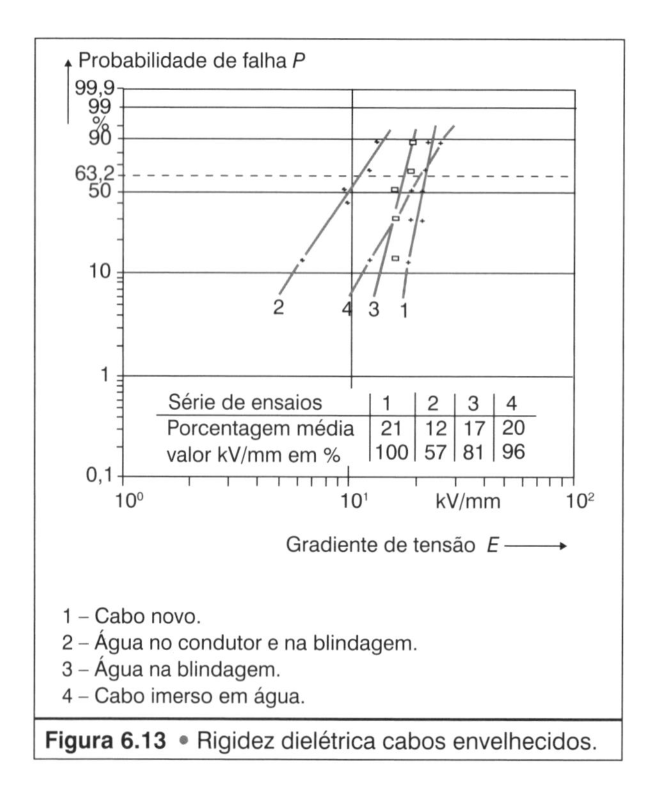

Figura 6.13 • Rigidez dielétrica cabos envelhecidos.

A presença de água no condutor tem um efeito particularmente desfavorável à isolação e, por isso, cabos de média e alta tensões que devam operar em contato com água têm sido especificados com construção bloqueada.

Particularmente os cabos de alta tensão com isolação de LDPE e XLPE, além do bloqueio longitudinal de água no condutor e na blindagem, possuem capa metálica contínua ou do tipo fita laminada incorporada à cobertura, objetivando o bloqueio radial à penetração de água no núcleo do cabo.

Sistemas dielétricos com isolações de EPR adequadamente formuladas são muito menos susceptíveis ao fenômeno do *water treeing* e, portanto, possuem uma maior estabilidade das suas propriedades elétricas, quando em contato com água, se comparados ao LDPE e XLPE.

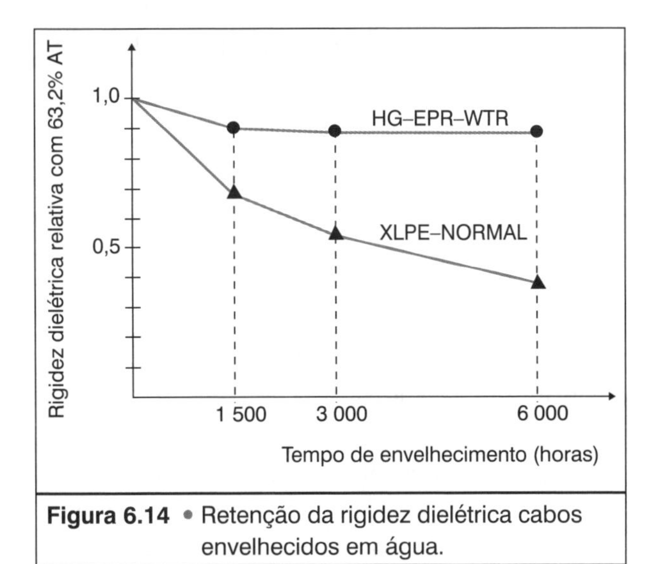

Figura 6.14 • Retenção da rigidez dielétrica cabos envelhecidos em água.

Blindagem da isolação

A função principal da blindagem da isolação é a de proporcionar distribuição radial e simétrica para o campo elétrico, fazendo com que o dielétrico seja solicitado uniformemente.

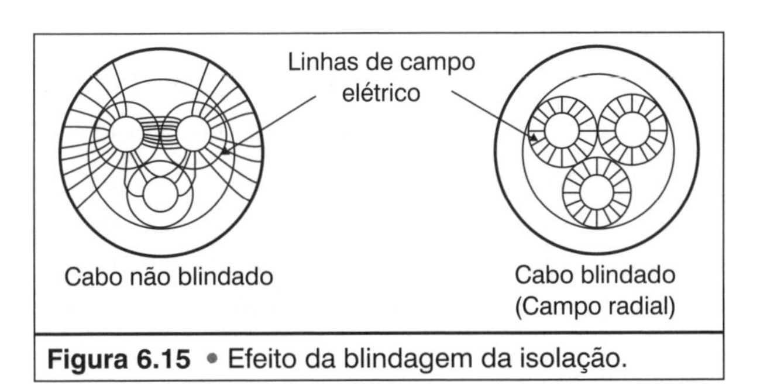

Figura 6.15 • Efeito da blindagem da isolação.

Da mesma forma que a blindagem do condutor, a blindagem da isolação para ser efetiva deve manter um contato perfeito com a superfície externa da isolação, eliminando assim a possibilidade de bolhas e imperfeições que dariam lugar à descargas parciais ou ao surgimento de *vented trees*.

A blindagem da isolação proporciona também uma capacitância uniforme entre condutor e terra, o que representa uma impedância característica (Zo) uniforme ao longo do cabo, evitando pontos de reflexão, proporcionando uma melhor performance perante as solicitações de impulso.

A blindagem da isolação é normalmente constituída por meio de uma parte semicondutora não metálica, para equalização do campo elétrico, associada a uma parte metálica para o transporte das correntes de sequência zero.

Em geral, cabos com tensão de isolamento a partir de 3,6/6 kV possuem blindagem da isolação.

No caso de cabos com tensão de isolamento de 3,6/6 kV, a blindagem da isolação pode ser opcional, desde que os cabos possuam proteção metálica ou sejam instalados em eletrodutos metálicos convenientemente aterrados.

No caso de cabos de potência, com tensão de isolamento de 6/10 kV e superiores, a parte não metálica da blindagem da isolação deve ser constituída por uma camada de polímero semicondutor extrudado simultaneamente com a isolação.

Para tensões de até 20/35 kV, normalmente são utilizados materiais poliméricos adequados que permitem a remoção da camada semicondutora à temperatura ambiente (*free* ou *easy strippable*), quando da preparação dos acessórios.

Para cabos de alta tensão, normalmente são empregados materiais semicondutores com uma base polimérica tal que haja aderência total entre a camada semicondutora e a isolação do cabo, permitindo a operação sob altos gradientes.

Para o caso de cabos com tensão isolamento de 3,6/6 kV a 20/35 kV, a espessura média da camada extrudada da blindagem da isolação deve ser igual ou superior a 0,4 mm, e a espessura mínima em um ponto igual ou superior a 0,32 mm.

Para tensão de 3,6/6 kV e principalmente para o caso de cabos extraflexíveis para o uso móvel em média tensão, com isolação em EPR, a parte não metálica da blindagem da isolação pode ser constituída por uma fita semicondutora combinada ou não com verniz semicondutor.

Para ser efetiva a blindagem semicondutora da isolação deve ter resistividade máxima de 50.000 Ω x cm à temperatura de operação do cabo em regime permanente.

A parte metálica da blindagem da isolação pode ser formada pela aplicação helicoidal de fitas de cobre sobrepostas, pela aplicação de fios helicoidais ou longitudinais corrugados, por trança de fios, por capa metálica contínua, por fita metálica laminada incorporada à cobertura ou por uma combinação destes elementos.

No caso trivial de cabos de média tensão até 35 kV, as blindagens dos cabos são geralmente constituídas por fios de cobre, nu ou revestido com resistividade máxima de 0,018312 Ω x mm^2/m a 20 °C, aplicados de forma helicoidal ou longitudinais corrugados com seção mínima de 6,0 mm^2.

Em casos específicos a blindagem metálica deve ser dimensionada para transportar as correntes de curto-circuito fase-terra do sistema elétrico.

Bloqueio da blindagem

Quando for especificada a construção bloqueada longitudinalmente, os interstícios entre a blindagem semicondutora da isolação e a cobertura devem ser preenchidos com material adequado e compatível química e termicamente com os componentes do cabo, objetivando eliminar a migração longitudinal de água e minimizar o surgimento do fenômeno de *water treeing*. Normalmente o bloqueio é feito com pó ou fitas de bloqueio que se expandem, em contato com a água, restringindo a sua migração.

A blindagem do cabo sob o ponto de vista das interferências

No caso de cabos de controle e cabos para a indústria naval, a blindagem possui funções distintas da dos cabos de energia, uma vez que aquelas são concebidas com o objetivo de evitar interferências internas e externas ao sistema de cabos.

Os cabos de controle muitas vezes são blindados para evitar que interferências causadas pelo campo magnético gerado por cabos de energia induzam tensões nos circuitos de controle, resultando distúrbios imprevisíveis. Já os cabos para aplicação na indústria naval são algumas vezes blindados com tranças de fios metálicos (*braid*), para evitar que o campo magnético gerado pela corrente do condutor cause interferência nos meios de comunicação, radares etc. Esta mesma blindagem se comporta também como armação protegendo o cabo contra danos mecânicos, principalmente os provenientes de impactos, permitindo sua instalação direta sem o uso de eletrodutos metálicos.

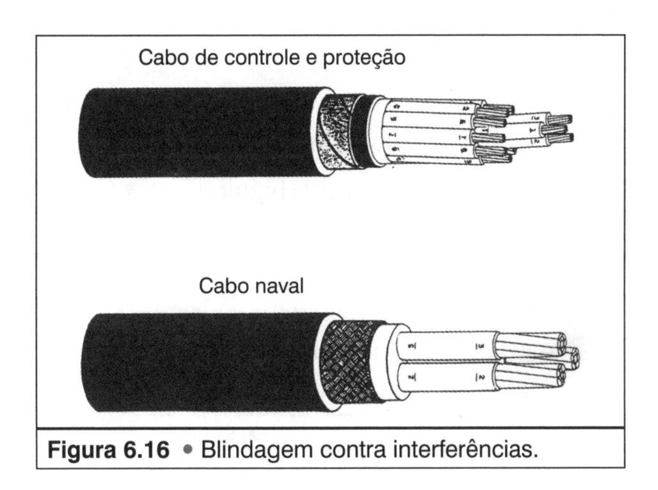

Figura 6.16 • Blindagem contra interferências.

Coberturas

Na escolha da construção do cabo, até o núcleo, são determinantes: características elétricas, mecânicas e químicas, quanto à compatibilidade dos elementos em contato.

Pode ser observado que até o núcleo, as características de resistência a agentes químicos ou mecânicos externos, excetuando-se casos particulares, não são considerados em primeiro plano. Se torna necessário que, em função das condições de instalação, sejam projetadas coberturas como uma proteção ao núcleo do cabo, em função do meio e dos elementos que mais possam afetar a vida e a integridade do núcleo, mantendo contudo uma coerência de flexibilidade quando necessário.

Na escolha do material para cobertura a ser utilizado, são fundamentais algumas características, tais como:

- resistência à abrasão, rasgo, corte e impacto;
- impermeabilidade;
- inflamabilidade;
- baixa emissão de fumaça, gases tóxicos e ácidos durante eventual queima;
- estabilidade térmica;
- resistência ao ataque de agentes químicos e atmosféricos;
- flexibilidade.

Dentre os materiais utilizados para cobertura em cabos, os seguintes se destacam, devido às suas diferentes performances perante uma particular aplicação:

Coberturas termoplásticas

- policloreto de vinila (PVC);
- polietileno de baixa densidade (LDPE), de média densidade (MDPE) e linear (LLDPE).

Coberturas termofixas

- policloropreno – PCP (Neoprene);
- polietileno Clorosulfonado – CSP (Hypalon);
- coberturas não halogenadas (HF).

Na tabela a seguir são apresentadas algumas características típicas para os materiais normalmente utilizados para coberturas de cabos de energia.

Características	**Material**				
	PVC	**PE**	**PCP**	**CSP**	**HF**
Resistência mecânica	Bom	Muito bom	Bom	Bom	Bom
Impermeabilidade	Bom	Ótimo	Regular	Regular	Regular
Inflamabilidade	Ótimo	Mau	Regular	Regular	Ótimo
Emissão de fumaça e gases	Mau	Bom	Mau	Mau	Ótimo
Estabilidade térmica	Bom	Bom	Bom	Bom	Bom
Resistência a agentes químicos	Bom	Bom	Bom	Bom	Bom
Flexibilidade	Bom	Regular	Ótimo	Ótimo	Ótimo
Custo relativo	Baixo	Médio	Alto	Alto	Alto

No que diz respeito à estabilidade térmica em regime de operação, vale observar que o material de cobertura pode limitar a temperatura de operação do condutor. Assim sendo, são limitados valores para a temperatura do condutor em regime permanente em função dos materiais de cobertura.

Material	Classificação	Máxima temperatura do condutor (°C)
PVC	ST1	80
PVC	ST2	90
PE	ST3	80 (1)
PE	ST4	90
PCP, CSP ou HF	SE 1/A ou SE 1/B	90 (2)
(1) 85 °C, para cabos com tensão de isolamento iguais ou superiores a 6/10 kV. (2) 85 °C, para cabos com cobertura e tensões de isolamento inferiores a 6/10 kV.		

Para cabos que devam operar em instalações sujeitas ao contato com líquidos e/ou contaminantes, a análise do material da cobertura deve levar principalmente em conta a impermeabilidade e a resistência a agentes químicos.

A tendência natural dos fabricantes de matérias-primas é de, ao desenvolver um novo polímero base, caracterizar uma formulação padronizada realizando ensaios físicos para determinação de propriedades, e verificando sua resistência relativa em presença de óleos, graxas e agentes químicos em geral.

Este procedimento é de grande valia para a indústria de cabos que, por sua vez, se baseia nos dados caracterizados para a seleção preliminar do polímero-base que mais se adequa para a formulação de um composto, para uma determinada aplicação. No entanto, as propriedades físicas de um composto, bem como sua estabilidade perante um determinado produto químico, podem variar em muito de acordo com o tipo, qualidade e proporção dos ingredientes (carga, plastificante, antioxidante, estabilizante etc.) utilizados na sua formulação.

Em regra, quando se desenvolve uma nova formulação para uma aplicação específica após sua caracterização em placas em laboratório, se produz uma veia padrão que, além de permitir o ajuste dos parâmetros do processo de extrusão, tem como objetivo caracterizar o material sob o ponto de vista de propriedades físicas e de estabilidade frente a agentes químicos.

Particularmente, sob o ponto de vista da resistência a agentes químicos, podem acontecer dois modos de ataque sobre os cabos em condições de serviço.

Primeiramente, quando um líquido entra em contato com uma cobertura em composto polimérico, este permeia através da difusão molecular das regiões de alta pressão de vapor para áreas de baixa pressão até que o equilíbrio seja atingido. No caso em que solventes orgânicos estejam diluídos no líquido pode ocorrer a extração de componentes solúveis contidos na formulação da cobertura, tais como, plastificantes, antioxidantes etc., o que ocasiona perda de propriedades que vem a comprometer o desempenho operacional do cabo. Ainda o agente químico que consegue penetrar no núcleo do cabo vai atacar os componentes internos, provocando a sua degradação precoce.

A taxa de difusão de um certo contaminante depende de inúmeros parâmetros, ou seja, temperatura, peso molecular, pH, temperatura do condutor e tipo de ciclo de carga e, obviamente, da construção do cabo e permeabilidade dos seus elementos componentes, dentre outros.

A Figura 6.17 ilustra o comportamento de uma cobertura de um determinado polímero, quando sob o ataque de contaminantes. Para uma mesma condição, o material se degrada com o tempo até atingir um ponto de resistência mínima aceitável em x anos.

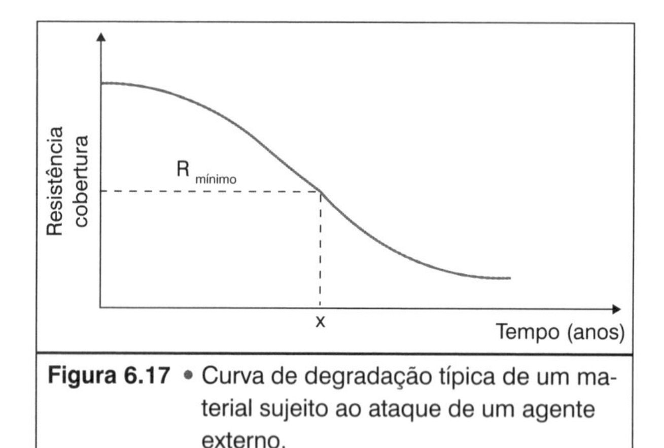

Figura 6.17 • Curva de degradação típica de um material sujeito ao ataque de um agente externo.

Uma cobertura perfeita até x anos protege o núcleo do cabo durante este período, e os componentes internos do cabo, somente a partir de então, são contaminados e iniciam um processo de degradação.

Se tomarmos como fixas as variáveis de contaminação, os tempos para o início da degradação do núcleo dependem diretamente do polímero-base especificado e sua formulação.

Uma vez que para os polímeros disponíveis na atualidade não se pode afirmar que para todas condições de contaminação estes protegem o núcleo do cabo pelo mesmo tempo esperado para a vida do sistema elétrico, cabos instalados em refinarias e complexos petroquímicos, com alto grau de contaminação, devem utilizar capas metálicas de modo a propiciar uma barreira efetiva contra o ataque de agentes químicos durante o período de vida ativa da rede de distribuição.

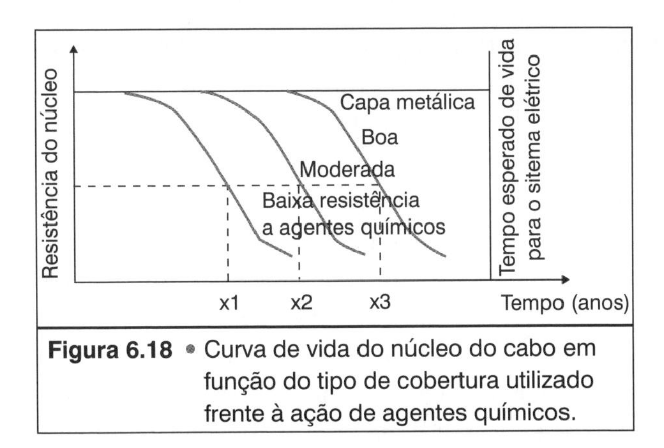

Figura 6.18 • Curva de vida do núcleo do cabo em função do tipo de cobertura utilizado frente à ação de agentes químicos.

Como conclusão, observamos que a função de uma cobertura não é de apenas resistir ao ataque de um determinado agente químico, mas, principalmente, evitar sua passagem, e os métodos de avaliação devem levar este fato em conta.

Contudo, um líquido ou contaminante pode penetrar no interior do cabo em caso de acidente ou dano mecânico durante a instalação, montagem de emendas ou durante o período de operação e, portanto, sua concepção construtiva deve impedir a propagação longitudinal de líquidos ou contaminantes que possam vir a degradar as propriedades físicas dos elementos que constituem o núcleo do cabo.

De uma forma geral, os cabos de potência são protegidos por uma cobertura de poli cloreto de vinila (PVC) material que, adequadamente formulado, protege o núcleo do cabo contra danos mecânicos durante a instalação; é razoavelmente impermeável, mantém uma boa estabilidade perante agentes químicos, apresenta uma boa flexibilidade e possui a propriedade de não propagar o fogo, isto a um custo efetivo.

No caso de instalações em locais com grande afluência de público, o PVC tem sido substituído por materiais não halogenados.

Cabos de média tensão com construção bloqueada, que devem operar em contato com água, são normalmente protegidos por uma cobertura de polietileno (ST4) devido a sua alta impermeabilidade. Suas demais propriedades são adequadamente balanceadas com as necessidades da aplicação.

No caso de cabos para uso móvel são geralmente especificadas coberturas de policloropreno – PCP (Neoprene) devido às suas ótimas propriedades mecânicas, alta flexibilidade, resistência à abrasão, ao corte, ao impacto, além de certa resistência ao ataque de óleos e moderada resistência à chama. Coberturas de PCP são normalmente recomendadas para cabos alimentadores de equipamentos em minas subterrâneas.

Em algumas aplicações são utilizadas coberturas de polietileno clorosulfonado – CSP (Hypalon), que possui propriedades semelhantes ao PCP, apresentando a vantagem de poder ser pigmentado. Este fato facilita a identificação de circuitos diretamente através de cores nas coberturas dos cabos. No entanto, as formulações de CSP estão geralmente um grau abaixo, no que se refere a resistência mecânica, em relação ao PCP, consequentemente, sua aplicação não deve abranger serviços extrapesados.

Em aplicações onde se requer resistência ao fogo, baixa emissão de fumaça e de gases tóxicos e ácidos são normalmente utilizadas coberturas de materiais não halogenados, tendo como polímero-base quase sempre o etileno vinil acetato (EVA) ou o etileno etil acrilato (EEA), geralmente formulados com Alumina tri-hidratada, elemento não halogenado inibidor do fogo.

As aplicações mais usuais para os materiais não halogenados são em cabos de instrumentação, controle ou potência para instalações em plataformas de petróleo, a bordo de navios da marinha mercante ou militar ou conforme NBR 5410, em locais com grande densidade de pessoas, tais como: *shopping centers*, hospitais, cinemas, teatros, hotéis, torres comerciais e/ou residenciais, metrô, centros de convenções, bem como áreas de eletrônica e computação.

Os materiais não halogenados são também utilizados em cabos de controle ou potência de circuitos vitais, tais como sistemas de alarme e controle, alimentação de bombas de incêndio e qualquer sistema que deva operar mesmo em condições de incêndio.

Para aplicações especiais em que os cabos devam ser instalados em locais em que existam cupins, são utilizadas sobrecapas de poliamida (Nylon), extrudadas sobre uma cobertura de PVC ou PE, com aproximadamente 0,3 mm de espessura.

O *nylon*, por ser um material extremamente liso e duro, forma uma barreira impenetrável ao ataque de cupins. Esta prática é utilizada com frequência no Brasil, Estados Unidos, Austrália e Japão.

A técnica de incorporação de inseticidas na formulação da cobertura tem eficiência relativa, não torna o cabo imune, perde a eficiência com o tempo, provoca contaminação do meio ambiente da instalação e por isso vem sendo proibida pelas especificações.

Capas metálicas

Normalmente, a utilização de capas metálicas em cabos com isolação polimérica se dá objetivando a proteção do núcleo do cabo contra o ataque de líquidos e contaminantes.

Especificamente em refinarias de petróleo, complexos petroquímicos ou indústrias químicas, o subsolo quase sempre é contaminado por infiltrações de estações de tratamento, dejetos industriais ou mesmo por acidentes eventuais. Os cabos de distribuição instalados no subsolo, além de ficarem expostos aos efeitos da água, sofrem também o ataque de agentes químicos dos mais diversos tipos e nas mais variadas concentrações.

No caso de cabos de média tensão, objetivando eliminar a penetração radial de líquidos ou contaminantes, a blindagem metálica deve ser constituída por uma capa metálica contínua e dimensionada, além dos critérios mecânicos, com seção adequada para o transporte de correntes de curto-circuito fase-terra do sistema elétrico.

A solução que utiliza capa metálica contínua apresenta uma melhor performance de bloqueio radial do que a alternativa de fita laminada e ainda dispensa o uso de condutores adicionais, para o transporte da corrente de curto-circuito.

Dentre os materiais disponíveis, o mais recomendado é o chumbo, devido às suas ótimas propriedades frente ao ataque de agentes químicos e elevada resistência à corrosão.

Armações

No caso de instalações mais sujeitas a esforços ou danos mecânicos podem ser previstas proteções metálicas adicionais, sendo os tipos mais comumente adotados os seguintes:

Armações de fitas de aço galvanizado

São normalmente utilizadas em cabos múltiplos instalados diretamente no solo onde nenhuma outra proteção contra golpes e esforços transversais é prevista.

Em caso de cabos instalados em túneis e galerias, esta modalidade de armação é particularmente adequada à proteção contra ataque de roedores.

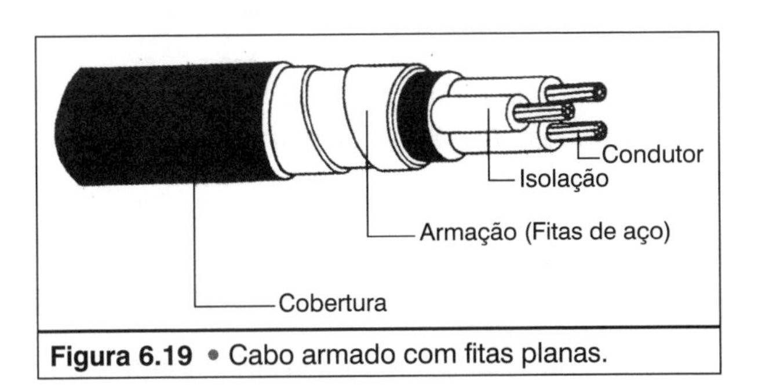

Figura 6.19 • Cabo armado com fitas planas.

Normalmente, a armação é protegida contra corrosão por uma cobertura de PVC a qual facilita também os serviços de instalação. No caso de cabos instalados diretamente no solo onde é prevista sua proteção por meio de lajotas de concreto, a armação perde a sua finalidade.

Armações com fios de aço galvanizado

São normalmente utilizadas em cabos múltiplos instalados em locais pantanosos ou em instalações subaquáticas protegendo o cabo contra esforços longitudinais (tração). Este tipo de armação é também recomendado quando da instalação de cabos na vertical, onde o peso do cabo deve ser suportado pela armação.

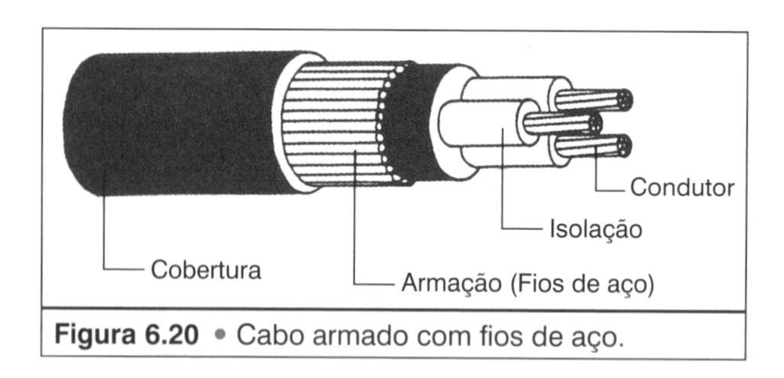

Figura 6.20 • Cabo armado com fios de aço.

Armações com fitas corrugadas intertravadas (*interlocked*)

Este tipo de armação cumpre o mesmo objetivo que a composta por fitas planas, ou seja, proteger o núcleo do cabo contra esforços mecânicos radiais.

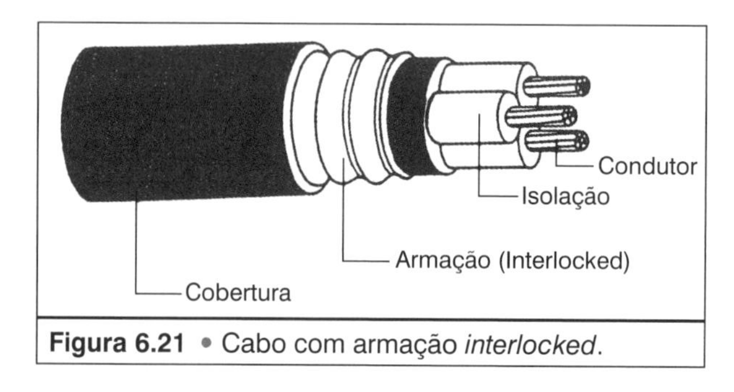

Figura 6.21 • Cabo com armação *interlocked*.

No caso de cabos unipolares, para se evitar perdas adicionais, são empregados materiais não magnéticos, tais como: fios ou fitas de cobre ou bronze e fios e fitas de alumínio.

Comentários

Do que foi exposto podemos concluir que:

- Um cabo ou fio é constituído de um material condutor, normalmente central, que é o cobre ou o alumínio, podendo-se usar em casos especiais alguma liga destes materiais. Note que as normas NBR 5410 e 4049 possuem tabelas específicas para cada caso.
- Envolvendo cada material condutor, temos uma série de camadas, com funções especificas, visando:

- Distribuir campos elétricos, para evitar perfurações nos pontos e concentração de campo. Este problema é somente crítico nos cabos de média e alta tensões, razão pela qual os cabos de baixa tensão não têm estas camadas.
- Isolar a parte condutora das diferenças de potencial entre fase-fase e fase-terra. São usados diversos materiais isolantes, e periodicamente são desenvolvidos novos, com características dielétricas melhores para a maioria das condições do ambiente em que os cabos são instalados.
- Na escolha do material isolante, não deixar de observar a temperatura que cada um suporta dentro de uma vida útil estimada em cerca de 20 anos. Essa temperatura é a soma da temperatura ambiente e mais o aquecimento devido às perdas joule, estas últimas função da seção condutora e da corrente. Portanto, para uma seção econonicamente aceitável, estabelece-se a capacidade de condução de corrente, dada nas tabelas da norma da ABNT NBR 5410.

Exemplos.

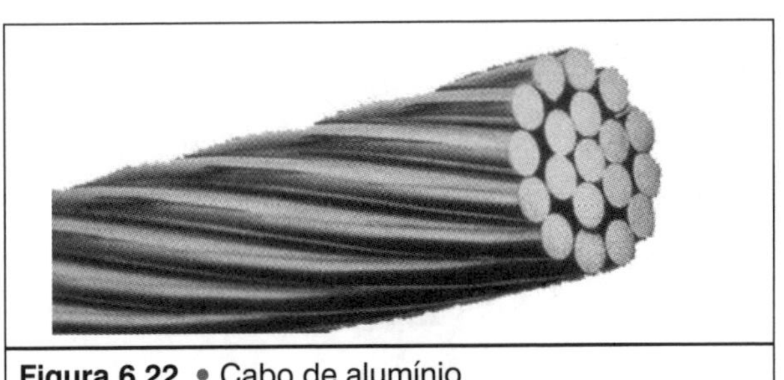

Figura 6.22 • Cabo de alumínio.

Aplicação: cabos de alumínio para instalação aérea. Cabo nu, sem isolação, alumínio liga 1350. **Norma:** NBR 7270 e NBR 5271.

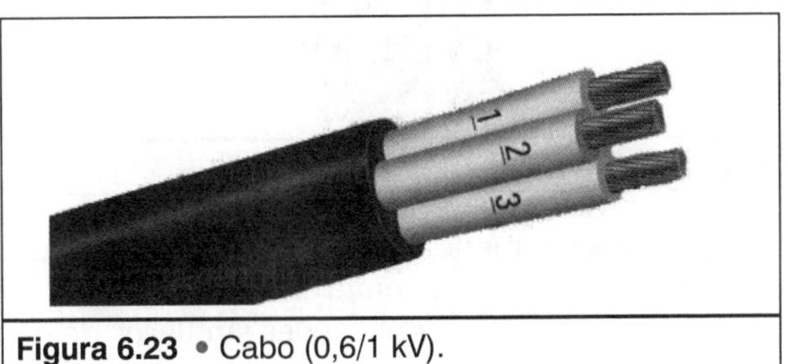

Figura 6.23 • Cabo (0,6/1 kV).

Aplicação: Cabos de comando, baixa tensão, para instalações comerciais e industriais.

Cobre: classe 2, redondo normal até 6 mm², redondo compacto para 10 mm² e acima.

Isolação: PVC.

Norma: NBR 7288. **Identificação:** (cabos multipolares).

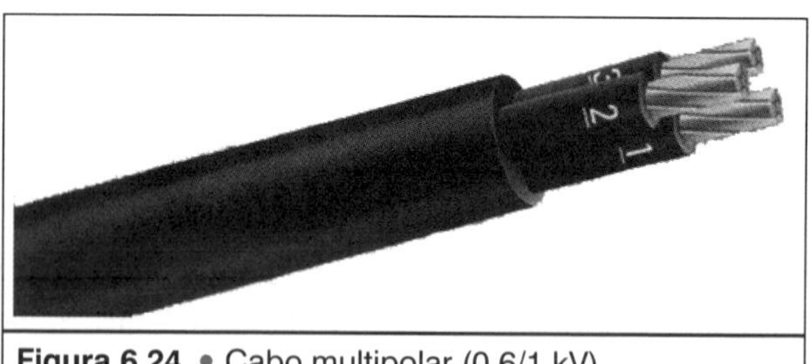

Figura 6.24 • Cabo multipolar (0,6/1 kV).

Aplicação: Os cabos são recomendados para instalações fixas em circuitos de alimentação, em locais secos ou úmidos.

Condutores: um.

Cobre: classe 2, redondo normal até 6 mm², redondo compacto para 10 mm² e acima.

Alumínio: classe 1. Classe 2, redondo compacto, para 10 mm² e acima.

Cobertura: PVC.

Isolação: XLPE.

Norma: NBR 7285.

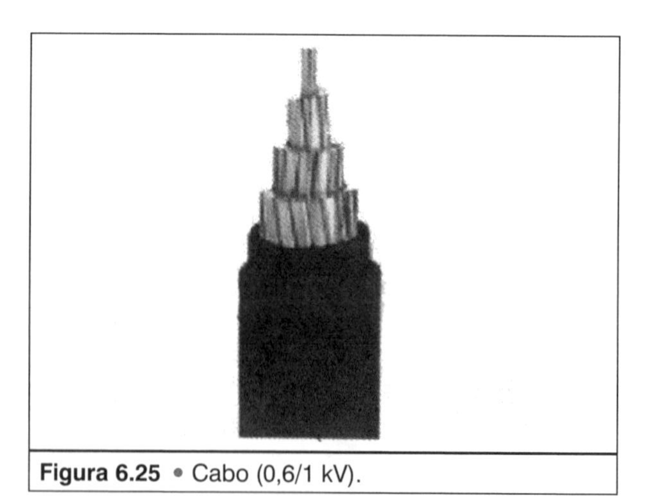

Figura 6.25 • Cabo (0,6/1 kV).

Aplicação: Os cabos são recomendados para o uso em circuitos de alimentação e distribuição em estações, instalações comerciais e industriais, ao ar livre ou subterrâneas, em locais secos ou úmidos e aplicações similares de qualquer espécie.

Cobre: classe 5.

Isolação: XLPE.

Cobertura: PVC.

Norma: NBR 7287.

3 • DADOS NECESSÁRIOS PARA O DIMENSIONAMENTO DE CONDUTORES

Para a escolha correta de um cabo, devemos ter em mãos as seguintes informações:

- norma de instalação que se aplica ao local de uso do condutor. No caso, basicamente a NBR 5410, em sua mais recente edição;
- Un = tensão nominal da rede de alimentação (V ou kV);
- Ik = corrente de curto-circuito (kA);
- In = corrente nominal (A) ou Pn = potência nominal (W ou kW);
- temperatura no local e comparar com a temperatura de referência;
- ambiente seco ou úmido. Se for instalação subterrânea, consistência do solo e sua resistividade térmica;
- local sujeito a vibrações intensas;
- tipo de cabo que vai usar e o número de polos (uni ou multipolar);
- definir o modo de instalar o cabo, pois isso influencia a capacidade de condução de corrente;
- tipo de isolação escolhida;
- instalação aérea ou subterrânea, e daí necessidade ou não de armação;
- condutor de cobre ou de alumínio. Verificar eventuais limitações determinadas por normas de instalação;
- se for subterrâneo, a resistividade térmica do meio no qual o condutor vai ser instalado e envolvido, e comparar com o valor de referência da norma;
- definir a norma da Especificação a ser aplicada, e a consequente norma de Ensaio, para fazer a análise dos valores a serem obtidos no ensaio de aceitação, e rejeitar ou não o produto ensaiado;
- fazer o dimensionamento da seção condutora, usando os métodos da capacidade de condução de corrente permanente, da circulação da corrente de curto-circuito, da seção mínima, da queda de tensão e eventualmente, das solicitações mecânicas atuantes;
- escolher a maior das seções assim calculadas e escolher a primeira bitola padronizada acima do valor calculado.

Dispositivos de manobra e de proteção de baixa tensão – Generalidades

No nosso circuito elétrico de referência, partindo da alta tensão e através de uma série de funções e componentes, o estágio final em termos elétricos é encontrado na baixa tensão, onde estão os consumidores industriais e domiciliares. É junto ao consumidor que encontramos os recursos de manobra e proteção, razão pela qual este é o próximo assunto que vamos analisar.

Neste capítulo, seguindo a orientação até aqui acompanhada, vamos nos ater a diversos conceitos básicos e detalhar o funcionamento e o dimensionamento desses componentes.

A norma básica que se aplica a estes componentes é a NBR 5410. Para mais detalhes veja os itens 3 e 4 deste capítulo.

1 • CONCEITOS, EQUIPAMENTOS E APLICAÇÕES INDUSTRIAIS EM CORRENTE ALTERNADA

Objetivos

Dentro das **aplicações de potência** da eletricidade, a **parte industrial** é sem dúvida uma das mais importantes, sobretudo porque representa a transformação da energia elétrica como parte de um produto, que por sua vez pode tanto ser de consumo quanto representar um novo meio de produção.

Como tal, é frequentemente integrante das atividades exercidas pelos profissionais da área, seja na forma de **projetos elétricos, instalação dos equipamentos** e **acessórios,** quanto de **manutenção** dos mesmos, esse último fator fundamental para que se obtenha elevada **rentabilidade** e **racionalização** dos procedimentos industriais e, com isso, **custos** e **preços** otimizados.

Dentro desses enfoques, o presente texto se destina a integrar os seus leitores tanto no conceito técnico e construtivo dos principais componentes dessas áreas de atividade quanto fornecer os dados que permitam estabelecer e desenvolver os **critérios de raciocínio,** que vão levar a escolha da **melhor solução** que o caso em análise requer.

Destina-se este conteúdo também a ser parte de um programa de ensino médio e de nível superior, na **área de potência**, e como tal, sem prejuízo da parte de aplicações profissionais, **citar e justificar fatores fundamentais** que devem estar presentes no conjunto de conhecimentos que seus leitores devem possuir. Baseado nesses fatos, durante o próprio desenrolar das análises, mais conceitos serão comentados e integrados ao objetivo maior que é o de criar uma **elevada capacidade de raciocínio**, entendendo e aplicando o **"porquê"** de certos projetos apresentarem problemas, por não terem sido adequadamente detalhados na hora do projeto, da instalação e da manutenção.

Pré-requisitos

Entendendo-se o conteúdo que segue como parte de um PROGRAMA DE ENSINO REGULAR ou de um curso de complementação a profissionais já formados, é útil lembrar que o funcionamento de dispositivos mencionados a seguir vem baseado em princípios eletromagnéticos e físicos, que são:

- Conceito e formulação de tensão, corrente e potência elétricas, tanto em corrente contínua quando alternada.
- Significado de potência ativa, reativa e aparente.
- Defasamento angular tensão-corrente e consequente significado de fator de potência.
- Fenômeno da indução eletromagnética e da força etetromotriz induzida.
- Criação de campos magnéticos, linhas de campo magnético e forças de atração/repulsão magnética.
- Causas do aparecimento de correntes parasitas em núcleos magnéticos e meios de limitá-las, e as perdas magnéticas.
- Resistividade elétrica, fatores que a definem (mobilidade do elétron, número de elétrons livres e carga unitária do elétron, além da temperatura) e resistência elétrica.
- Perdas joule e decorrente elevação de temperatura e suas consequências.
- Conceito de reatâncias capacitiva e indutiva, e de impedância elétricas.

2 • EQUAÇÕES BÁSICAS

Potência ativa

$$P = U \times I \times k$$

onde

U= tensão elétrica (atenção: não use o termo VOLTAGEM);

I = corrente elétrica (atenção: não use o termo AMPERAGEM);

k = **fator que depende do tipo de rede, a saber:**

k = 1, no caso de corrente contínua;

k = fator de potência x rendimento, no caso de corrente alternada monofásica;

k = raiz quadrada de três x fator de potência x rendimento, no caso de corrente alternada trifásica.

Unidade de medida: o **watt** (W), e, em fase de substituição, o **cavalo-vapor** (cv). O cavalo-vapor (cv) está sendo eliminado na caracterização da potência de motores, pois não é unidade de medida elétrica, e, sim, mecânica, segundo o sistema SI.

Potência reativa

Definição: em regime permanente senoidal, é a parte imaginária da potência complexa.

$$Pr = U \times I,$$

onde: U e I tem o mesmo significado indicado acima.

Unidade de medida: o **volt-ampére (VA).**

Potência aparente

Definição: Produto dos valores eficazes da tensão e da corrente.

Nota: Em regime permanente senoidal, é o módulo da potência complexa.

Unidade de medida: também o **volt-ampére (VA).**

Potência complexa

Definição: Para tensão e corrente senoidais, é o produto do fasor tensão pelo conjugado do fasor corrente.

Unidade de medida: produto vetorial de **volt-ampére (VA).**

Perdas

Definição: Diferença entre a potência de entrada e a de saída.

Unidade de medida: o **watt** (W).

Observe-se que existem diversos tipos de perdas, tais como no cobre (as do condutor, ou perdas joule), no ferro (as do núcleo magnético), dielétricas (as do material isolante), ou, ainda, as perdas em carga, em vazio e as totais.

Característica comum dessas perdas é a de se apresentarem na forma de uma elevação de temperatura (aquecimento), a qual deve ser acrescida à temperatura ambiente, e a soma das duas deve ser perfeitamente **suportada pelos materiais utilizados** na construção do componente ou equipamento por um tempo especificado em norma respectiva.

A correlação entre o nível de temperatura suportável, as perdas, a corrente admissível e a potência disponível leva a algumas conclusões importantes, a saber:

1. Quanto **maior a temperatura admissível** nos materiais utilizados (sobretudo nos isolantes, que são mais críticos nesse aspecto), **maior a potência disponível** no componente ou equipamento.
2. Quanto maior a **temperatura ambiente,** atuando sobre um dado equipamento, **menor é a potência disponível.**
3. Quanto **mais intensa a refrigeração** (troca de calor) que atua sobre o equipamento, **maior é a potência disponível.**

Essas conclusões podem ser muito importantes quando do **dimensionamento e instalação de um equipamento,** e nos levam à necessidade de um levantamento completo das condições ambientais, no local da instalação.

Perdas joule

São dadas por:

$$Pj = I^2 \times R,$$

onde

Pj = perdas joule, medidas em watts (W);

I = **corrente passante** (A);

R =**resistência elétrica do circuito** (Ω).

Unidade de medida: o **watt** (W).

Resistência elétrica

R = **resistividade elétrica** (ρ) x comprimento do condutor (l)/seção condutora (S).

O valor dessa resistência, e também da resistividade, é dependente da temperatura: quanto maior a temperatura, menor o valor de R.

Unidades de medida:

- da resistência elétrica, **o ohm** (Ω);
- da resistividade elétrica, **o ohm x milímetro quadrado/metro** (Ω x mm^2/m);
- da seção, **em milímetros quadrados** (mm^2).

Aquecimento dos componentes

O aquecimento é dado por:

$$Q = I^2 \times t$$

onde:

Q aquecimento, medido em **joules** (J) ou em **calorias** (cal).

A caloria é uma unidade de medida ainda admitida temporariamente. A unidade oficial é o joule. Lembrar que 1 cal = 4,1868 J.

Essas são algumas das fórmulas que devem ser lembradas, durante a análise do que segue.

3 • NORMALIZAÇÃO TÉCNICA

Ao tratarmos de assuntos técnicos, como no presente caso, é de fundamental importância que o futuro profissional seja orientado no sentido de saber que **o atendimento às Normas Técnicas é condição primeira e básica para o correto desempenho de suas atividades.** Em outras palavras, não atender a norma nos seus projetos, construção de componentes, instalação de sistemas e sua manutenção, leva a soluções inadmissíveis no meio técnico e vão prejudicar a confiabilidade da atuação desse profissional.

Consequentemente, todo aquele que exerce ou vai exercer uma atividade técnica, deve estar atualizado no que diz respeito às normas publicadas pela Associação Brasileira de Normas Técnicas – ABNT, analisar e aplicar seus conteúdos, ficando o profissional com a liberdade de utilizar soluções comprovadamente melhores do que as definidas nessas normas. **Portanto, as condições citadas nas normas são CONDIÇÕES MÍNIMAS a serem atendidas.**

As normas técnicas brasileiras, de acordo com a regra básica estabelecida dentro da ABNT, devem estar coerentes com as normas internacionais da Comissão Eletrotécnica Internacional – IEC, que engloba todas as normas da área elétrica com exceção das ligadas à transmissão de pulsos, como é o caso das de telecomunicações no seu todo. Isso, para que não hajam conflitos em termos internacionais, seja dos produtos aqui produzidos, seja de tecnologias importadas. Entretanto, em algumas áreas de produtos, como é o caso de transformadores de distribuição, e como consequência da tradição que foi implantada há muito tempo por fabricantes, outras normas poderão excepcionalmente ser a referência.

As normas da ABNT vêm caracterizadas por um conjunto de letras (NBR) e um número que o identifica. As letras NBR significam Norma Brasileira de Referência, sendo que em termos de conteúdo, assim se apresentam:

- As NORMAS GERAIS, aplicadas às **metodologias de instalação e de projeto.**

  Por exemplo, a norma de INSTALAÇÕES ELÉTRICAS DE BAIXA TENSÃO – NBR-5410.

- As ESPECIFICAÇÕES, que indicam **as condições técnicas a serem atendidas.**

  Por exemplo, as condições técnicas que devem estar presentes num CABO DE COBRE ISOLADO COM PVC estão definidas na norma NBR 7288, para um nível de tensão entre 1 kV e 6 kV.

- Os MÉTODOS DE ENSAIO, que, como o próprio nome diz, definem **os procedimentos normalizados a serem seguidos** quando do ensaio de um componente ou equipamento, nos seus mais diversos aspectos: montagem do circuito ou do dispositivo de ensaio, instrumentação quanto a sua exatidão, temperatura de referência, altitude de referências etc. Nota-se portanto, que:
  1. Ao fazer o ensaio de um componente para a determinação de suas características nominais e eventuais, **existe uma regulamentação que vem baseada em fatores necessariamente presentes para que essas características existam.** Serão essas as características a serem gravadas na PLACA DE CARACTERÍSTICAS, que identificam o componente ou equipamento. Se entretanto, fatores como temperatura, altitude etc. forem diferentes.
  2. Esta estrutura das normas brasileiras está sendo modificada para uma **única** norma por produto, que já engloba todos os aspectos (especificação, ensaios, representação gráfica e literal, eventual padronização aplicável ao produto), tornando desnecessária a consulta a diversos textos de norma, acompanhando a sistemática da IEC.
  3. As normas técnicas acompanham a evolução das técnicas e de matériais-primas. Consequentemente, são feitas periodicamente revisões e novas publicações, com **conteúdos parcialmente diferentes, o que invalida a edição anterior dessa norma,** na qual se mantém o número e se altera o ano de publicação. Portanto, é necessário cuidado no uso de uma norma, para que se tenha certeza de que o texto que estamos usando **realmente está em vigor**!
- As normas de SÍMBOLOS GRÁFICOS e de SÍMBOLOS LITERAIS (veja os anexos) que informam como um componente deve ser identificado no seu esquema de ligação, tanto no desenho do símbolo quanto na letra que o deve caracterizar. No presente texto, vamos encontrar um extrato dos principais símbolos gráficos e a reprodução da tabela de símbolos literais da NBR 5280.
- Algumas normas de PADRONIZAÇÃO, necessárias em alguns casos de partes e componentes elétricos, para permitir a intercambialidade. Por exemplo: altura do eixo de motores, por grupo de potências.
- Em todas essas normas, existe o item DEFINIÇÕES, que contém a TERMINOLOGIA TÉCNICA a ser utilizada. Essa terminologia está intimamente ligada ao SISTEMA INTERNACIONAL DE UNIDADES DE MEDIDA – SI, que contém as grandezas físicas, sua representação e as unidades de medida e suas abreviaturas e modo de redação. Portanto, sem entrarmos nesses enfoques, devemos ter presente a necessidade de conhecer detalhadamente o SISTEMA SI. Para esclarecer dúvidas relativas a Unidades

de Medida, consultar o Instituto Nacional de Metrologia, Normalização e Qualidade Industrial – INMETRO.

4 • NORMAS TÉCNICAS UTILIZADAS NO PRESENTE TEXTO

As normas aplicáveis aos componentes citados no texto que segue têm a referência IEC. Vamos entender esse detalhe. No antes exposto, ficou citado que as normas da ABNT seguem basicamente as normas da IEC, salvo algumas exceções. Vimos também que os conteúdos são periodicamente atualizados, de modo que cada vez que a norma IEC é atualizada, segue-se, após algum tempo, a atualização da norma brasileira. Como, entretanto, os fabricantes devem apresentar aos seus consumidores sempre produtos de acordo com as últimas condições normativas existentes, a indústria opta, por exemplo, em indicar as normas IEC atualizadas como referência de seus produtos, que sempre antecedem às normas regionais, como as da ABNT. Por essa razão, as normas citadas no presente caso são:

- IEC 947-1 Equipamentos de manobra e de proteção em baixa tensão – Especificações.
- IEC 947-2 Disjuntores.
- IEC 947-3 Seccionadores e seccionadores-fusível.
- IEC 947-4 Contatores de potência, relés de sobrecarga e conjuntos de partida.
- IEC 947-5 Contatores auxiliares, botões de comando e auxiliares de comando.
- IEC 947-7 Conectores e equipamentos auxiliares.
- IEC 269-1 Fusíveis para baixa tensão.
- IEC 439-1 Conjuntos de manobra e comando em baixa tensão.
- NBR 5410 Instalações Elétricas de Baixa Tensão.
- NBR 5280 Símbolos Literais de Eletricidade.
- Símbolos Gráficos (diversas normas IEC / DIN / NBR).

Terminologia

Para o devido entendimento dos termos técnicos utilizados nesse texto, destacamos os que seguem, extraídos das respectivas normas técnicas.

Seccionadores[1]

Dispositivo de manobra (mecânico) que assegura, na posição aberta, uma distância de isolamento que satisfaz requisitos de segurança especificados.

---

[1] Um seccionador deve ser capaz de fechar ou abrir um circuito, ou quando a corrente estabelecida ou interrompida é desprezível, ou quando não se verifica uma variação significativa na tensão entre terminais de cada um dos seus polos.

Interruptor

Chave seca de baixa tensão, de construção e características elétricas adequadas à manobra de circuitos de iluminação em instalações prediais, de aparelhos eletrodomésticos e luminárias, e aplicações equivalentes.[2]

Contator

Dispositivo de manobra (mecânico) de operação não manual, que tem uma única posição de repouso e é capaz de estabelecer (ligar), conduzir e interromper correntes em condições normais do circuito, inclusive sobrecargas de funcionamento previstas.

Disjuntor

Dispositivo de manobra (mecânico) e de proteção, capaz de estabelecer (ligar), conduzir e interromper correntes em condições normais do circuito, assim como estabelecer, conduzir por tempo especificado e interromper correntes em condições anormais especificadas do circuito, tais como as de curto-circuito.

Fusível encapsulado

Fusível cujo elemento fusível é completamente encerrado num invólucro fechado, o qual é capaz de impedir a formação de arco externo e a emissão de gases, chama ou partículas metálicas para o exterior quando da fusão do elemento fusível, dentro dos limites de sua característica nominal.

Relé (elétrico)[3]

Dispositivo elétrico destinado a produzir modificações súbitas e predeterminadas em um ou mais circuitos elétricos de saída, quando certas condições são satisfeitas no circuito de entrada que controlam o dispositivo.

Um seccionador deve ser capaz também de conduzir correntes em condições normais de circuito, e também de conduzir por tempo especificado correntes em condições anormais do circuito, tais como as de curto-circuito.

2 NA: Essa manobra é entendida como sendo em condições nominais de serviço. Portanto, o interruptor interrompe cargas nominais.

3 NA: O relé, seja de que tipo for, não interrompe o circuito principal, mas, sim, faz atuar o dispositivo de manobra desse circuito principal.

Assim, existem relés que atuam em sobrecorrente ou sobrecarga e de curto-circuito, ou de relés que atuam perante uma variação inadmissível de tensão. Assim, os relés de sobrecorrente ou sobrecarga (ou simplesmente relés de sobrecarga), são do tipo térmicos, quando atuam em função do efeito joule da corrente sobre sensores bimetálicos, ou senão eletrônicos, que atuam em função de sobrecarga e que podem adicionalmente ter outras funções, como supervisão dos termistores (que são componentes semicondutores), ou da corrente de fuga.

Quanto às **grandezas elétricas** mais utilizadas nesse estudo, destacamos:

Corrente nominal

Corrente cujo valor é especificado pelo fabricante do dispositivo.[4]

Corrente de curto-circuito

Sobrecorrente que resulta de uma falha, de impedância insignificante entre condutores energizados que apresentam uma diferença de potencial em funcionamento normal.

Corrente de partida

Valor eficaz da corrente absorvida pelo motor durante a partida, determinado por meio das características corrente-velocidade.

Sobrecorrente

Corrente cujo valor excede o valor nominal.

Sobrecarga

A parte da carga existente que excede a plena carga.[5,6]

Capacidade de Interrupção

Um valor de corrente presumida de interrupção que o dispositivo é capaz de interromper, sob uma tensão dada e em condições prescritas de emprego e funcionamento, dadas em normas individuais.[7]

Resistência de contato

Resistência elétrica entre duas superfícies de contato, unidas em condições especificadas.[8]

---

[4] NA: Essa corrente é obtida quando da realização dos ensaios normalizados, conforme comentário anterior.

[5] Esse termo não deve ser utilizado como sinônimo de "sobrecorrente".

[6] NA: "Sobrecorrente" é um termo que engloba a "Sobrecarga" e o "curto-circuito".

[7] NA: A "capacidade de interrupção" era antigamente chamada de "capacidade de ruptura", termo que não deve mais ser usado. O valor da "capacidade de interrupção" é de particular importância na indicação das características de disjuntores, que são, por definição, dispositivos capazes de interromper correntes de curto-circuito, o que os demais dispositivos de manobra não fazem.

[8] NA: Esse valor é de particular interesse entre peças de contato, onde se destaca o uso de metais de baixa resistência de contato, que são normalmente produzidas por metais de baixo índice de

5 • REPRESENTAÇÃO GRÁFICA E LITERAL DOS COMPONENTES DE UM CIRCUITO

Um esquema elétrico (e não um diagrama) é a representação dos componentes que o compõe, de acordo com as normas de Símbolos Gráficos e Símbolos Literais. Vejamos o esquema de um **circuito de manobra principal** abaixo representado, por uma instalação elétrica industrial.

No caso, trata-se de uma representação UNIFILAR, que é bastante esclarecedora quanto aos componentes do circuito, mas perdem-se detalhes do tipo "em que fase estão ligados os componentes". Para eliminar esse inconveniente, é necessário fazer a representação MULTIFILAR. No presente caso, que é o de uma rede trifásica (L1, 2, 3), passaria a ser uma representação TRIFILAR. Ou senão, no esquema de comando que segue, o de uma representação BIFILAR, pois nesse caso temos um circuito alimentado por dois condutores em forma monofásica ou bifásica.

Existem algumas condições básicas que devem ser respeitadas, ao reunir os componentes de um circuito, as quais podemos sintetizar do seguinte modo:

- A entrada do sistema deve possuir a melhor qualidade de operação e proteção para atender com segurança as circunstâncias de PIOR CASO, como, por exemplo, proteger os componentes contra a ação térmica e dinâmica da corrente de curto-circuito.
- A estrutura do sistema é basicamente dada pela necessidade da divisão de cargas, assegurando uma elevada praticidade e confiabilidade ao sistema, bem como atender a certas imposições normalizadas, tal como no caso da partida de motores, com a inserção de chaves de partida para potências nas quais as normas o exigem.
- Ao ser feita a montagem de um tal circuito, observar corretos métodos de instalação, bem como, na hora de aplicar carga, atender a orientação da respectiva norma de "aplicação de carga", para não prejudicar o seu desempenho futuro.
- Semelhantemente ao item anterior, conhecer a metodologia de manutenção citada na norma do produto em questão, para assegurar uma VIDA ÚTIL mais prolongada possível. Com isso, são minimizados investimentos futuros para manter o sistema funcionando, o que eleva a rentabilidade da instalação industrial alimentada por esse circuito.

---

oxidação, ou senão ainda, quando duas peças condutoras são colocadas em contato físico, passando a corrente elétrica de uma superfície a outra.

É por exemplo, o que acontece entre o encaixe de fusíveis na base e a peça externa de contato do fusível, que não pode ser fabricada com materiais que possam apresentar elevada resistência de contato.

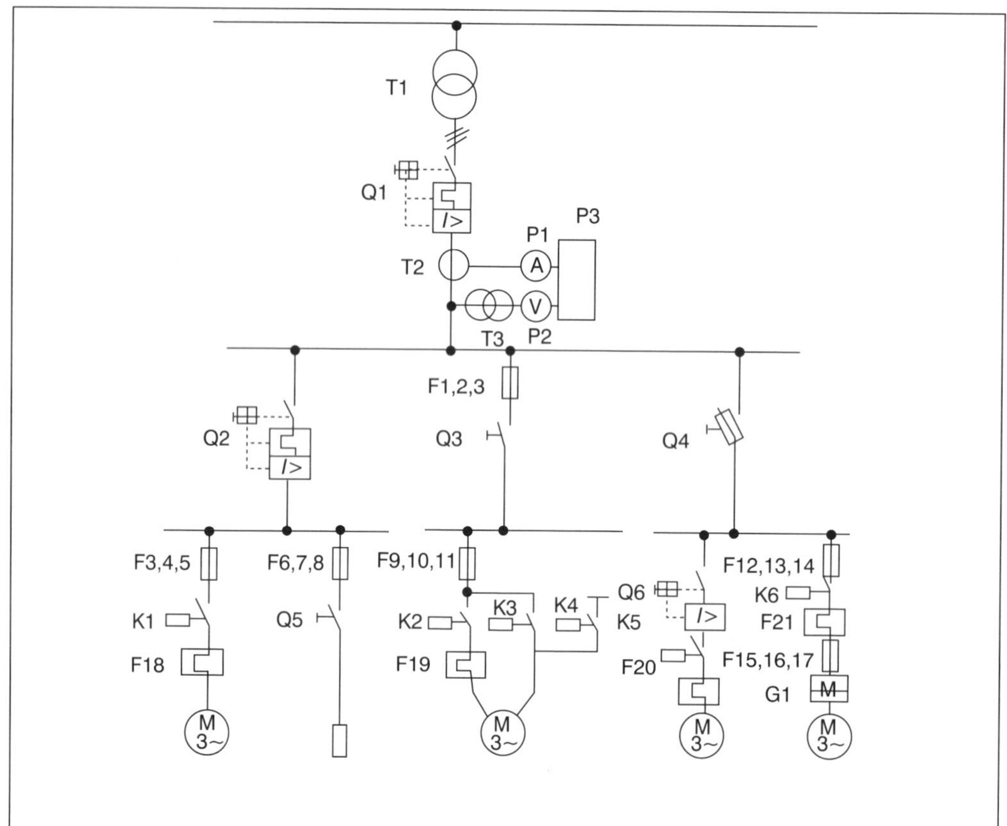

T1 – Transformador de alimentação.
Q1 – Disjuntor de entrada.
T2 – Transformador de medição para corrente.
T3 – Transformador de medição para tensão.
P1 – Amperímetro para medição de corrente.
P2 – Voltímetro para medição de tensão.
P3 – Equipamento de múltipla medição.
Q2 – Disjuntor para distribuição.
Q3 – Seccionador sob carga de distribuição.
F1, 2, 3 – Fusíveis para proteção na distribuição.
Q4 – Seccionador-fusível para manobra e proteção na distribuição.

F3, 4, 8 a F12, 13, 14 – Fusíveis retardados dos ramais de motores.
K1 a K5 – Contatores para manobra dos motores.
F18 a F21 – Relés de sobrecarga para proteção dos motores.
Q5 – Seccionador para manobra direta da carga.
Q6 – Disjuntor de entrada para ramal de motor.
K6 – Contator de entrada para ramal de motor.
F15, 16, 17 – Fusíveis ultrarrápidos para proteção de eletrônica de potências.
G1 – Partida suave (soft-starter).

Os circuitos de manobra principais têm normalmente associados a eles os **circuitos de comando,** nos quais estão ligados os componentes para manobra manual e automática, e de proteção.

Um desses circuitos está representado no que segue, e no caso se trata do circuito de comando de uma partida estrela-triângulo. O funcionamento e uso dos mesmos serão objeto de comentários posteriores.

Circuito de comando

Exemplo: Partida estrela-triângulo

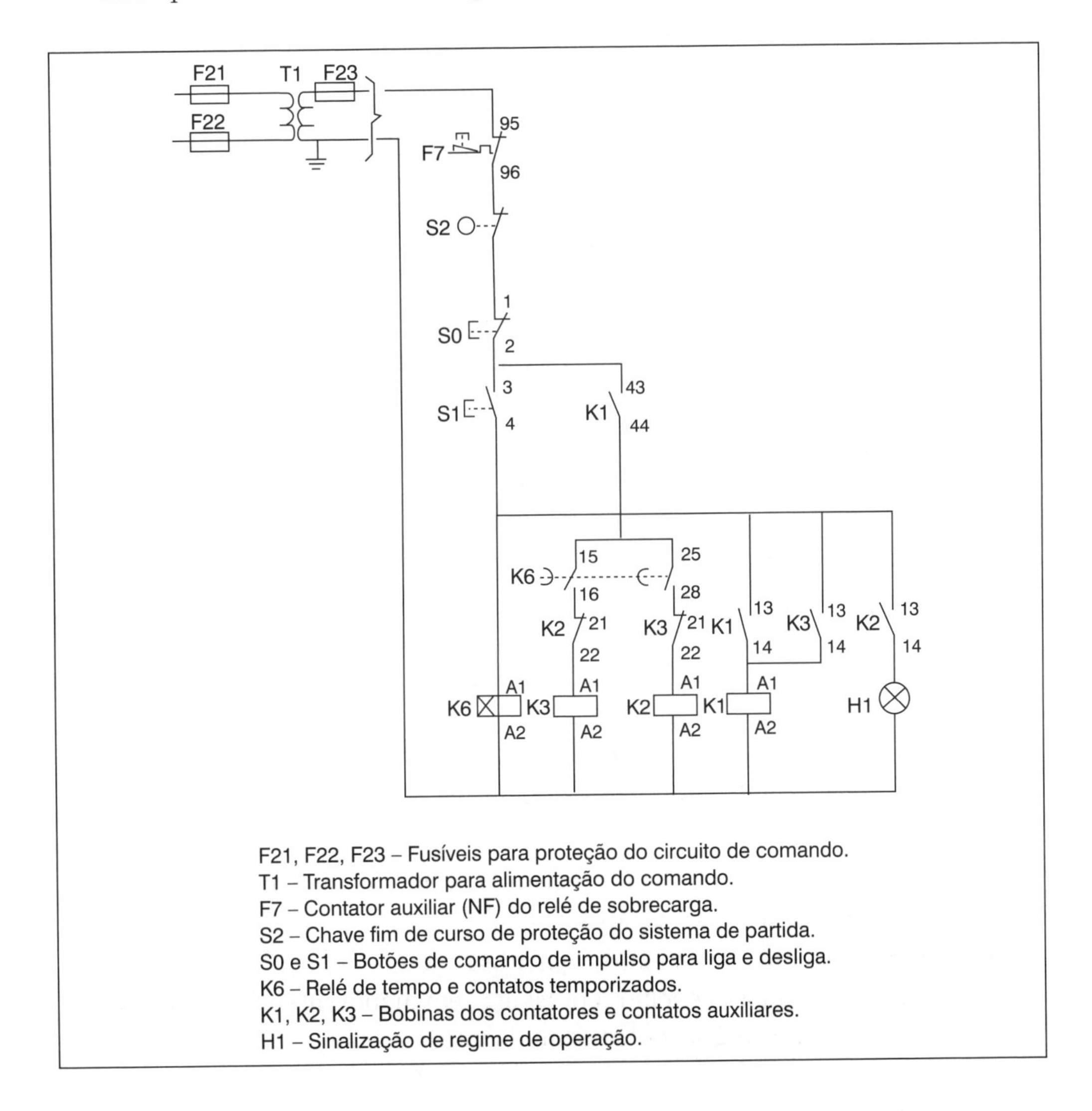

F21, F22, F23 – Fusíveis para proteção do circuito de comando.
T1 – Transformador para alimentação do comando.
F7 – Contator auxiliar (NF) do relé de sobrecarga.
S2 – Chave fim de curso de proteção do sistema de partida.
S0 e S1 – Botões de comando de impulso para liga e desliga.
K6 – Relé de tempo e contatos temporizados.
K1, K2, K3 – Bobinas dos contatores e contatos auxiliares.
H1 – Sinalização de regime de operação.

6 • GRANDEZAS QUE CARACTERIZAM UM COMPONENTE/EQUIPAMENTO

Cada componente/equipamento tem gravado externamente, através de uma placa de características ou de uma gravação em alto ou baixo relevo, as grandezas principais que o caracterizam. Nos manuais/catálogos técnicos que o acompanham, mais outros dados importantes poderão estar sendo mencionados.

Assim, no caso de componentes elétricos, são básicas as indicações:

- Tensão (elétrica) nominal (U_n) e corrente (elétrica) nominal (I_n).
- Frequência nominal (f_n).
- Potência presente no circuito a que se destina (P_n).
- Eventualmente a corrente máxima de curto-circuito, no caso de disjuntores (I_{cu} / I_{cs}).
- Normas que se aplicam aos componentes, tanto as especificações quanto os métodos de ensaio.

Observe: o símbolo da grandeza "tensão elétrica" é o U e não o V. Esse último é a abreviatura de sua **unidade de medida** (volt), e não da grandeza tensão elétrica.

Somada a essas indicações, vem também a indicação de como o fabricante caracteriza o seu produto.

Mas, ao lado dessas grandezas básicas, há outras tão importantes quanto essas, que caracterizam os produtos, e que passarão a ser analisadas agora:

Curvas de carga

As cargas elétricas (p.ex. lâmpadas incandescentes) ou eletromecânicas (p.ex. motores) alimentadas por um circuito elétrico apresentam características elétricas diferentes, como pode ser observado pelas ilustrações do presente capítulo.

Basicamente, temos três tipos de cargas das quais uma sempre predomina em cada componente/equipamento, sem porém deixar de existir uma parcela de outras formas de carga simultaneamente presente. Assim:

- Cargas indutivas, como a dos motores elétricos. Porém, a presença de um certo efeito resistivo, manifestado pela existência das perdas joule, comprova que, ao lado dessa carga indutiva, encontramos, não sem importância, a carga resistiva.
- Cargas predominantemente resistivas, como as encontradas em fornos elétricos e lâmpadas incandescentes.
- Cargas predominantemente capacitivas, como a encontrada nos capacitores, sem com isso excluir a presença, em menor intensidade, de cargas indutivas ou resistivas nesse componente.

Vamos fazer uma análise mais detalhada de cada uma das três formas de curvas de carga.

1. **Cargas indutivas.**

   Se caracterizam por uma corrente de arranque e de partida, algumas vezes maior que a nominal, corrente essa que vai atenuando sua intensidade com o passar do tempo, ou seja, conforme o motor vai elevando sua velocidade, como pode ser visto no gráfico que tem no eixo dos tempos a unidade de medida segundo, e no eixo das correntes, o múltiplo da corrente presente (x I_e), que depende da categoria de emprego, ficando (x I_e em AC-1, AC-3). Essa corrente maior é consequente da necessidade de uma potência maior no início do funcionamento do motor, para vencer as inércias mecânicas ligadas ao seu eixo, que em última análise são as apresentadas pela máquina mecânica que o motor deve movimentar. Uma vez vencida a inércia, o motor reduz a corrente e alcança o seu valor nominal (I_n).

Devido à corrente de partida maior que a nominal, surgem **perdas elétricas e flutuações na rede**, que precisam ser controladas. Lembrando que, para uma certa tensão de alimentação, a corrente é diretamente proporcional à potência; os problemas citados são aceitáveis para cargas indutivas de pequeno valor, exigindo, porém, medidas de redução da potência envolvida para cargas de valor mais elevado.

Nesse sentido, na área da baixa tensão, cujos circuitos devem atender a norma NBR 5410, encontramos a determinação de que somente para potências motoras **até 3,7 kW** (5 cv), inclusive a ligação dessa carga indutiva pode ser feita **diretamente**, sem a redução supramencionada. Acima dessa potência, o primeiro passo é a consulta à concessionária de energia **no local da instalação desse motor**, sobre o limite até o qual é permitida a partida direta, a plena tensão, pois esse valor depende das condições de carga em que a rede de alimentação se encontra. **É importante não esquecer desse detalhe na hora de definir o circuito de alimentação de uma carga motora, sob pena de fazer um projeto errado.**

2. **Cargas resistivas.**

   Pela análise da curva de carga, nota-se claramente que a relação tempo *x* corrente evolui de um modo totalmente diferente.

   De um lado, no eixo dos tempos, a escala é de milissegundos, demonstrando que a duração de um pico inicial de corrente é muitíssimo menor, e consequentemente menores os efeitos daí resultantes, como é o caso do aquecimento (ver gráfico), enquanto no eixo da corrente continua ser o múltiplo da corrente circulante (x I_e). Por outro lado, é bem maior o pico de corrente, que chega a valores da ordem de 20 vezes o valor nominal. Mas no seu todo, o produto corrente *x* tempo se apresenta bem menos crítico do que no caso das cargas indutivas, o que vai ter uma influência no valor da grandeza de manobra dos dispositivos. Assim, como podemos observar nas informações relativas a capacidade de manobra de contatores, o valor numérico da corrente I_e/AC-1 de um determinado contator é sensivelmente maior do que perante cargas motoras (I_e/AC-2 e AC-3), conforme veremos mais adiante.

3. Cargas capacitivas.

   Vejamos a curva de carga nesse caso. Vamos encontrar, sobre eixos de coordenadas idêntico ao caso anterior, alguns picos de sobrecorrente mais críticos do que nos casos vistos, porém de curta duração. Portanto, o efeito de aquecimento e o dinâmico sobre os componentes do dispositivo são importantes, com um pico de 60 x I_e, o que pode comprometer uma manobra nessa etapa de carga. Por essas razão, dispositivos de manobra para capacitores precisam ser de tipo especial, ou o usuário deve consultar o fabricante sobre qual o dispositivo de manobra a ser usado.

- Potência nominal e corrente nominal (de placa).

  Enquanto a tensão alimentação é um valor da rede, e como tal, constante dentro das tolerâncias permitidas (+/- 5%), a potência nominal (P_n), dada geralmente em watts (W) ou eventualmente ainda em cavalos-vapor (cv), é um valor determinado por meio de ensaios normalizados. Ou seja, baseado em um PROTÓTIPO, e aplicando todos os ensaios previstos em norma, e perante condições elétricas e de ambiente perfeitamente definidas, obtém-se **o valor da potência elétrica disponível** quando a temperatura do componente/equipamento alcança **o valor-limite de aquecimento permitido pelos materiais (condutores, isolantes, magnéticos) utilizados.**

7 • TIPOS DE CARGA

Desenvolvimento de partida

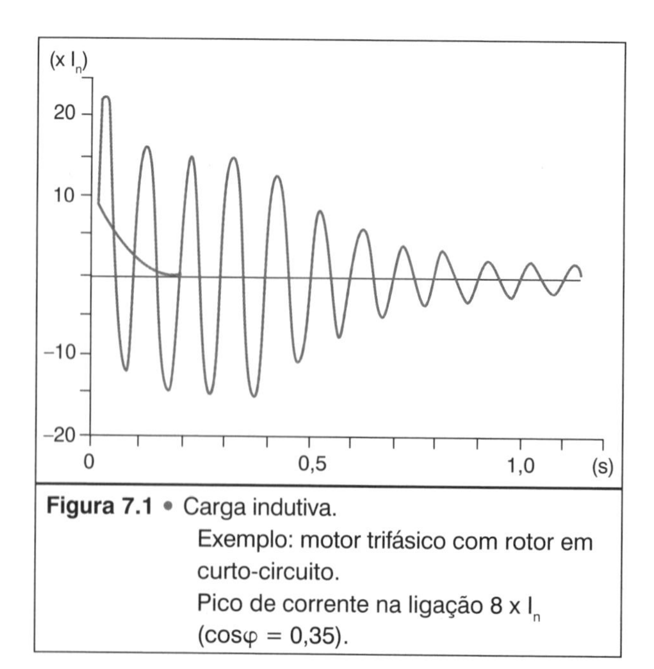

Figura 7.1 • Carga indutiva.
Exemplo: motor trifásico com rotor em curto-circuito.
Pico de corrente na ligação 8 x I_n (cosφ = 0,35).

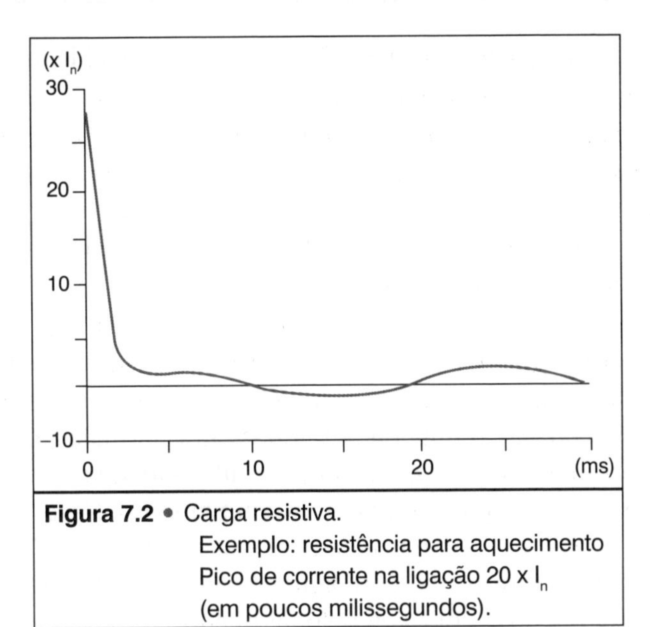

Figura 7.2 • Carga resistiva.
Exemplo: resistência para aquecimento
Pico de corrente na ligação 20 x I_n
(em poucos milissegundos).

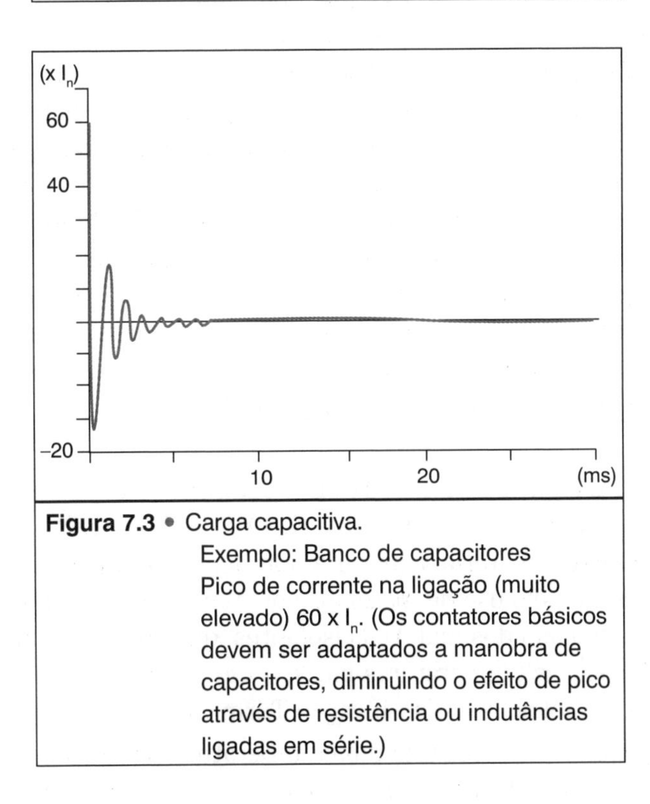

Figura 7.3 • Carga capacitiva.
Exemplo: Banco de capacitores
Pico de corrente na ligação (muito elevado) 60 x I_n. (Os contatores básicos devem ser adaptados a manobra de capacitores, diminuindo o efeito de pico através de resistência ou indutâncias ligadas em série.)

Assim, a potência disponível é uma função da temperatura suportada. Essa conclusão é muito importante, pois justifica a permanente preocupação de se usar cada vez mais materiais que suportem temperaturas mais elevadas, contanto que economicamente viáveis, e de controlar a temperatura nos dispositivos e equipamentos.

Essa temperatura, que é a soma dos fatores térmicos incidentes, é função de:

- Temperatura ambiente. Observe-se que uma vez que a temperatura total é limitada pelos materiais utilizados, quanto mais elevada a temperatura ambiente, menor tem de ser o aquecimento devido às perdas. Essas são parcialmente função das perdas joule, e como tal, função de corrente, que, portanto, precisa ser reduzida. Mas, **reduzindo a corrente, estamos reduzindo a potência disponível.**

  Portanto: A POTÊNCIA DISPONÍVEL É FUNÇÃO DA TEMPERATURA AMBIENTE. **Quanto maior a temperatura ambiente, menor a potência disponível.** E ainda: como antes mencionado, a potência nominal é determinada em ensaio, a uma dada temperatura normalizada. **Sempre que a temperatura no local da instalação for diferente da de ensaio, a potência disponível não é aquela gravada no equipamento.** Nesses casos, para saber qual a potência disponível, é necessário aplicar um fator de correção sobre o valor gravado no equipamento, cujo valor vem especificado na própria norma do produto ou pelo fabricante.
- Elevação de temperatura devido às perdas (elétricas, mecânicas, magnéticas). Vamos inicialmente observar que quaisquer perdas que venham a ocorrer, independentemente de sua origem, leva a um aquecimento, **que assim é somado ao valor da temperatura ambiente,** e que precisa ser suportado pelos materiais utilizados. Essas perdas, e particularmente as perdas joule, são função de corrente elétrica. Portanto, se precisarmos reduzir a elevação de temperatura consequente dessas perdas, e observando que as perdas mecânicas e as magnéticas não podem ser facilmente modificadas, então resulta a solução de, para reduzir o aquecimento, temos que reduzir as perdas joule, ou seja, a corrente elétrica e com isso estamos **reduzindo a potência disponível.**

Portanto: A POTÊNCIA DISPONÍVEL É TAMBÉM FUNÇÃO DA TEMPERATURA-LIMITE SUPORTADA PELOS MATERIAIS UTILIZADOS. **Quanto maior a temperatura-limite dos materiais, maior a potência disponível.** Esse fato justifica o interesse crescente pelo uso de materiais com temperatura-limite maior. A título de informação, e no caso dos materiais isolantes, que são normalmente os termicamente mais frágeis, as temperaturas-limite estão contidas na norma NBR 7034 – Materiais Isolantes Elétricos – Classificação Térmica.

O fato de que cada material tem uma temperatura-limite, acima da qual perde sensivelmente suas características isolantes, destaca a importância dessa norma na hora de o profissional avaliar se um determinado equipamento está ou não operando dentro de seus limites de temperatura. Ou seja, para saber se um dado equipamento/componente está operando acima de suas condições térmicas. Se constatarmos que a temperatura de serviço está acima da de limite, então há necessidade (e rápida) de reduzir a corrente, salvo se pudermos aplicar o que vem citado no tópico seguinte.

- Elevação de temperatura devido à deficiência de troca de calor.

  Se um componente se aquece, mas esse calor é **rapidamente trocado com o ambiente**, então parece claro que a elevação de temperatura **pode não ocorrer.** É o que na verdade, num primeiro caso, acontece quando a temperatura ambiente tem um valor baixo. Portanto, se no primeiro tópico dessa análise dissemos que uma elevada temperatura ambiente diminui a potência disponível, não é menor verdade que, **perante temperaturas ambiente abaixo dos valores de norma, a potência disponível é SUPERIOR ao valor de placa.**

Porém, um outro modo de acelerar a troca de calor é encontrado, se promovermos a rápida retirada do calor dentro ou sobre o componente, mediante uma VENTILAÇÃO apropriada.

Podemos, portanto, ELEVAR A POTÊNCIA DISPONÍVEL, ACELERANDO A TROCA DE CALOR, POR MEIO DE UMA ADEQUADA VENTILAÇÃO.

E SE NÃO DISPUSERMOS DESSE RECURSO, TEREMOS DE **REDUZIR A POTÊNCIA DISPONÍVEL, PELA REDUÇÃO DE CORRENTE.**

Na questão da troca de calor, podemos observar mais um detalhe. Pela análise das normas, observamos que a potência disponível também **é** função da **altitude de instalação,** que é a diferença de altura do local da instalação em relação ao nível do mar. Geralmente, dependendo do componente, as normas consideram uma **altitude normal,** na qual tem de estar disponível **a potência nominal,** valores de altitude até 1 000 ou de 2 000 metros, inclusive, havendo necessidade de uma redução da potência disponível acima desse valor segundo fatores de correção citados em norma do produto ou pelo fabricante (motores, transformadores etc.) **Por que essa limitação?**

Vejamos. A troca final do calor gerado dentro do equipamento, somando à temperatura ambiente, se **faz com o ar,** onde suas moléculas são aquecidas; com isso, diminuem sua densidade, e se deslocam. **Se são as moléculas do ar que recebem o calor, quanto menor o número de moléculas, menor e mais lenta é a troca de calor. Como, com o aumento da altitude, o ar se torna cada vez mais raro e assim com menor número de moléculas, temos de reduzir as perdas, pela redução da corrente e consequente redução da potência disponível, a fim de evitar a destruição do equipamento/componente por aquecimento excessivo.**

É bem verdade que essa redução de troca de calor por redução da densidade do ar é parcialmente compensada pelo fato de, em altitudes maiores, a temperatura ambiente ser menor, o que, sob esse aspecto, elevaria a capacidade de troca de calor. Porém, os fatores de correção indicados já levam em consideração esse fator atenuante.

A influência da redução da troca de calor também se faz presente quando agrupamos diversos componentes em um único local, como, por exemplo, um grupo de disjuntores instalados na caixa de entrada de uma residência. Isso porque as características nominais do dispositivo/equipamento, e entre elas a corrente nominal e a potência nominal, são determinadas, segundo as normas, **com um único componente, separado,** e não agrupado. Como no dispositivo único as condições de troca de calor são mais favoráveis do que quando agrupado, há necessidade de aplicar um fator de correção sobre o valor da corrente nominal gravada sobre o dispositivo, para evitar sobreaquecimentos, que levariam ao desligamento, pela ação dos seus relés. Também nesse caso, as normas, ou a orientação do fabricante, definem o fator de correção a ser aplicado que vai ser função tanto do número de dispositivos agrupados quanto da temperatura no local da instalação. **A não consideração desses fatores de correção vai levar ao desligamento indevido da instalação.**

- Influência do ambiente.

  Não é raro que o local da instalação apresente uma acentuada agressividade ou condições de uso mais rigorosas do que as normais. Se não levado em consideração quando da escolha do componente, esse fato pode levar a uma sensível redução da VIDA ÚTIL do componente/equipamento, exigindo sua substituição.

  A agressividade do ambiente é função de fatores naturais, como, por exemplo, o meio salino junto à orla marítima ou a ação de radiações provenientes do sol, como no caso dos raios ultravioletas (UV), ou consequência da atividade industrial, frequentemente através de emanação de gases corrosivos que entram em contato com o componente/equipamento.

Mencionando alguns dos materiais isolantes de uso mais comum, as tabelas que seguem estabelecem alguns critérios que poderão alertar o profissional quanto a cuidados que deva ter, e que são utilizados sobretudo em condutores elétricos.

Nas tabelas que seguem, é feita uma classificação de maior ou menor agressividade do ambiente sobre o material, no caso de plásticos e borrachas:

Classificação, segundo os critérios:

A não é afetado;

B levemente afetado;

C levemente atacado; uso não recomendado;

D bastante atacado; não deve ser usado;

E profundamente atacado; proibido o uso.

<table>
<tr><th colspan="2" rowspan="2">Substância corrosiva</th><th colspan="4">Material</th></tr>
<tr><th>PVC</th><th>PE</th><th>XLPE</th><th>PCP</th></tr>
<tr><td rowspan="3">Ácido nítrico</td><td>Fumegante</td><td>E</td><td>D</td><td>D</td><td>E</td></tr>
<tr><td>Concentrado</td><td>C</td><td>D</td><td>D</td><td>E</td></tr>
<tr><td>10% concentrado</td><td>B</td><td>B</td><td>B</td><td>E</td></tr>
<tr><td rowspan="2">Acido sulfúrico</td><td>Concentrado</td><td>D</td><td>C</td><td>C</td><td>E</td></tr>
<tr><td>10% concentrado</td><td>A</td><td>A</td><td>A</td><td>A</td></tr>
<tr><td rowspan="2">Ácido clorídrico</td><td>Concentrado</td><td>C</td><td>A</td><td>A</td><td>B</td></tr>
<tr><td>10% concentrado</td><td>A</td><td>A</td><td>A</td><td>B</td></tr>
<tr><td colspan="2">Ácido fosfórico</td><td>A</td><td>A</td><td>A</td><td>A</td></tr>
<tr><td rowspan="2">Ácido acético</td><td>Concentrado</td><td>B</td><td>A</td><td>A</td><td>B</td></tr>
<tr><td>10% concentrado</td><td>B</td><td>A</td><td>A</td><td>B</td></tr>
<tr><td rowspan="2">Solução de amônia</td><td>Concentrado</td><td>B</td><td>A</td><td>A</td><td>B</td></tr>
<tr><td>10% concentrado</td><td>B</td><td>A</td><td>A</td><td>A</td></tr>
<tr><td colspan="2">Cloro gasoso</td><td>C</td><td>E</td><td>E</td><td>E</td></tr>
<tr><td colspan="2">Bromo</td><td>E</td><td>E</td><td>E</td><td>E</td></tr>
<tr><td colspan="6">Obs: PVC: policloreto de vinila.
PCP: policloroprene (Neoprene).
PE: polietileno.
XLPE: polietileno reticulado.</td></tr>
</table>

Nesta segunda tabela, são dados os comportamentos de plásticos e borrachas sintéticas perante óleos e solventes, significando:

A não afetado;

B levemente afetado;

C levemente amolecido/inchado, porém sem consequências;

D considerável amolecido; não deve ser usado;

E totalmente amolecido; proibido o uso;

F material em decomposição.

Óleos e solventes	Material			
	PVC	PE	XLPE	PCP
Benzeno	F	D	D	E
Hexano	C	B	B	C
Nafta	B	B	B	E
Gasolina	D	B	B	C
Clorofórmio	D	D	D	F
Tetracloreto de Carbono	D	B	B	F
Acetona	D	B	B	F
Álcool Etílico	A	A	A	A
Óleo de Transformador	D	A	A	B
Óleo Vegetal	A	A	A	A
Éter de Petróleo	E	A	A	D

Em alguns casos, o problema é resolvido utilizando-se materiais à prova das condições ambientais, em outros, e particularmente nos equipamentos, opta-se por um encapsulamento adequado. Aliás, o próprio poderá necessitar de uma proteção ou tratamento externo, para não ser agredido pelo ambiente. Nesse caso, opta-se por um tratamento metálico (p.ex. galvanização) ou uma pintura adequada. Cabe nesse ponto também observar que a agressividade pode ter características bem variáveis, podendo-se destacar:

1. **Umidade elevada**, frequentemente associada a temperaturas elevadas, que podem prejudicar tanto metais quanto, e sobretudo, os isolantes, com o que se coloca em risco a rigidez dielétrica desses materiais e consequente possibilidade de descarga entre fases ou fase-terra. Considera-se crítica a situação a partir de 50% de umidade perante uma temperatura superior a 40 °C, quando se manifesta muito acentuado o problema da condensação de água dentro dos equipamentos/dispositivos.
2. **Agressividade química**, sobretudo em indústrias que manipulam tais produtos. Os produtos químicos mais encontrados, associados aos solventes industriais, de igual agressividade, e os materiais isolantes frequentemente presentes em tais indústrias, como plásticos e borrachas sintéticas, estão relacionados nas tabelas que antecedem esses comentários, indicando o grau de risco que existe no contato entre eles, e a natural preocupação do profissional em evitar o contato entre eles.
3. **Agressividade de origem natural**, como é o caso do sal em regiões litorâneas.
4. **Ação de radiações** que alteram a estrutura de materiais. O caso mais frequente, porém não único, é o das radiações ultravioletas (UV) provenientes do sol, e que chegam a decompor certos plásticos ou os torna quebradiços.

5. **Presença de corpos sólidos** (grãos e poeiras), que podem emperrar o funcionamento dos dispositivos pela penetração no seu interior, ou da entrada de peças e ferramentas no interior dos dispositivos/equipamentos. Esse aspecto é resolvido mediante a escolha de um dispositivo que já tenha um certo GRAU DE PROTEÇÃO ou que seja instalado dentro de um invólucro com esse GRAU. É frequente que as empresas tenham na forma avulsa tais invólucros (caixas), com a indicação clara do referido GRAU DE PROTEÇÃO.

   A escolha do GRAU DE PROTEÇÃO correto é um aspecto bastante importante, para evitar que agentes prejudiciais atuem sobre o interior dos dispositivos, e com isso alcancem os valores previstos de DURABILIDADE ou VIDA ÚTIL.

6. **A penetração de água no interior dos dispositivos,** sobretudo daqueles instalados ao ar livre. Essa água pode se apresentar de diversas formas: na de **gotas,** de **jatos** ou **submersão.** Também nesse caso, há necessidade de um encapsulamento dos dispositivos, ou seja, a escolha de um GRAU DE PROTEÇÃO adequado, como mencionado no item anterior.

   Os GRAUS DE PROTEÇÃO têm sua classificação e identificação regulamentadas por **norma técnica,** que se apresentam na forma de duas letras e dois números. As letras são IP, significando **Proteção Intrínseca** (em inglês = *Intrisic Protection*, proteção própria do dispositivo). Dos dois números, o primeiro informa o grau de proteção perante a penetração de sólidos; o segundo, contra a dos líquidos. A tabela que traz esses dados é a seguinte.

8 • GRAUS DE PROTEÇÃO

1º algarismo **Proteção contra a penetração de sólidos**	2º algarismo **Proteção contra a penetração de líquidos**
0 – dispositivo aberto (sem proteção)	0 – dispositivo aberto (sem proteção)
1 – evita a penetração de sólidos > 50 mm	1 – evita a penetração de pingos verticais
2 – idem, de sólidos > 12 mm	2 – idem, de pingos até 15° da vertical
3 – idem, de sólidos > 2,5 mm	3 – idem, de pingos até 60° da vertical
4 – idem, de sólidos > 1 mm	4 – idem, pingos/ respingos de qualquer direção
5 – dificultam a penetração de pós	5 – idem, de jatos de água moderados
6 – blindados contra penetração de pós	6 – idem, de jatos de água potentes
	7 – idem, sujeitos a imersão
	8 – idem, sujeitos a submersão

Exemplos

Um equipamento que vai operar num ambiente externo (portanto sujeito a chuvas), onde as poeiras (sólidos) no ar têm um tamanho de 2 mm, e a proteção necessária é contra pingos e respingos, precisa de um IP dado por: IP 44.

Explicando: na parte sólida, tendo 2 mm, se tivermos um invólucro IP 3, que protege para sólidos > 2,5 mm, a poeira vai penetrar. Logo, será o IP 4.

Na parte líquida, a proteção contra pingos e respingos, também é o IP 4.

Logo, resulta o GRAU DE PROTEÇÃO correto dado por IP 44.

Outro exemplo:

No ambiente, temos corpos sólidos com um tamanho de 10 mm, mas a instalação é feita em ambiente protegido (onde não existe líquido). Qual o IP necessário?

- Na parte sólida, será o IP 3 (o 2 deixaria os corpos sólidos entrarem), e na parte líquida, será o IPO (sem necessidade de proteção).
- **Logo, a escolha recai sobre o IP 30 (ou seja, 3 e 0).**

Aplicando uma camada de proteção externa, ou seja, uma pintura, com tinta apropriada às **condições de agressividade no local.**

Nota conclusiva desse item:

Observa-se que, para a escolha correta de um componente/equipamento/dispositivo, além dos fatores elétricos mencionados, é de fundamental importância conhecer as CONDIÇÕES LOCAIS de temperatura, altitude, ambientes agressivos etc., para que os componentes tenham uma VIDA ÚTIL OTIMIZADA.

9 • ANÁLISE DE CONDIÇÕES DE USO ANORMAIS (NÃO NOMINAIS)

Apesar de as condições nominais serem a referência na identificação de um componente/equipamento, não é menos verdade que ele pode, e frequentemente, ficar sujeito a operar em condições anormais de serviço. Tais condições são sobretudo as de sobrecorrentes, identificadas como correntes de sobrecarga e de curto-circuito.

Tais condições, apesar de inevitáveis, não podem permanecer por tongo tempo, pois aí o componente/equipamento estará sujeito a uma danificação. Por essa razão, as normas relativas ao produto considerado indicam o tempo máximo que uma condição anormal pode se apresentar, e esse tempo tem de estar intimamente ligado ao tempo de atuação dos dispositivos de proteção (relés de disjuntores e fusíveis).

Ou seja: **a atuação dos dispositivos de proteção, perante uma dada corrente anormal, tem de ser MENOR o que o tempo máximo obtido da curva tempo x corrente, estabelecido em norma para sua segurança.**

A situação mais crítica envolve a curva corrente *x* tempo de atuação perante curto-circuito. Vamos, portanto, destacar alguns aspectos da mesma:

- A corrente de curto-circuito (indicada por I_{cc} ou I_k) tem sua grandeza calculada, circuito por circuito de uma instalação, podendo-se adotar, para a escolha dos dispositivos de manobra, notadamente os disjuntores, o maior dos valores calculados, se tal decisão não levar a uma solução antieconômica. O seu valor é função da impedância (e como tal da resistência e da reatância).
- Porém, a presença do seu **valor pleno** calculado é considerado UMA FATALIDADE, e como tal deve-se levar em consideração o seu **valor real,** que é da ordem de 50% do valor pleno calculado, que, na prática, é >10 a 15 x I_n, dependendo do tipo de carga do circuito.
- No ato da interrupção, devido a uma corrente de algumas **dezenas de quiloampéres (kA)** no caso industrial, e de **alguns kA** no caso residencial, aparecerá como crítica a ação térmica do arco elétrico (arco voltaico), cujo valor de temperatura é algo **acima de 5 000 °C**, temperatura essa que nenhum dos materiais utilizados na construção das peças de contato suportaria. Assim, por exemplo, a temperatura de fusão do cobre, que evidentemente não pode ser alcançada pois já estaria destruindo a peça de contato, é de 1 083 °C, e a da prata é de 960 °C. Portanto, fica claro que o arco precisa ser rapidamente extinto, para não danificar ou mesmo destruir o dispositivo de manobra.
- Dependendo do componente/equipamento, é também crítica a ação da corrente de curto-circuito no aspecto dinâmico, fato porém de menor importância nos produtos analisados no presente texto. De qualquer modo, a redução do **tempo de arco** (tempo durante o que o arco estará presente) é um dos fatores de dimensionamento e construção das CÂMARAS DE EXTINÇÃO que são encontradas tanto em contatores quanto e sobretudo em disjuntores.

Devido ao exposto, o valor da corrente de curto-circuito é um parâmetro importante, sobretudo na escolha de dispositivos que atuam na presença dessa corrente, como é o caso de disjuntores e de fusíveis. Precisam esses dispositivos, portanto, ter uma construção que garanta uma interrupção segura e rápida dessa corrente, o que é indicado pelo valor de sua CAPACIDADE DE INTERRUPÇÃO.

Devido às condições críticas em que se apresenta a corrente de curto-circuito, os dispositivos que a interrompem limitam o seu valor, evitando que atinja o valor de pico, como demonstram as curvas que seguem.

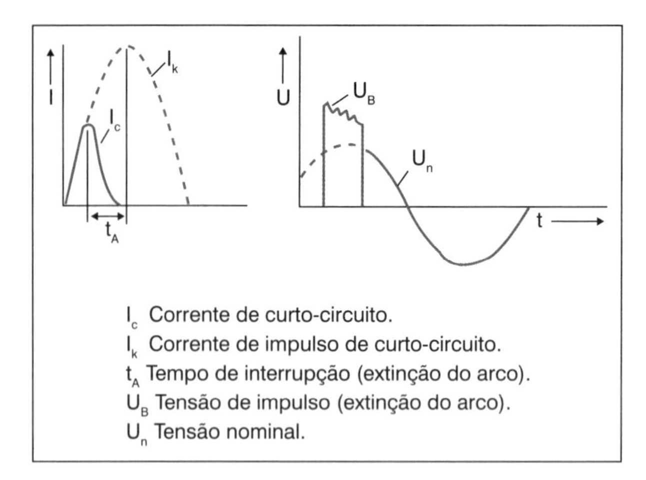

I_c Corrente de curto-circuito.
I_k Corrente de impulso de curto-circuito.
t_A Tempo de interrupção (extinção do arco).
U_B Tensão de impulso (extinção do arco).
U_n Tensão nominal.

10 • ANÁLISE DAS CONDIÇÕES DE CARGA NA DEFINIÇÃO DA CAPACIDADE DE MANOBRA

Quando da análise das curvas de carga, vimos que cargas de natureza diferente (resistivas, indutivas, capacitivas) levam a capacidades de manobra também diferentes. Assim, justificou-se que perante cargas indutivas se caracterizam por correntes de partida bem mais elevadas que as nominais; os dispositivos de manobra (frequentemente contatores) apresentavam uma capacidade de manobra menor do que a encontrada perante cargas resistivas.

Portanto, a capacidade de manobra de um contator, por exemplo, depende do **tipo de carga** que é ligado.

Além desse aspecto, **cargas permanentemente ligadas** conferem ao dispositivo uma capacidade de manobra mais elevada do que a disponível se as manobras obedecerem a um **regime de serviço não contínuo ou intermitente.**

São, assim, duas as variáveis que devem ser conhecidas e que definem a capacidade de manobra de um dado contator, por exemplo: **o tipo de carga e o regime de serviço.** Tais fatos são levados em consideração pela norma IEC 947, ao criar uma caracterização da capacidade de manobra: é a **categoria de emprego ou de utilização.** Essa categoria é definida separadamente para redes de corrente alternada (AC) e para corrente contínua (DC), aplicada em contatores de potência, contatores auxiliares e seccionadores sob carga. Observe que as abreviaturas vêm da língua inglesa, que é a língua técnica internacionalmente utilizada.

Os detalhes dessa classificação são dados nos respectivos itens desses dispositivos de manobra.

Dispositivos de proteção contra sobrecorrentes

São basicamente os fusíveis e os relés de proteção contra os efeitos de sobrecarga e contra curto-circuito.

1 • FUSÍVEIS ENCAPSULADOS DE BAIXA TENSÃO

Os fusíveis são dispositivos de proteção que, pelas suas características, apresentam destaque na proteção contra a ação de correntes de curto-circuito, podendo porém também atuar em circuitos sob condições de sobrecarga, caso não existam nesse circuito dispositivos de proteção contra tais correntes, que são os relés de sobrecarga.

Sua atuação vem baseada na fusão de um elemento fusível, segundo o aquecimento resultante devido às perdas joule que ocorrem durante a circulação dessa corrente, e se destacam por sua elevadíssima capacidade de interrupção, frequentemente superior a 100 kA.

São componentes de larga aplicação, com diversos tipos construtivos, e que por isso mesmo devem merecer uma atenção especial na hora de escolher o fusível correto. Para fundamentar essas escolhas nada melhor do que a análise da função de cada componente de um fusível, pois, **em caso de ausência de algum desses componentes, já é possível avaliar as consequências.**

Vamos tomar como referência nessa análise a construção de um fusível encapsulado, que é de maior número de componentes, cujas funções e detalhes são:

1. **A base de montagem e o encaixe nessa base do contato externo.**

   Sugerindo acompanhar essa análise com os desenhos em corte indicados nas Figuras 8.1. e 8.2, e sobretudo na representação do fusível com designação de norma como sendo "NH", nota-se que a corrente circulante entra pela base e passa ao contato externo do fusível através de uma superfície de contato entre os metais do contato da base e do contato externo do fusível.

As superfícies de contato entre o encaixe e o contato externo do fusível não podem oxidar, pois, se assim estiverem, a corrente que passa por elas levará a uma elevação de temperatura que vai **invalidar a curva de desligamento tempo *x* corrente**, que obrigatoriamente caracteriza um fusível. Tal oxidação depende sobretudo do tipo de metal ou liga metálica utilizada na construção dos respectivos contatos, de modo que é de fundamental importância o uso de **metais que não oxidem**, ou que oxidem muito lentamente. Uma, mas não a única solução encontrada, é a prateação das peças de contato, pois sabemos que a prata é o melhor condutor elétrico e que sua oxidação é lenta. Soma-se a isso o fato de o óxido de prata se decompor automaticamente perante as condições normais de uso, de modo que o problema citado não se apresenta nessa solução.

Mas como identificar um metal oxidado? A solução é simples: todo metal oxidado perde o seu brilho metálico, ou seja, se torna fosco. E não adiantará remover o óxido, pois com tais metais, o óxido se forma rapidamente de novo.

Uma exceção a essa regra é o caso do alumínio, o qual, mesmo oxidado, apresenta uma superfície aparentemente brilhante, pois o óxido de alumínio é translúcido. Mas, na verdade, com esse metal, a situação até é mais crítica, pois o óxido de alumínio não é apenas um mau condutor elétrico: **ele é isolante**, o que exclui a possibilidade de seu uso puro para tais componentes.

2. **Elemento fusível.**

   Esse precisa ser **inviolável**, para evitar a alteração do seu valor nominal e, com isso, a **segurança de sua atuação conforme previsto em projeto.** Para tanto, o fusível como um todo precisa ser inviolável (como é o caso dos tipos D e NH), por meio do envolvimento de todo o fusível com um corpo externo cerâmico (item 3, na Figura 8.2 que segue do fusível em corte), com fechamento metálico nas suas duas extremidades.

Quando da circulação da corrente I_k, cujo valor, como vimos, é de 10 a 15 vezes ou mais superior a I_n, através do elemento fusível, atinge-se uma temperatura de fusão superior a do metal utilizado na construção desse componente, ato em que se abre um arco **elétrico** com uma temperatura superior a 5 000 °C, que, pelo seu **valor e risco de promover uma acentuada dilatação dos demais componentes e se espalhar no ambiente**, precisa ser rapidamente extinto. Caso contrário, existe o risco de uma explosão do fusível. A extinção é analisada com mais detalhes em outro ponto desse capítulo.

Ainda quanto ao material com que é fabricado o elemento fusível, seguem os detalhes:

- **O elemento fusível,** para desempenhar sua ação de interrupção de acordo com uma característica de fusão tempo x corrente perfeitamente definida, como demonstrada nesse item, **deve ser fabricado de um metal que permita a sua calibragem com alta precisão.** Para tanto, o metal deve ser **homogêneo, de elevada pureza** e de **dureza apropriada** (materiais moles não permitem essa calibragem). A **melhor solução** encontrada, na área de fusíveis de potência, foi usando-se **o cobre.**
- Tem de ser definido o **ponto** sobre o elemento fusível, no qual o arco elétrico se estabelece. Isso porque, como aparece uma temperatura no arco da ordem de (ou até superior a) 5 000 °C, **esse arco não pode se formar nas extremidades do elemento fusível,** pois nesse caso estaria também fundindo os fechos metálicos do fusível, com o que teríamos um ARCO EXPOSTO AO AMBIENTE, com grande risco de incêndio no local ou da explosão do fusível. Portanto, o arco precisa se formar **à meia distância do comprimento do elo,** situação em que esse elemento fusível precisa ter, nessa posição, UMA REDUÇÃO DE SEÇÃO.
- O elemento fusível precisa vir envolto por um meio extintor (geralmente areia de quartzo com uma granulometria perfeitamente definida) que, sendo isolante elétrico, rapidamente extingue o arco formado.

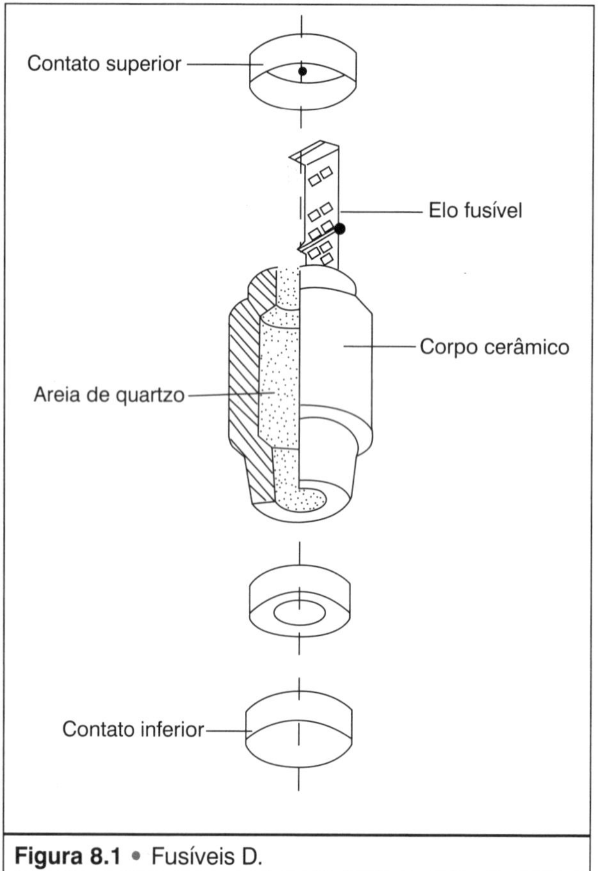

Figura 8.1 • Fusíveis D.

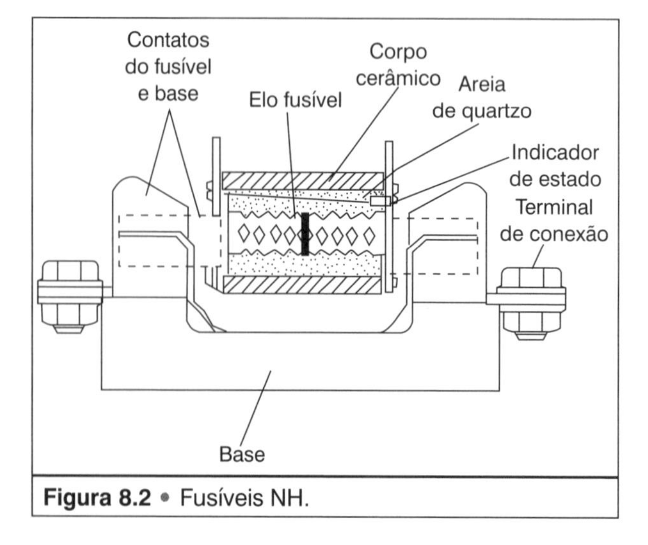

Figura 8.2 • Fusíveis NH.

O corpo cerâmico

O corpo cerâmico envolve todas as partes internas do fusível, e, como tal, fica sujeito ao aquecimento que ocorre no instante da fusão.

Vale lembrar, nesse particular, que também devido ao destacado, um corpo envolvente com essa finalidade precisa ter as seguintes características:

- O material usado deve ser isolante, **e permanecer isolante após a fusão do elemento fusível.** Não cumprindo essa condição, pode-se formar um novo circuito condutor de corrente, após a fusão do elemento fusível, através do corpo envolvente.
- O material deve suportar elevadas temperaturas, sem se alterar. Destaque-se que certos materiais são isolantes à temperatura ambiente, mas perdem essa propriedade por carbonização, perante as temperaturas citadas, tornando-se condutores.
- O material deve suportar bem as pressões de dentro para fora, que aparecem no ato da fusão do elemento fusível e da dilatação do meio extintor e de gases internos.

Solução para esse caso é o uso de **cerâmicas isolantes do tipo porcelana ou esteatita,** essas últimas sendo porcelanas modificadas, com melhores características mecânicas.

O meio extintor

Conforme já mencionado, esse material também deve ser isolante, interpondo-se automaticamente, por peso próprio, quando da fusão do metal do elemento fusível. A garantia dessa intercalação é acentuadamente função da granulometria da areia usada, normalmente de quartzo.

Na página seguinte vem a demonstração de como fica o elemento fusível após a interrupção, notando-se o seu envolvimento e separação entre as partes fundidas por areia de quartzo (Figura 8.3).

O indicador de estado

No fusível encapsulado existe uma aparente dificuldade em se verificar se o mesmo está perfeito ou "queimado", devido ao invólucro ou encapsulamento. Essa dificuldade é eliminada pela verificação do posicionamento do indicador de fusão, representado nos dois fusíveis (D e NH), mostrados na página anterior.

Quando o indicador de fusão está retraído na sua posição de montagem, o fusível está perfeito; quando está saliente (no caso do NH), ou ejetado (no caso do D), o fusível está "queimado", e precisa ser substituído.

Figura 8.3 • Demonstração do desempenho adequado da interrupção do curto-circuito.

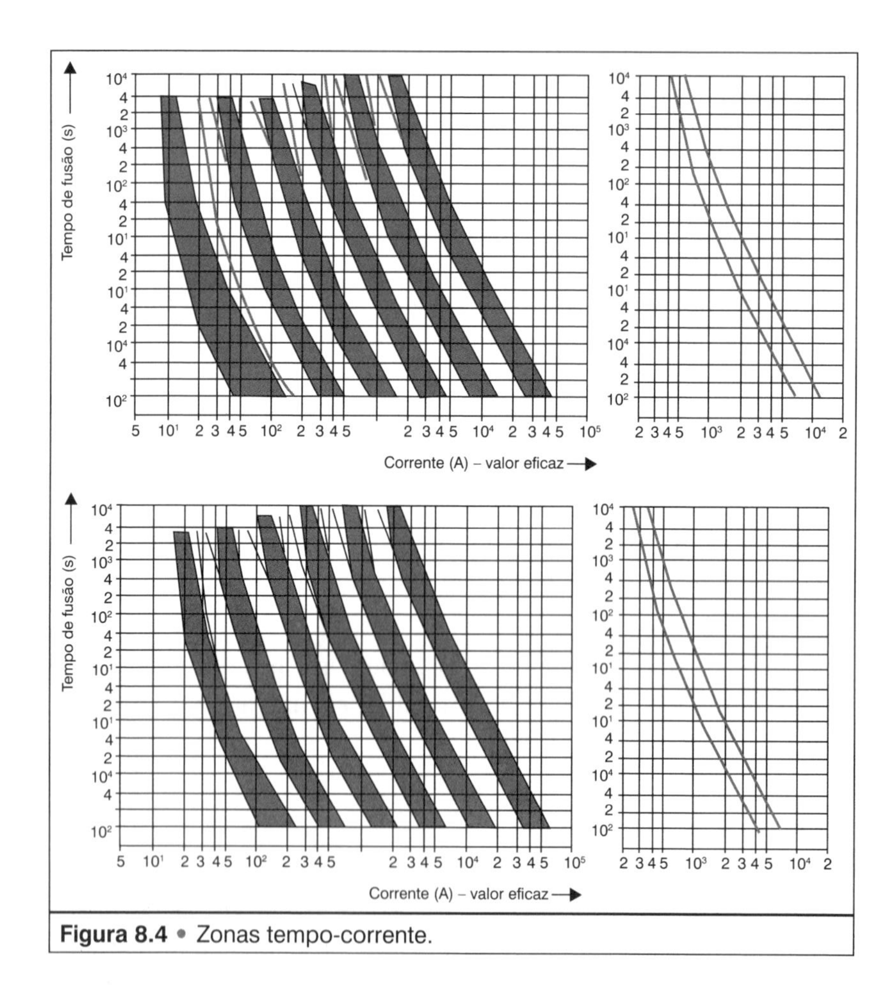

Figura 8.4 • Zonas tempo-corrente.

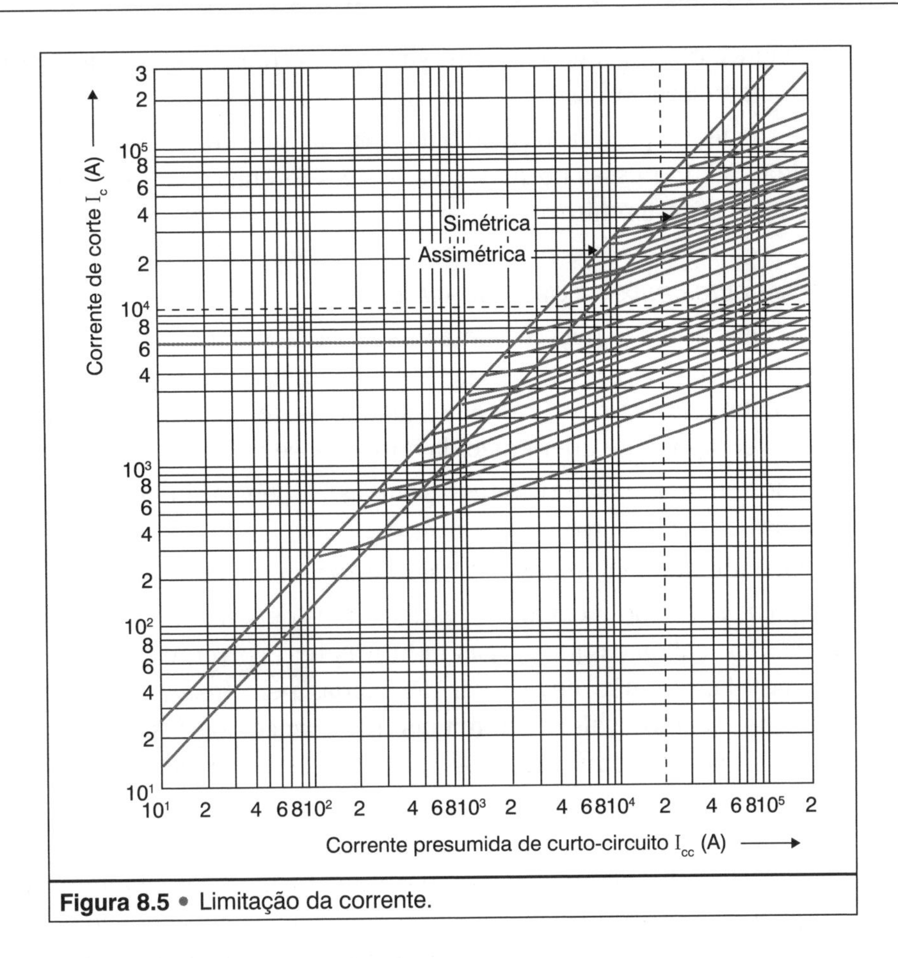

Figura 8.5 • Limitação da corrente.

Exemplo de aplicação (observando o gráfico):

- Corrente presumida de curto-circuito I_{cc} (valor eficaz) = 20 kA
- Fusíveis: corrente nominal I_n = 100 A; corrente de corte I_c (valor máximo) = 10 kA (limitação de corrente)

Curvas características

São essas curvas que informam **como o fusível vai atuar**, ou seja, qual o tempo que precisará para interromper uma dada corrente anormal.

ESSE TEMPO TEM DE SER, NECESSARIAMENTE, MENOR DO QUE O TEMPO MÁXIMO PELO QUAL O COMPONENTE PROTEGIDO SUPORTA A CORRENTE ANORMAL, DE ACORDO COM A NORMA DO PRODUTO EM QUESTÃO.

Os valores nominais dos fusíveis seguem as normas que a eles se aplicam, conforme já mencionado, de acordo com uma série numérica padronizada. As próprias normas estabelecem a tolerância de valores (variação em torno do valor nominal), que deve ser comprovada pelas curvas características tempo de fusão *x* corrente de fusão (valor eficaz), conforme vem indicado nas Figuras 8.4. e 8.5.

No gráfico, vem indicada uma corrente simétrica e outra assimétrica de curto circuito. Vamos esclarecer esse aspecto.

As normas que se aplicam ao cálculo da corrente de curto-circuito se baseiam nas normas da IEC. Por essas normas, o valor de referência é a Corrente Assimétrica Máxima de Curto-circuito, definida a seguir.

Corrente assimétrica máxima de curto-circuito

Valor de crista atingido pela corrente do enrolamento primário (onde ocorreu o curto-circuito) no decorrer do primeiro ciclo imediatamente após o enrolamento ter sido subitamente curto-circuitado, quando as condições forem tais que o valor inicial do componente aperiódico da corrente, se houver, será máximo.

O exemplo demonstra como usar essas curvas. Podemos ainda fazer as seguintes observações:

- **A corrente nominal nunca deve ser interrompida pelo fusível:**
- A evolução tempo x corrente dessas curvas depende do **tipo de carga ligada**, pois sabemos que cargas indutivas têm correntes iniciais maiores na partida, **que não devem ser desligadas pelo fusível.** Nesse sentido, **para os mesmos valores nominais,** são fornecidos fusíveis retardados (para cargas motoras), rápidos (para cargas resistivas) e ultrarrápidos (para semicondutores).

  Esse fato leva à necessidade de, na escolha do fusível, não se basear apenas na corrente nominal e na tensão nominal, mas também no **tipo de carga a ser protegido**: a escolha errada ou a não consideração desse último aspecto vai levar a **desligamentos/queimas fora das condições** previstas para a interrupção do circuito.

  Finalmente, deve-se ressaltar que fusíveis encapsulados se caracterizam por uma elevadíssima capacidade de interrupção, que frequentemente ultrapassa os 100 kA, sendo até, nesse aspecto, muitas vezes superior a apresentada pelos disjuntores, que analisaremos mais adiante.

Relés de proteção contra sobrecorrentes

Basicamente, são dois tipos, ou seja, os contra sobrecarga e contra curto-circuito.

1 • RELÉS DE PROTEÇÃO CONTRA SOBRECARGA

As sobrecargas são originadas por uma das seguintes causas:

- rotor bloqueado;
- elevada frequência de manobra;
- partida difícil (prolongada);
- sobrecarga em regime de operação;
- falta de fase;
- desvio de tensão e de frequência.

Conceito de sobrecarga

A sobrecarga é uma situação que leva a um sobreaquecimento por perda joule que os materiais utilizados somente suportam até um determinado valor e por tempo limitado. A determinação de ambas as grandezas é feita em Norma Técnica do referido produto.

Assim, por exemplo, para condutores próprios até 6 kV e isolados em PVC, a Especificação Técnica é a norma NBR 7288, que, entre outros, define:

- temperatura permanentemente admissível no isolante: 70 °C;
- temperatura admissível perante sobrecarga: 100 °C;
- tempo admissível de sobrecarga: 100 horas /ano.

Ultrapassados esses valores, a capa isolante de PVC vai se deteriorar, o que significa perder suas características iniciais e, entre outros, sua rigidez dielétrica, que define a capacidade de isolação.

Portanto, a função do relé de sobrecarga é a de atuar antes que esses limites de deterioração sejam atingidos, garantindo uma VIDA ÚTEL apropriada aos componentes do circuito.

Basicamente são dois os tipos de relés de sobrecarga encontrados: o relé bimetálico e o relé eletrônico, esse último em mais de uma versão. Vejamos detalhes de cada um.

O relé de sobrecarga bimetálico

Esse relé tem um sensor bimetálico por fase, sobre o qual age o aquecimento resultante da perda joule, presente numa espiral pela qual passa a corrente de carga e que envolve a lâmina bimetálica, que é o sensor. Essa, ao se aquecer, se dilata, resultando daí a atuação de desligamento do acionamento eletromagnético do contator ou o disparo do disjuntor, em ambos os casos abrindo o circuito principal e desligando a carga que, por hipótese, está operando em sobrecarga.

Portanto, esse relé controla o aquecimento que o componente/equipamento do circuito está sofrendo devido à circulação da corrente elétrica.

Sobreaquecimentos de outras origens NÃO SÃO NECESSARIAMENTE registrados por esse relé, e que podem igualmente danificar ou até destruir o componente.

Funcionamento

Passando corrente pela espiral envolvente (ACOMPANHE NA ILUSTRAÇÃO DE PRINCÍPIO CONSTRUTIVO DA FIGURA 9.1), o sensor, que é formado por dois metais (por isso, "bimetálico"), começa a se dilatar.

Na escolha dos dois metais que compõem o sensor, opta-se por metais que tenham diferentes "coeficientes de dilatação linear" (por exemplo níquel e ferro), sendo feita uma solda molecular entre as duas lâminas.

Como perante o aquecimento da corrente a **dilatação de cada lâmina** não pode se dar livremente por estarem soldadas, a de maior coeficiente de dilatação se curvará sobre a de menor valor, com o que se desloca o cursor de arraste do relé e se desligará o contato ou se destravarão as molas de abertura do disjuntor. Com essa atuação interrompe-se o circuito principal do componente em sobrecarga.

Observe que quanto maior a corrente, maior é o sobreaquecimento, e mais rápido tem de ser o desligamento, para não haver dano dos equipamentos em sobrecarga. **Portanto, a curva tempo de disparo x corrente de desligamento sempre precisa ter uma variação inversamente proporcional.**

Observe também que as sobrecorrentes analisadas na fase de partida/arranque do motor não devem ser "entendidas" pelo relé como sendo "sobrecargas" que devam levar a um desligamento: **essas, fazem parte do processo normal de partida.**

Ainda, como existem cargas que apresentam a citada sobrecorrente na fase inicial, e outras cargas não, há necessidade de relés com maior ou menor rapidez de atuação, semelhantemente ao que acontece com os fusíveis. Portanto, na escolha do relé adequado, **também o tipo de carga é um dado essencial** a uma **correta escolha.** Se a curva representada não atende às necessidades do circuito, é preciso escolher um outro relé, com curva característica mais adequada à carga que desejamos proteger.

As curvas características tempo de disparo x múltiplo da corrente de desligamento da Figura 9.2 demonstram claramente algumas das afirmações anteriores. Acrescente-se que como as instalações são geralmente trifásicas, os relés também o são. A curva 1 se aplica no caso mais comum, que é o de carga trifásica. Porém esses relés também atuam no caso da falta de uma fase (operação bifásica), seguindo nesse caso a curva 2.

Mais um detalhe deve ser lembrado, comparando-se os tempos de disparo obtidos pelas curvas. Quando o ensaio de determinação das curvas características é feito, segundo as normas, a sua evolução é medida partindo-se do relé em "estado frio", ou seja, anteriormente desligado.

Essa na verdade **não é a situação normal de uso.**

O relé está inserido em um circuito pelo qual está circulando a corrente nominal, e, num dado instante, ocorre a sobrecarga. Como o relé já sofreu um preaquecimento devido à corrente nominal, a qual no entanto não deve levá-lo a atuar (a corrente nominal não deve levar ao desligamento pelo relé, pois não é uma corrente anormal que deva ser desligada), mas que já deformou a um certo valor o sensor bimetálico, o tempo real de atuação será **necessariamente menor do que o obtido de uma curva cujo ensaio partiu do estado frio.** Essa redução do tempo de atuação (que, lembramos, deve ser menor do que o tempo permitido por norma para essa situação) não pode ser expressa precisamente em porcentagem da corrente lida no gráfico, pois os regimes que antecedem uma sobrecarga podem ser extremamente variáveis e diferentes.

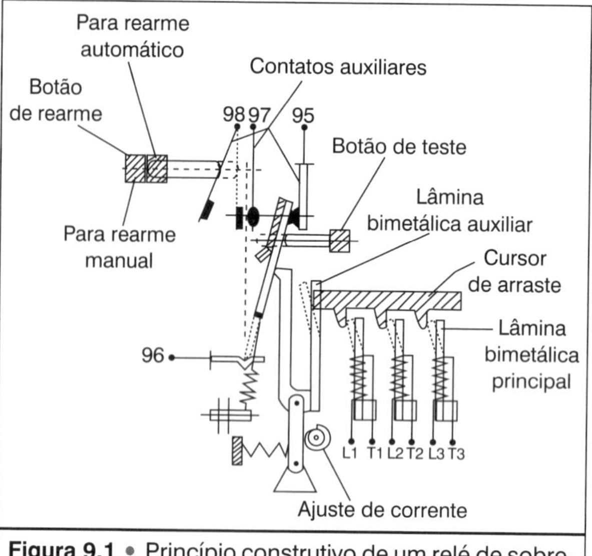

Figura 9.1 • Princípio construtivo de um relé de sobrecarga bimetálico.

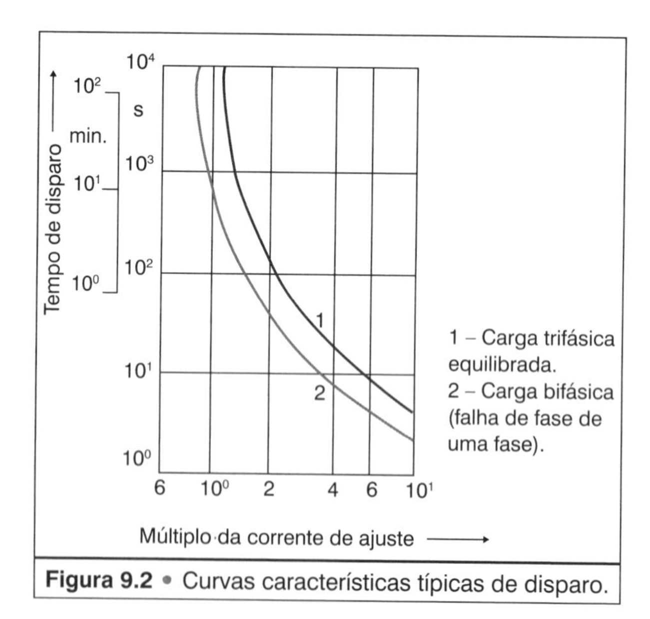

Figura 9.2 • Curvas características típicas de disparo.

Entretanto, o certo é que o tempo real é menor do que o lido no gráfico. Os fabricantes, de modo geral, consideram **muito próximo da realidade um tempo real de desligamento igual a 25% do tempo lido no gráfico** representado.

Atuação do relé bimetálico perante falta de fase

A "falta de fase" é uma situação em que uma das três fases na carga trifásica (um motor trifásico, por exemplo) é interrompida. Nesse caso, como isso eleva a corrente nas fases que permanecem, caracteriza-se uma "situação de sobrecarga" que o relé é capaz de desligar. As respectivas curvas características estão representadas no gráfico da Figura 9.2. A curva de falta de fase tem atuação mais rápida que a da carga trifásica equilibrada, porque a falta de fase gera uma sobrecarga de grandeza inferior ao aumento da carga nas fases que ficam.

2 • O RELÉ ELETRÔNICO DE SOBRECARGA CONTRA CORRENTES DE SOBRECARGA

Conforme visto anteriormente, o relé de sobrecarga bimetálico opera perante os efeitos térmicos da corrente. Existem, porém, situações em que ocorrem sobreaquecimentos que não são consequência de um excesso de corrente, e que do mesmo modo podem destruir uma carga.

É o que acontece, por exemplo, quando as aberturas dos radiadores de calor de um motor entopem, com o que a troca de calor diminui sensivelmente, e o sobreaquecimento daí resultante não é registrado pelo relé de sobrecarga bimetálico.

Na verdade, o que se precisa não é controlar corrente, e, sim, temperatura, seja ela de que origem for. Para atender a essa condição, usa-se um relé de sobrecarga eletrônico que permite adicionalmente uma proteção sensorial da temperatura, no ponto mais quente da máquina, através de um semicondutor chamado de termistor, que por sua vez ativa um relé de sobrecarga, dito eletrônico. Esse relé se caracteriza por:

- Uma supervisão da temperatura, mesmo nas condições mais críticas.
- Uma característica de operação que permite ajustar as curvas características tempo de disparo x corrente de desligamento, de acordo com as condições de tempo de partida da carga.
- Perante rotor bloqueado, como a corrente circulante rapidamente se aproxima dos valores críticos para um sobreaquecimento, o controle pela corrente é mais rápido do que pelo termistor.

Na verdade, esse é um dos tipos de relé de sobrecarga eletrônico. As funções de proteção dessa família de relés são ampliadas, incluindo supervisão de termistores com interface incorporada e detetor de corrente de fuga.

De um modo geral, porém, devido ao aspecto econômico, os do tipo bimetálico são mais utilizados em baixas potências de carga, enquanto o eletrônico é usado nos demais casos, bem menos frequentes, conforme podemos observar.

Refletindo a comparação entre os dois tipos, as Figuras 9.3 e 9.4 demonstram bem o que foi justificado tecnicamente anteriormente.

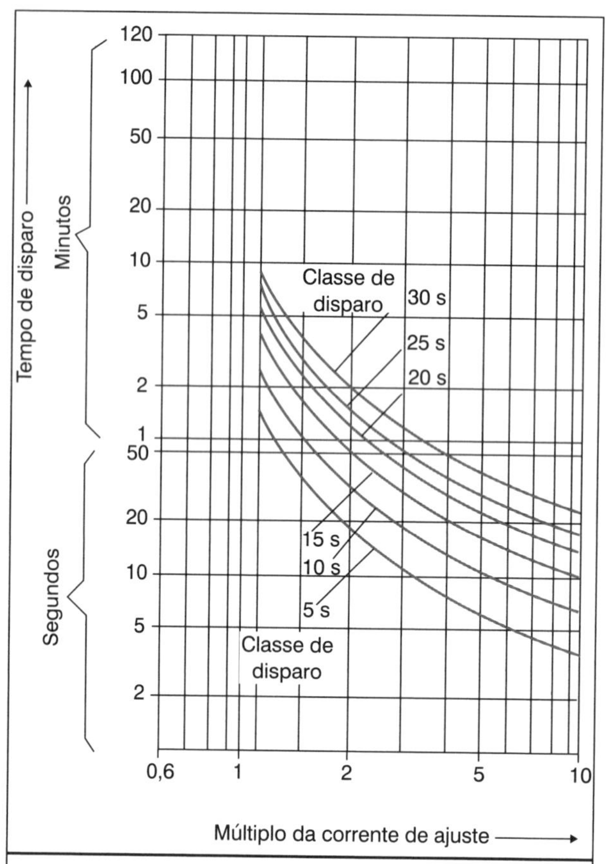

Figura 9.3 • Relé de sobrecarga eletrônico. Curva característica de disparo. Carga trifásica.

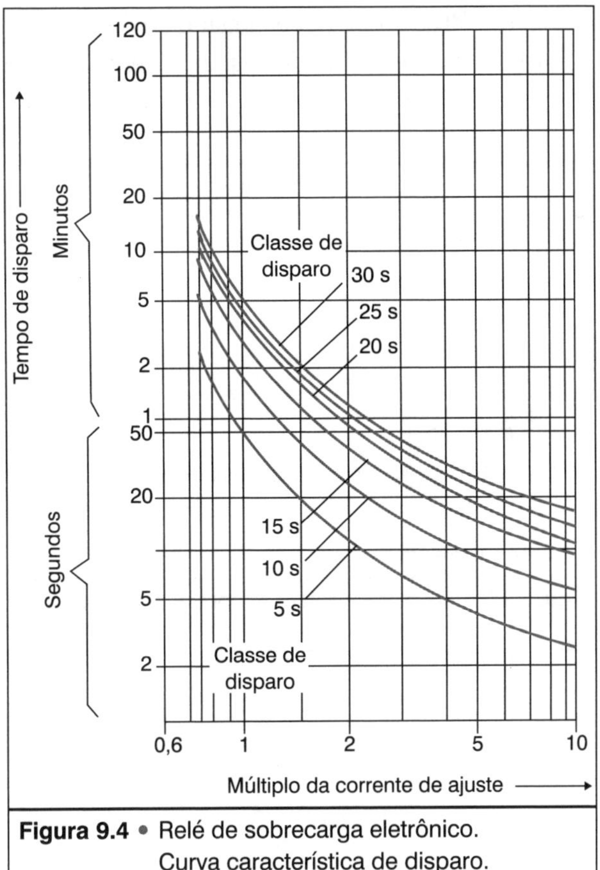

Figura 9.4 • Relé de sobrecarga eletrônico. Curva característica de disparo. Carga bifásica (com falta de uma fase).

3 • RELÉS DE PROTEÇÃO CONTRA CORRENTES DE CURTO-CIRCUITO

Esses relés são do tipo eletromagnético, com uma atuação instantânea, e se compõem com os relés de sobrecarga para criar a proteção total dos componentes do circuito contra a ação prejudicial das correntes de curto-circuito e de sobrecarga, respectivamente.

A sua construção é relativamente simples em comparação com a dos relés de sobrecarga (bimetálicos ou eletrônicos), podendo ser esquematizado como segue:

A bobina eletromagnética do relé é ligada em série com os demais componentes do circuito. Sua atuação apenas se dá quando por esse circuito passa a corrente I_k, permanecendo inativo perante as correntes nominais (I_n) e de sobrecarga (I_r).

Pelo que se nota, a sua função é idêntica à do fusível, com a diferença de que o fusível queima ao atuar, e o relé permite um determinado número de manobras.

Entretanto, como o relé atua sobre o mecanismo do disjuntor, abrindo-o perante I_k, a capacidade de interrupção depende do disjuntor, enquanto usando fusível em série com o disjuntor, essa capacidade de interrupção depende do fusível.

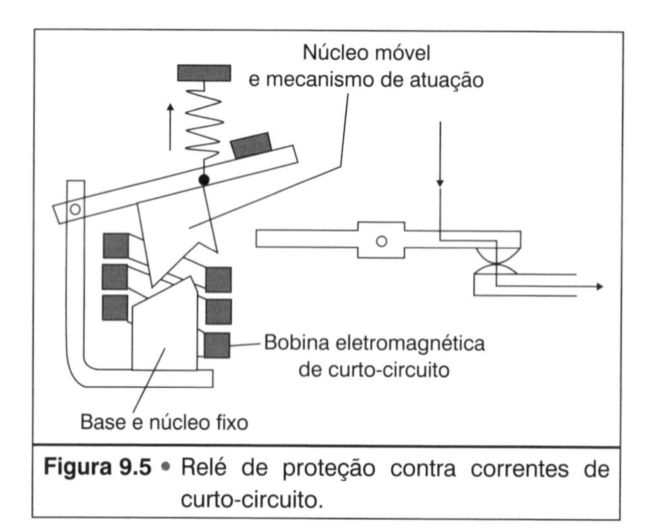

Figura 9.5 • Relé de proteção contra correntes de curto-circuito.

Dispositivos de manobra

Preliminarmente vamos destacar que a Terminologia da ABNT aboliu totalmente o termo "chave" para caracterizar genericamente todos os dispositivos de manobra.

Por definição do Dicionário Brasileiro de Eletricidade (ABNT), temos:

Dispositivo de manobra. Dispositivo elétrico destinado a estabelecer ou interromper corrente, em um ou mais circuitos elétricos.

1 • SECCIONADOR-FUSÍVEL

O seccionador-fusível é uma combinação de um seccionador, caracterizado pela simplicidade de sua construção, com fusíveis que se localizam na posição dos contatos móveis do seccionador.

Pela sua construção simples, não são capazes de manobrar cargas, mas possuem a proteção perante correntes de curto-circuito, pela presença dos fusíveis.

Sua representação gráfica:

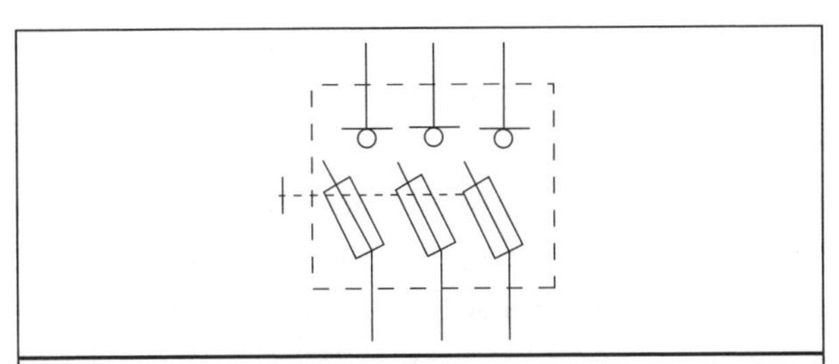

Figura 10.1 • Representação do seccionador-fusível, sendo o fusível simultaneamente o contato movél do seccionador.

2 • SECCIONADOR SOB CARGA

No item Terminologia, vimos que o seccionador é, por definição, um dispositivo de manobra que tem uma capacidade de interrupção extremamente limitada, não sendo apropriado ao desligamento ou interrupção nem das cargas nominais.

Tal fato é a consequência de sua construção muito elementar, que faz com que o dispositivo em análise tenha uma aplicação restrita.

Porém, para pequenas cargas, como é o caso de oficinas e determinadas condições de operação dentro de um sistema elétrico, há por vezes necessidade de um dispositivo que opere EVENTUALMENTE cargas de pequeno valor. Para esses casos, é possível utilizar o seccionador sob carga, que não é mais do que um seccionador convencional, com uma estrutura de contatos e câmaras de extinção, de características também limitadas a tais usos.

Representação gráfica: Dispositivo trifásico.

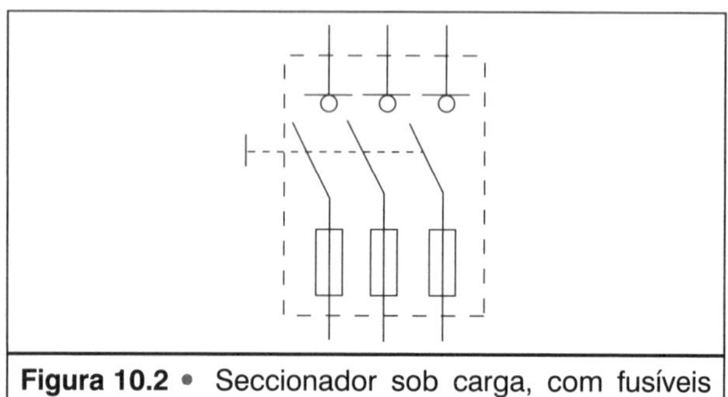

Figura 10.2 • Seccionador sob carga, com fusíveis fixos.

3 • DISJUNTORES

Lembrando a definição, o disjuntor é um dispositivo que, entre outros, é capaz de manobrar o circuito nas condições mais críticas de funcionamento, que são as condições de curto-circuito. Ressalte-se que apenas o disjuntor é capaz de manobrar o circuito nessas condições, sendo que interromper I_k é ainda atributo dos fusíveis, que porém não permitem uma religação.

A manobra através de um disjuntor é feita **manualmente** (geralmente por meio de uma alavanca) ou pela ação de seus relés de sobrecarga (como bimetálico) e de curto-cicuito (como eletromagnético). Observe-se nesse ponto que **os relés não desligam o circuito:** eles apenas induzem ao desligamento, atuando sobre o mecanismo de molas, que aciona os contatos principais. Conforme pode ser visto no esquema a seguir, cada fase do disjuntor tem **em série** as peças de contato e os dois relés.

É válido mencionar que para disjuntor de elevadas correntes nominais, os relés de sobrecorrentes são constituídos por transformadores de corrente e módulo eletrônico que irá representar a atuação do disjuntor por correntes de sobrecargas, correntes de curto-circuito com disparo temporizado e instantâneo e até disparo por corrente de falha à terra.

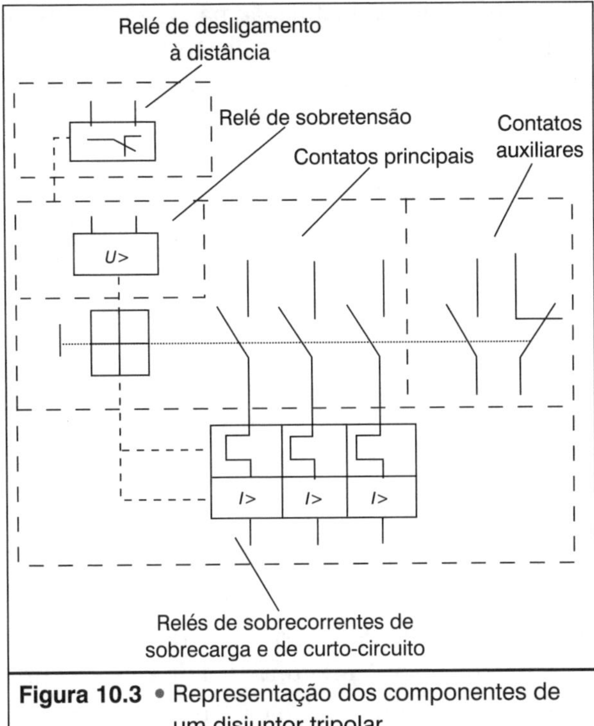

Figura 10.3 • Representação dos componentes de um disjuntor tripolar.

Para operar nessas condições, o disjuntor precisa ser caracterizado, além dos valores nominais de tensão, corrente e frequência, ainda pela sua capacidade de interrupção, já definida e pelas demais indicações de temperatura e altitude pela respectiva norma, e agrupamento de disjuntores, segundo informações do fabricante e outros, que podem influir no seu dimensionamento.

Nos dados técnicos citados quando da definição da capacidade de interrupção, citam-se como referências:

- I_{cn} = corrente de curto-circuito nominal;
- I_{cu} = corrente-limite que pode causar danos e impedir que o disjuntor possa continuar operando. Seu ciclo de operação é O-t-CO;
- I_{cs} = corrente que permitirá religamento do disjuntor e este continuar operando. Seu ciclo é O-t-CO-t-CO.

Entre esses valores estabelece-se a relação: $I_{cu} / I_{cs} > I_k$.

Os **valores nominais** do disjuntor são gravados externamente na sua carcaça, seja em alto-relevo, seja na forma de uma placa. Esses valores são obtidos segundo as normas de ensaio que se aplicam ao dispositivo, na forma individual, ou seja, é ensaiado uma unidade de disjuntor, seja unipolar ou multipolar, perante condições de temperatura e altitude estabelecidas nessa norma.

Observe-se com isso que se na instalação não tivermos as **mesmas condições de temperatura e de altitude**, e se na instalação tivermos um **agrupamento de disjuntores**, um encostado no outro (como costuma acontecer com os minidisjuntores), com o que as condições interna de temperatura se tornarão mais criticas, é necessário restabelecer, por meio de um sistema de troca de calor adequado, as condições de referência citadas em norma.

Por outro lado, os disjuntores são normalmente dotados dos relés de sobrecarga e de curto-circuito, cada um tendo a sua curva característica, que devem ser adequadamente coordenadas entre si. Seguem-se alguns exemplos de disjuntores e suas curvas características, observando-se que:

- As curvas características relacionam o tempo de disparo (s) *x* corrente de desligamento (A). Nessas curvas, observa-se que:
  1. A vertical levantada pelo valor da corrente nominal não pode interceptar nenhuma curva característica.
  2. Partindo do valor nominal (I_n) até em torno de 10 x I_n, temos a faixa de sobrecarga cuja curva é a do relé de sobrecarga utilizado. A partir daí, temos a situação de curto-circuito, e que também está relacionado com a capacidade de interrupção que o disjuntor precisa possuir, e que resulta da curva característica do relé de curto-circuito.
  3. Eventualmente, podemos ter o caso em que se **associam** as características de capacidade de interrupção **do disjuntor** com a **do fusível**. Vimos, no item respectivo, que os fusíveis apresentam uma elevadíssima capacidade de interrupção. Assim, para não onerar o circuito com um disjuntor de elevada capacidade de interrupção, tem-se a alternativa de associar em série com o disjuntor um fusível adequado, e então teríamos:
- Os valores normais de corrente de curto-circuito são controlados pelo relé de curto-circuito, que atua sobre o mecanismo de molas do disjuntor, o qual interrompe correntes dentro da faixa normal; para valores mais elevados, o que atuará será o fusível.
- Para que esse fato ocorra, é necessário que as três curvas de desligamento, ou seja, as duas dos relés do disjuntor e a do fusível, sejam coordenados adequadamente entre si, como representa a figura que segue.

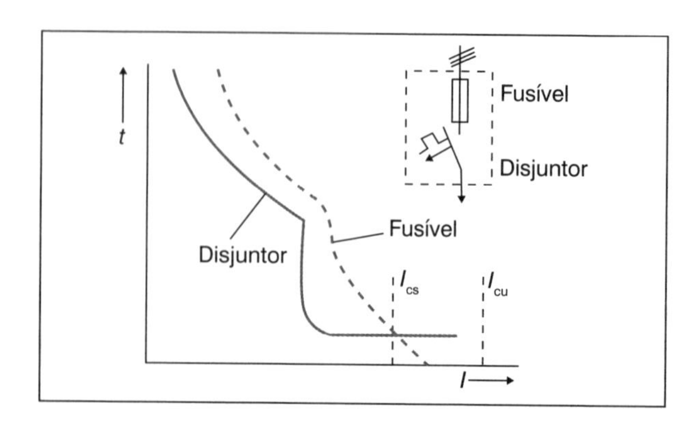

Diversos são os tipos de disjuntores de baixa tensão utilizados. Citaremos alguns tipos, com suas respectivas curvas características.

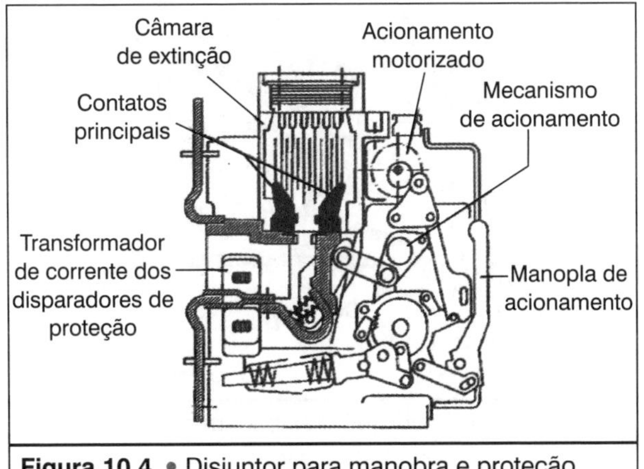

Figura 10.4 • Disjuntor para manobra e proteção. Construção.

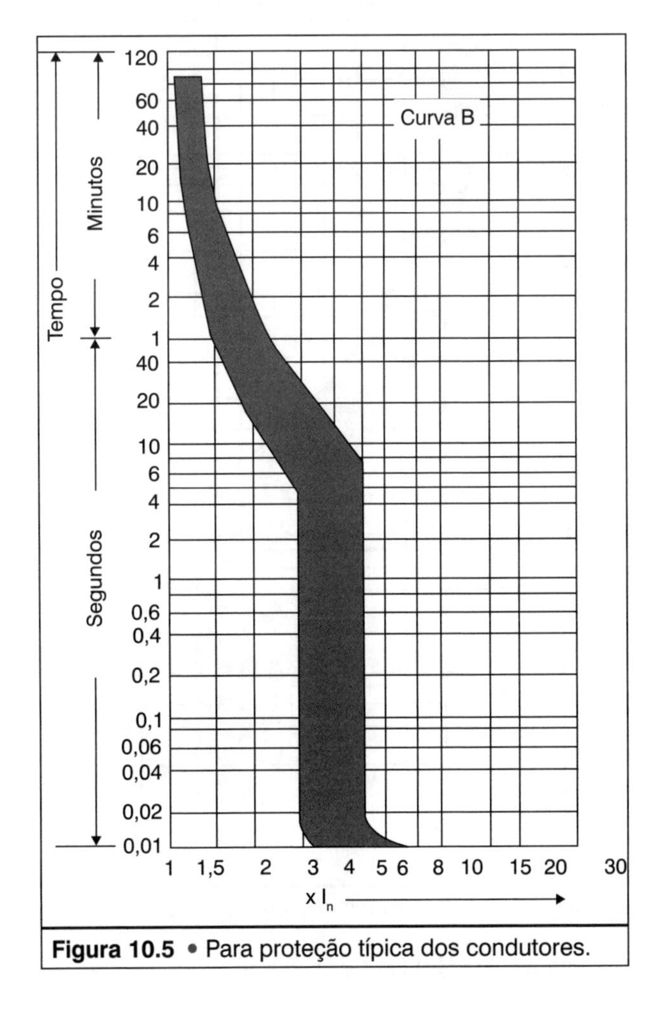

Figura 10.5 • Para proteção típica dos condutores.

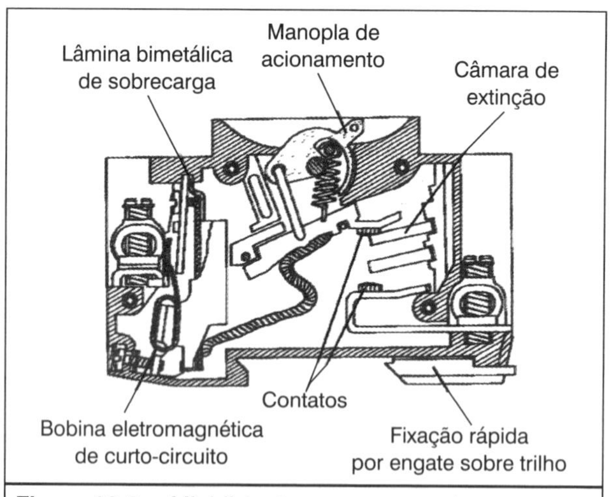

Figura 10.6 • Minidisjuntores para manobra e proteção. Construção.

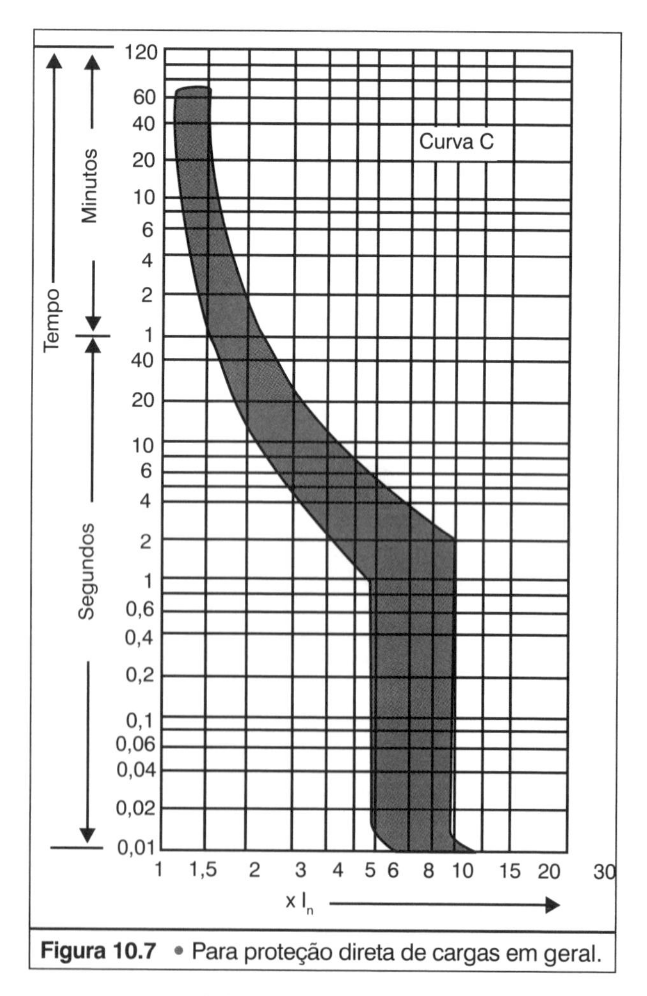

Figura 10.7 • Para proteção direta de cargas em geral.

Obedecem as normas – IEC 947-2 e IEC 898.

4 • CARACTERÍSTICAS COMPARATIVAS FUSÍVEL-DISJUNTOR

Disjuntor e o fusível exercem basicamente a mesma função: **ambos têm como maior e mais difícil tarefa interromper a circulação da corrente de curto-circuito,** mediante a extinção do arco que se forma. Esse arco se estabelece entre as peças de contato do disjuntor ou entre as extremidades internas do elemento fusível. Em ambos os casos, a elevada temperatura que se faz presente leva a uma situação de risco que podemos assim caracterizar:

- A corrente I_k é a mais elevada das correntes que pode vir a circular no circuito, e como é bem superior à corrente nominal, só pode ser mantida por um tempo muito curto, sob pena de danificar ou mesmo destruir componentes de um circuito. Portanto, o seu tempo de desligamento deve ser extremamente curto.
- Essa corrente tem influência tanto térmica (perda joule) quanto eletrodinâmica, pelas forças de repulsão que se originam quando essa corrente circula entre condutores dispostos em paralelo, sendo, por isso mesmo, fator de dimensionamento da seção condutora de cabos.
- O seu valor é calculado em função das condições de impedância do sistema, e é por isso variável nos diversos pontos de um circuito. De qualquer modo, representa em diversos casos até algumas dezenas de quiloampères que precisam ser manobrados, seja pela atuação de um fusível, seja pelo disparo por um relé de curto-circuito que ativa o mecanismo de abertura dos contatos do disjuntor.
- Entretanto, existem algumas vantagens no uso do fusível, e outras usando disjuntores. Na comparação temos a Tabela 10.1.

Tabela 10.1 • Comparação de atuação fusível-disjuntor.

	Fusível	**Disjuntor**
Cálculo exato de I_{cc}	Não necessita	Necessita
Capacidade de interrupção	Mais alta	Mais baixa
Tempo de interrupção	Muito pequeno	Maior e ajustável
Disponibilidade	Fácil	Menos fácil
Custo	Menor	Maior

A confiabilidade de operação do fusível ou disjuntor é assegurada pela conformidade das normas vigentes e referências do fabricante.

Também quanto às condições de operação e controle, podemos traçar um paralelo entre disjuntores e os fusíveis, como segue:

Tabela 10.2 • Características de operação e controle.

	Fusível	**Disjuntor**
Religamento após anomalias Sobrecarga Curto-circuito	 Não Não	 Sim Sim, com restrições (estado dos contatos)
Desligamento total da rede por anomalias	Sim, com restrições (com supervisor de fusíveis)	Sim
Manobra manual segura	Sim, com restrições (com seccionador-fusível)	Sim
Comando remoto	Não	Sim
Identificação da condição de uso	Sim, com restrições (evolução da temperatura)	Não, com restrições (registro de eventos, evolução de temperatura)
Sinalização remota	Sim, com restrições (supervisor de fusíveis)	Sim
Ocasiona parada do trabalho	Sim	Com restrições (estado dos contatos)
Seletividade	Sim, simples	Sim, onerosa
Intertravamento	Sim, com restrições (com seccionador com porta-fusível)	Sim
Intercambialidade	Sim, são normalizados	Não
Requer manutenção	Não, com restrições (acompanhar, evolução da temperatura)	Não, com restrições (registro de eventos, evolução da temperatura)

5 • CURVAS DE PROTEÇÃO COORDENADAS ENTRE SI

1° exemplo.

Coordenação de curvas características de proteção, levando em consideração a curva de destruição de componentes.

Vimos que cada componente suporta condições anormais por um tempo limitado, que as curvas características dos dispositivos de proteção tem de ser coordenadas para atuarem corretamente nas faixas de sobrecarga e de curto-circuito. Portanto, têm-se condições de representar graficamente esses parâmetros, com a devida coordenação entre as curvas mencionadas.

Como cada componente é definido em norma, tem-se uma série de CURVAS. Algumas dessas curvas são mais críticas do que outras, e, por isso, o fabricante destaca aquelas mais críticas e as representa, **combinada com a dos dispositivos de proteção que devem evitar sua danificação, como indicado a seguir.**

No caso, vem representada a curva-limite de destruição (também chamada de curva de dano) do relé de sobrecarga bimetálico e a curva do dispositivo de proteção (no caso, fusíveis) que está em condições de protegê-lo. A curva-limite de proteção não intercepta.

Curva característica de disparo e coordenação de proteção

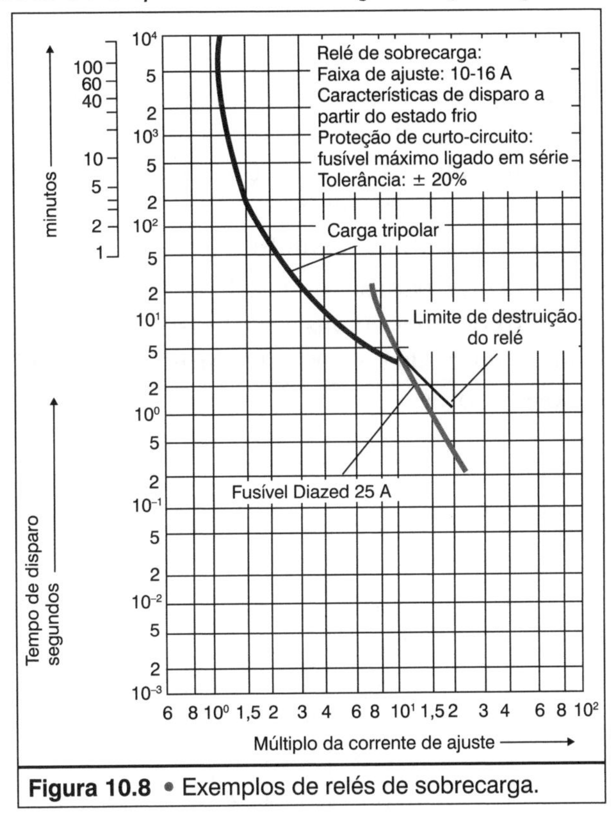

Figura 10.8 • Exemplos de relés de sobrecarga.

Lembre-se: a característica de disparo é indicada a partir do ESTADO FRIO. Para o circuito em temperatura de funcionamento, o tempo de disparo é da ordem de 25% do valor obtido no gráfico.

2° exemplo.

Coordenação entre as curvas características dos dispositivos de proteção e a curva da corrente de partida de motores elétricos.

Já sabemos que, na fase de partida, os motores elétricos, e sobretudo os motores do tipo indução gaiola, **absorvem da rede uma corrente bem mais elevada,** da ordem de 6 a 8 vezes a corrente nominal.

Sabemos também que o dispositivo de proteção contra sobrecarga (os relés bimetálicos ou os eletrônicos) normalmente **efetuam o desligamento nessa faixa de sobrecorrentes.**

Mas, no presente caso, aliás muito frequente, apesar de ser uma sobrecorrente, essa corrente faz parte do próprio processo de partida do motor, e **como tal não pode levar a uma interrupção** (pois o motor nunca iria partir plenamente e nem chegar ao regime nominal). Então, **é necessário que as curvas dos diapositivos de proteção escolhidos levem em consideração uma adequada coordenação com a curva de partida do motor;** e mais: **que as curvas demonstrem um afastamento seguro.**

Na representação que segue, a corrente de partida do motor (curva 1) tem um valor inicial de 8 x I_n, chegando ao valor nominal de I_n quando a curva coincide com o eixo vertical, enquanto as curvas de atuação dos relés de proteção do disjuntor (curvas 2 e 3) estão suficientemente afastadas da curva de partida, **garantindo assim uma partida normal do motor.**

Esse fato demonstra que, para se ter a certeza de que estamos escolhendo os **dispositivos de proteção com suas curvas características corretas,** temos de conhecer precisamente **qual a curva da corrente de partida nas condições de carga em que vamos ligar o nosso motor.**

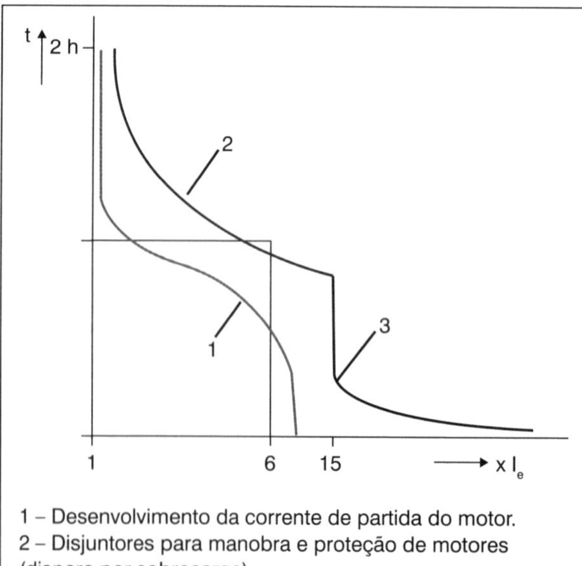

Figura 10.9 • Disjuntores para manobra e proteção de motores. Partida de motores. Curvas características típicas.

3° exemplo.

Escolha das curvas características de relés de um disjuntor perante cargas variáveis.

Os disjuntores são, por definição, dispositivos de manobra e de proteção, dotados dos relés de proteção contra sobrecarga e curto-circuito.

Tais relés têm de ter suas curvas coordenadas com as cargas a eles ligadas.

Nesse terceiro exemplo, temos um disjuntor ao qual estão ligadas, em duas hipóteses distintas, uma vez cargas motoras (curva 2) e numa outra situação, cargas gerais de uma linha de distribuição (curva 1) que também inclui, mas não exclusivamente, cargas motoras.

Nesse caso, a grande diferença está no início da faixa das correntes de curto-circuito k, que no caso de cargas exclusivamente motoras se inicia com 15 x I_n, e no caso de cargas mistas, como o é de uma rede de distribuição, I_k é superior a 10 x I_n.

Esses fatores devem ser levados em consideração na escolha dos relés dos disjuntores em base ao ponto de sua instalação, ou seja, quando para manobra direta de motores ou manobra de circuitos de distribuição.

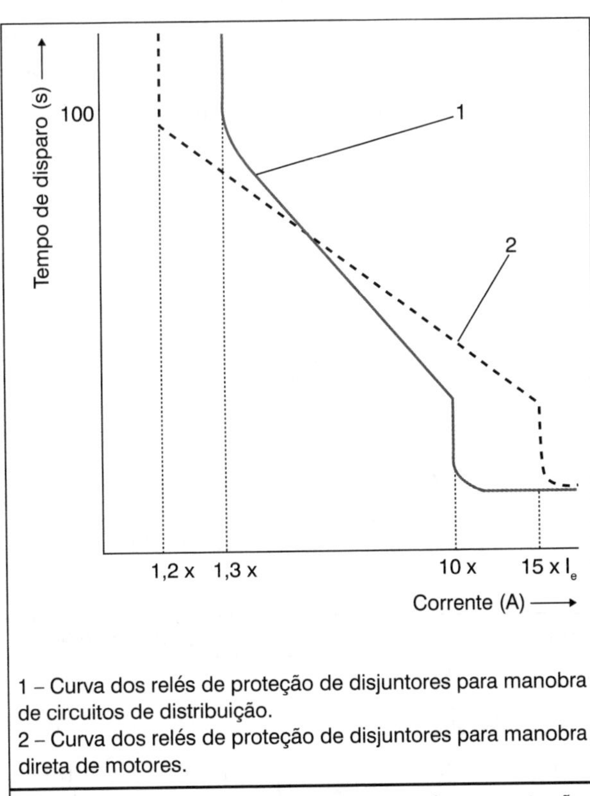

Figura 10.10 • Disjuntores para manobra e proteção de circuitos de distribuição e de motores. Curvas características típicas.

6 • CONTATORES

O contator, que é de acionamento não manual por definição, pode ser do tipo "de potência" e "auxiliar", e normalmente tripolar, por ser usado em redes industriais que são sobretudo trifásicas.

O seu funcionamento se dá perante condições nominais e de sobrecarga previstas, sem porém ter capacidade de interrupção para desligar a corrente de curto-circuito.

O acionamento é feito por uma bobina eletromagnética pertencente ao circuito de comando, bobina essa energizada e desenergizada normalmente através de uma botoeira liga-desliga, estando ainda em série com a bobina do contator um contato pertencente ao relé de proteção contra sobrecargas, do tipo NF (normalmente fechado). Esse contato auxiliar, ao abrir, interrompe a alimentação da bobina eletromagnética, que faz o contator desligar. Fusíveis colocados no circuito de comando fazem a proteção perante sobrecorrentes.

Construção

Cada tamanho de contator tem suas particularidades construtivas. Porém, em termos de componentes e quanto ao princípio de funcionamento, são todos similares ao desenho explodido que segue, e cujos componentes estão novamente representados na ilustração com corte da Figura 10.11.

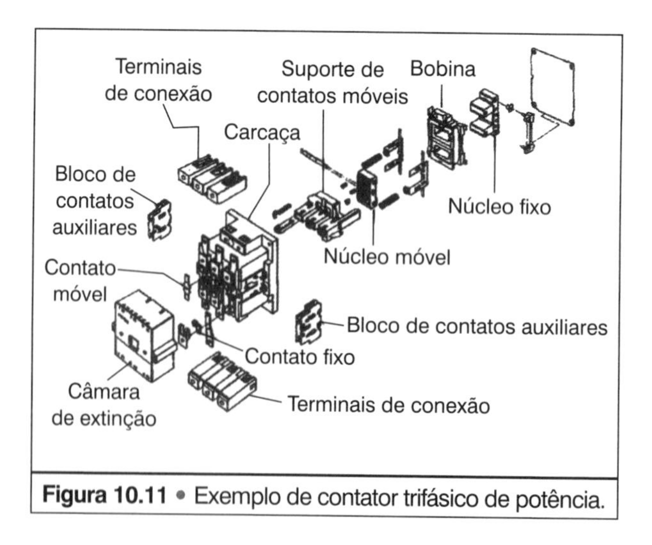

Figura 10.11 • Exemplo de contator trifásico de potência.

Funcionamento do contator

Conforme definido e comentado anteriormente, o contator é um dispositivo de manobra não manual e com desligamento remoto e automático, seja perante sobrecarga (através do relé de sobrecarga), seja perante curto-circuito (através de fusíveis).

Quem liga e desliga o contator é a condição de operação de uma bobina eletromagnética, indicada nas Figuras 10.11 e 10.12 no desenho em corte.

Essa bobina, no estado de desligado do contator, ou seja, contato fixo e contato móvel abertos, também está desligada ou desenergizada. Quando, por exemplo, através de uma botoeira, a bobina eletromagnética é **energizada**, o campo magnético criado e que envolve o núcleo magnético fixo (Figura 10.12), atrai o núcleo móvel (Figura 10.12), com o que se desloca o suporte de contatos com os contatos principais móveis (Figura 10.12), que assim encontram os contatos principais fixos, fechando o circuito.

Estando o contator ligado (a bobina alimentada), e havendo uma condição de sobrecarga prejudicial aos componentes do sistema, o relé de proteção contra sobrecarga (bimetálico ou eletrônico) interromperá um contato NF desse relé, que está em série com a bobina do contator, no circuito de comando. Com a abertura do contato é desenergizada a bobina eletromagnética, o contator abre e a carga é desligada. Para efeito de religação, essa pode ser automática ou de comando remoto, dependendo das condições a serem atendidas pelo processo produtivo ao qual esses componentes pertencem.

Além dos contatos principais, um contator possui contatos auxiliares dos tipos NA e NF, em número variável e informado no respectivo catálogo do fabricante. (Lembrando: NA significa normalmente aberto e NF, normalmente fechado.)

As peças de contato têm seus contatos feitos de metal de baixo índice de oxidação e elevada condutividade elétrica, para evitar a criação de focos de elevada temperatura, o que poderia vir a prejudicar o seu funcionamento. Nesse sentido, o mais frequente é o uso de liga de prata.

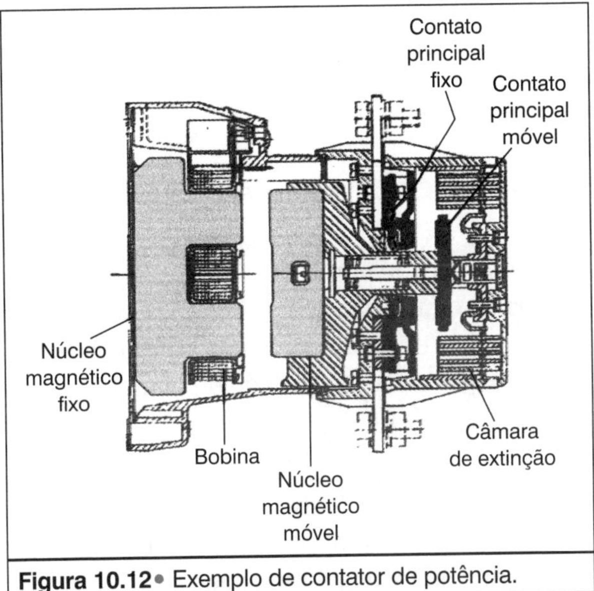

Figura 10.12• Exemplo de contator de potência.

Características dos contatores

Os contatores se caracterizam sobretudo pelo seu elevado número de manobras perante corrente nominal, número esse variável com o tipo de carga pois, entre outros, é função dos efeitos do arco elétrico sobre as peças de contato no instante da manobra. Com isso, **a sua capacidade de manobrar também passa a ser variável com o tipo de carga, conforme vamos detalhar a seguir.**

Se analisarmos, consequentemente, uma lista técnica de um contator, vamos constatar que:

- São dados básicos de escolha: o conhecimento de sua **tensão nominal** (U_n) e a **frequência nominal** (f_n), para as quais também a bobina eletromagnética do contator precisa ser adequada.
- É fundamental também saber em que condições de carga **o contator é ligado,** para determinar o número de contatos auxiliares necessários para intertravamento, bloqueio, comandos auxiliares etc, definindo-se assim o número de contatos normalmente abertos (NA) e os normalmente fechados (NF).
- Como terceiro detalhe, **o tipo de carga** em que vai ser ligado: a constatação se a carga é predominantemente **resistiva** ou **indutiva.** (motores, sobretudo). Isso porque as respectivas curvas de carga são acentuadamente diferentes. No caso de carga **capacitiva,** as condições bastante críticas na ligação recomendam o uso de contatores específicos para tal carga, ou uma consulta ao fabricante a respeito.
- O quarto aspecto diz respeito ao **regime em que a carga considerada vai ser manobrada: é de ligação contínua ou intermitente.** Isso porque, sendo intermitente, a presença frequente do arco elétrico e seus efeitos térmicos faz com que tenhamos de reduzir a carga pela redução de corrente, com o que o contator terá menor capacidade de manobra. As potências indicadas seguem a padronização constante da norma NBR 5432, em sua última edição.
- Mais um aspecto é a definição da sua **categoria de emprego,** segundo norma IEC.

  As diversas categorias de emprego estão definidas a seguir, sendo designadas, em corrente alternada, por AC. Classificação semelhante é normalizada para corrente contínua por DC. Para cada uma dessas categorias, a norma define qual a capacidade de manobra que um dado contator apresenta.
- Nas listas técnicas ainda encontramos informações relativas à:
  - **Corrente e tamanho do fusível ou disjuntor-motor** que fará a proteção de cada um dos contatores, lembrando que, sendo carga motora, a característica do fusível é retardada.

- Atendimento às **normas técnicas**, relacionando-as e informando eventualmente se o material já possui a MARCA DE CONFORMIDADE. Essa marca é obtida na obediência da norma do produto e de norma de procedimentos. Sua concessão é feita por autorização do Inmetro – Instituto Nacional de Metrologia, Normalização e Garantia de Qualidade.
- Para cada contator ainda vem indicada a **família de relés de sobrecarga** que se aplica, baseado no valor da corrente nominal.

Tabela 10.3 • Contatores. Categorias de emprego – IEC 947. Exemplos de cargas.

AC-1	Cargas não indutivas ou de baixa indutividade Resistências
AC-2	Motores com rotor bobinado (anéis) Partida com desligamento na partida e regime nominal
AC-3	Motores com rotor em curto-circurto (gaiola) Partida com desligamento em regime nominal
AC-4	Motor com rotor em curto-circuito (gaiola) Partida com desligamento na partida, partida com inversão de rotação, manobras intermitentes
AC-5a	Lâmpadas de descarga em gás (fluorescentes, vapor de mercúrio, vapor de sódio)
AC-5b	Lâmpadas incadescentes
AC-6a	Transformadores
AC-6b	Banco de capacitores
AC-7a	Cargas de aparelhos residenciais ou similares de baixa indutividade
AC-7b	Motores de aparelhos residenciais
AC-8	Motores-compressores para refrigeração com proteção de sobrecarga
DC-1	Cargas não indutivas ou de baixa indutividade Resistências
DC-3	Motores de derivação (*shunt*) Partidas normais, partidas com inversão de rotação, manobras intermitentes, frenagem
DC-5	Motores série Partidas normais, partidas com inversão de rotação, manobras intermitentes, frenagem
DC-6	Lâmpadas incandescentes

Tabela 10.4 • Contatores auxiliares / Contatos auxiliares Categorias de emprego – IEC 947.	
Corrente alternada	**Especificação das cargas**
AC-12	Cargas resistivas e eletrônicas
AC-13	Cargas eletrônicas com transformador de isolação
AC-14	Cargas eletromagnéticas ≤ 72 VA.
AC-15	Cargas eletromagnéticas > 72 VA
Corrente contínua	**Especificação das cargas**
DC-12	Cargas resistivas e eletrônicas
DC-13	Cargas eletromagnéticas
DC-14	Cargas etetromagnétícas com resistências de limitação

Durabilidade ou vida útil. A durabilidade é expressa segundo dois aspectos: a mecânica e a elétrica.

A **durabilidade mecânica é um valor fixo,** definido pelo projeto e pelas características de desgaste dos materiais utilizados. Na prática, o seu valor é de 10 a 15 milhões de manobras, para contatores de pequeno porte. De qualquer modo, o valor correspondente está indicado no catálogo do fabricante.

A **durabilidade elétrica, ao contrário, é um valor variável,** função da **frequência de manobras da carga,** a qual o contator está sujeito, em função do **número total de manobras que o contator é capaz de fazer,** a **sua categoria de emprego** e aos **efeitos do arco elétrico,** que dependem da tensão e da corrente elétricas. Normalmente, perante condições de desligamento com corrente nominal na categoria de emprego AC-3, esse valor varia de 1 a 1,5 milhão de manobras.

Essas três últimas variáveis estão indicadas no gráfico que segue, observando-se que:

- No eixo horizontal, vem indicada a **corrente de desligamento,** que não é necessariamente a corrente nominal. Portanto, o seu valor deve ser **determinado** ou **medido** em cada carga ligada ao contator.
- No eixo vertical, a indicação de dois dos possíveis eixos de tensão nominal, sendo que, sobre as escalas indicadas (de acordo com a tensão ligada),obtemos O VALOR TOTAL DAS MANOBRAS QUE O CONTATOR É CAPAZ DE FAZER, em regime AC-3, que é o mais encontrado nas instalações industriais. Ou, em outras palavras, obtemos a DURABILIDADE ELÉTRICA DO CONTATOR.
- O conhecimento dessas durabilidades (elétrica e mecânica) são particularmente importantes na constituição do PLANO DE MANUTENÇÃO DE

UMA INDÚSTRIA, podendo-se assim planejar adequadamente a aquisição de peças de reposição e o período melhor de sua troca sem interromper o ciclo produtivo.

- No interior do gráfico, as curvas de cada contator, estabelecidas pelo respectivo fabricante.

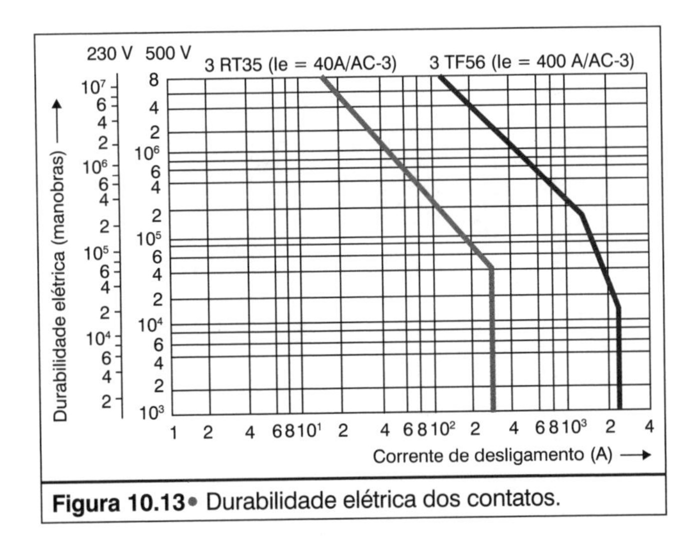

Figura 10.13• Durabilidade elétrica dos contatos.

Do exposto, podemos tirar algumas conclusões:

- Na escolha do contator adequado a uma instalação, e para evitar frequentes trocas, temos de conhecer, além da tensão, frequência elétrica e tipo de carga (como vimos até aqui), também a frequência de manobras, ou seja, o número de manobras por unidade de tempo (p.ex. manobras por hora) que a carga realiza.
- Na avaliação, qual o contator que melhor atende ao usuário, e além do seu custo, temos de saber, entre os contatores para nossa escolha, qual o que apresenta uma durabilidade adequada e relacionar essa durabilidade com o custo-benefício.
- Avaliar o que significa para o ciclo de trabalho da indústria frequentes substituições de componentes, ou seja, até que ponto essas prejudicam o ciclo produtivo.

Todos os elementos citados seguem na análise seguinte, tendo-se ainda anexado um nomograma que por vezes tem sido um auxiliar útil na determinação da durabilidade elétrica.

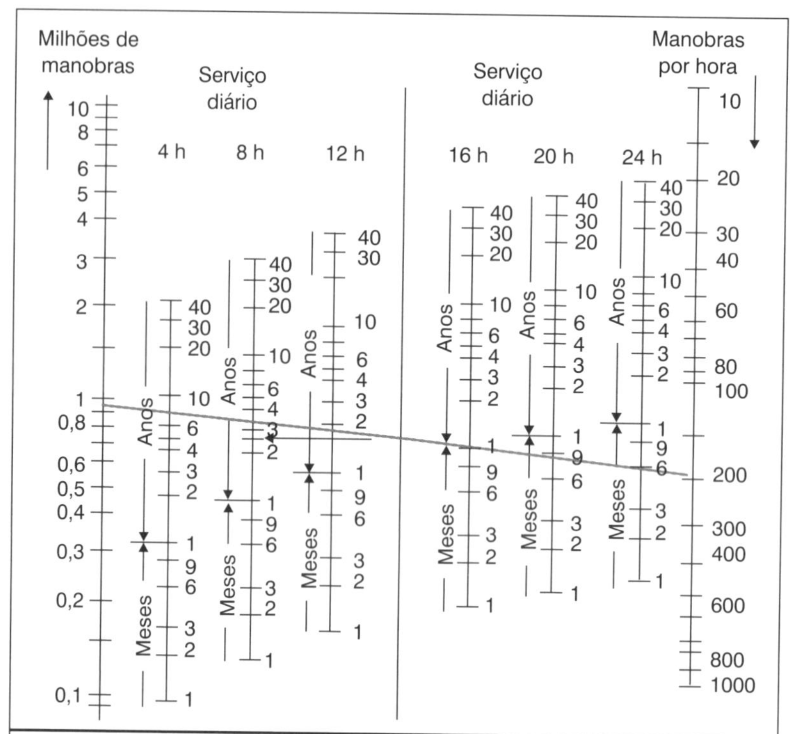

Figura 10.14 • Nomograma para estimativa da durabilidade elétrica. Dados (desejado): durabilidade elétrica em milhões de manobras; frequência de manobras em manobras por hora; período de trabalho (serviço diário) em horas. Resultado: estimativa de durabilidade elétrica em anos/meses.

Exemplo:

- 1° valor de referência: 1 milhão de manobras elétricas.
- 2° valor de referência: 200 manobras por hora.
- Valores obtidos. Unem-se os dois pontos e assim intercepta-se um eixo vertical central (que não tem escala). Pelo ponto de corte assim obtido, traçar uma horizontal, que vai cortar as diversas escalas com horas de serviço diário especificado. Se as já utilizadas 200 manobras/hora estão presentes 8 horas/dia, o corte com a escala **"8 horas de serviço diário"** nos dará a durabilidade do contator, que nesse caso é de aproximadamente **3 anos** (a horizontal traçada pelo ponto de intercessão obtido sobre a vertical sem escala leva ao valor de 3 anos).

Ainda na atividade de manutenção, é importante se **localizar** qualquer defeito que esteja acontecendo durante o **ciclo de trabalho.** Assim, por exemplo, seja pelas condições da rede de alimentação, seja por defeito dos componentes, podem ocorrer certos problemas, cujas **causas mais frequentes** estão exemplificadas no que segue.

Utilização dos contatores

Tabela 10.5 • Desvio dos valores nominais de operação.

Defeitos	Causas
• Ruído de vibração Perda acelerada de massa dos contatos Destruição dos contatos Destruição da bobina (≈1min)	• Subtensão no comando Transformador de comando subdimensionado Tensão de comando derivada da potência Falha de conexão e condução
• Soldagem leve (separável) Área de brilho fosco	• Capacidade de ligação e condução
• Perda de massa com deformações do contato Áreas fundidas Soldagem intensa (inseparável)	• Sobrecarga No caso de carga motora, motor travado
• Perda acelerada da massa dos contatos Destruição das partes adjacentes aos contatos	• Capacidade de interrupção
• Destruição das partes adjacentes aos contatos Soldagem intensa (não separável)	• Durabilidade elétrica
• Soldagem leve (separável) Área de brilho fosco Destruição das partes adjacentes aos contatos	• Frequência de manobras
• Perda de massa com pingos de derretimento Destruição das partes adjacentes aos contatos	• Curto-circuito

Garantia de bom desempenho do contator

Sucintamente, o correto uso, e daí o bom desempenho de um contator, pode vir baseado em:

- Acompanhar o estado dos contatos por meio do cálculo da durabilidade, como visto anteriormente, e registrar, em especial, desligamentos por anormalidades, que certamente vão reduzir a vida útil.
- Instalar os relés de proteção contra sobrecarga e os fusíveis máximos de acordo com o especificado no catálogo do fabricante.

- Avaliar as consequências de um curto-circuito (o contator não desliga, mas vai conduzir a corrente de curto-circuito por tempo limitado) presente no circuito.
- Controlar as condições de aquecimento das peças de contato, aquecimento esse sempre proveniente de condições anormais de utilização, e que podem ter danificado as peças de contato.
- O uso de peças de reposição originais do próprio fabricante do contator.

Seletividade e coordenação de curvas (*back-up*) entre dispositivos de proteção

1 • DEFINIÇÃO

Coordenação a sobrecorrentes

Coordenação das características de operação de dois ou mais dispositivos de proteção contra sobrecorrentes, de modo que, no caso de ocorrerem sobrecorrentes entre limites especificados, somente opere o dispositivo previsto dentro desses limites.

E essa previsão é a de que opere apenas o dispositivo a montante do defeito que esteja mais próximo desse defeito (ou, em outras palavras: o imediatamente anterior ao local do defeito).

Vimos que:

- A proteção contra condições anormais de sobrecorrente é feita por relés de proteção de disjuntores e fusíveis.
- Cada um desses dispositivos, entre outras grandezas, é caracterizado por curvas características.
- Essas curvas têm sua posição perfeitamente definida nos gráficos tempo de disparo x corrente de desligamento, de sorte que cada um atue na situação correta.

Essa atuação na situação correta deve ser também transferida ao circuito, onde temos frequentemente diversos dispositivos de mesma ou diferente função de proteção, LIGADOS EM SÉRIE, e onde a evolução das curvas tempo x corrente adquire um significado especial. Essa é uma análise de SELETIVIDADE de atuação conjunta, e que é o tema que segue.

Reportando-nos às duas páginas seguintes, temos a observar:

Seletividade entre fusíveis em série

Tem-se, nesse caso, a análise feita para dois jogos de fusíveis em série (Figura 11.1), tendo o F2 (fusível a jusante) a ligação da carga, e antes dele, o fusível F1 (a montante), sempre lembrando que, pelas regras de representação gráfica, a alimentação é representada do lado de cima e as cargas, embaixo.

Nesse caso, entre as curvas médias dos dois fusíveis, tem de haver uma diferença de tempos de atuação, que é dada, em termos de correntes nominais, por fatores (1,25/1,6) indicados em função da tensão de alimentação. Esses fatores vão garantir, no final, que as curvas dos fusíveis não se sobreponham, total ou parcialmente.

Sob altas correntes de curto-circuito, porém, o atendimento a essas condições não é suficiente.

A seletividade só estará assegurada quando o valor térmico (dado por I^2 x t) durante os tempos de fusão e de arco do fusível menor for menor do que os respectivos valores do fusível maior (a montante).

Deve ficar bem claro nesse ponto o seguinte: não basta que as correntes nominais de fusíveis imediatamente em série não sejam iguais, nem que sempre um tamanho maior ao anterior já garanta a seletividade.

Seletividade entre disjuntores em série

Nesse caso, a seletividade é analisada, pela disposição das curvas características dos relés de proteção de sobrecarga e de curto-circuito (Figura 11.2), dos disjuntores (Q1 e Q2). A diferença de tempos que dão uma seletividade confiável deve ser de 70 ms a 150 ms. Observe as demais recomendações indicadas.

Seletividade entre relés do disjuntor e fusível

Tendo um fusível a jusante e um disjuntor com seus relés a montante (Figura 11.3), o tempo de separação tem de ser da ordem de 100 ms.

Seletividade entre fusível e relés do disjuntor

Situação inversa à anterior, com os relés do disjuntor a jusante e o fusível a montante. O tempo de separação entre as curvas deve ser da ordem de 70 ms.

A utilização de valores menores do que os indicados pode levar a desligamentos contrários a seletividade exigida, devido às tolerâncias com que tais componentes são fabricados.

Normalmente, quando são usados dispositivos de manobra e de proteção de mesma origem, a evolução para que tais curvas sejam coerentes entre si já é levada em consideração pelo fabricante; diferente do caso quando os relés são de diversas origens, quando então o cuidado deve ser redobrado.

O estudo da seletividade adquire uma importância particular, quando observamos que a atuação dos dispositivos de proteção que não atenda ao que foi exposto leva certamente ao desligamento de setores do circuito elétrico que não deveriam ser desligados. Com isso, pensando-se em termos de produção industrial, a desconsideração dos fundamentos da seletividade iria desligar máquinas sem nenhuma necessidade, com que a produção daquela indústria seria certamente prejudicada.

Portanto, muito cuidado com o atendimento das condições expostas.

Seletividade

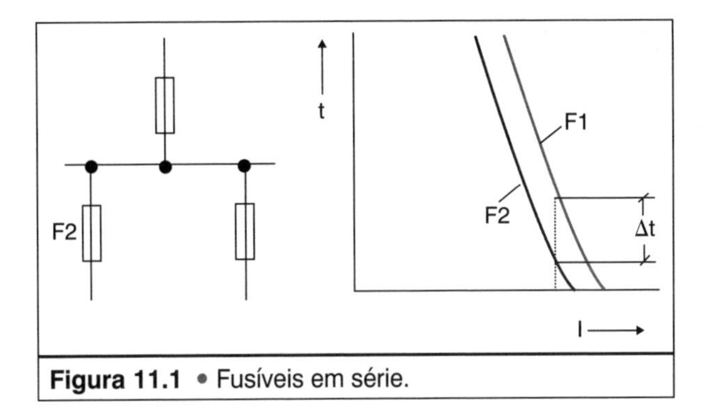

Figura 11.1 • Fusíveis em série.

Na prática, a seletividade com fusíveis em série é dada por:

Em 380 V $\frac{\text{F1}}{\text{F2}} = 1,25$ Em 500 V $\frac{\text{F1}}{\text{F2}} = 1,25$

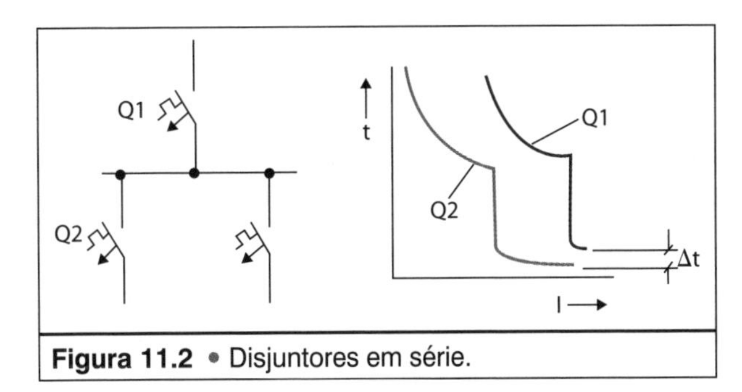

Figura 11.2 • Disjuntores em série.

- A seletividade com disjuntores em série é dada por:
  - degraus de corrente;
  - disparo temporizado.
- Escalonamento de tempo na ordem de 70 a 150 ms

A especificação do disjuntor em série pode ser otimizada por meio da análise de proteção de retaguarda (*back-up*).

Seletividade

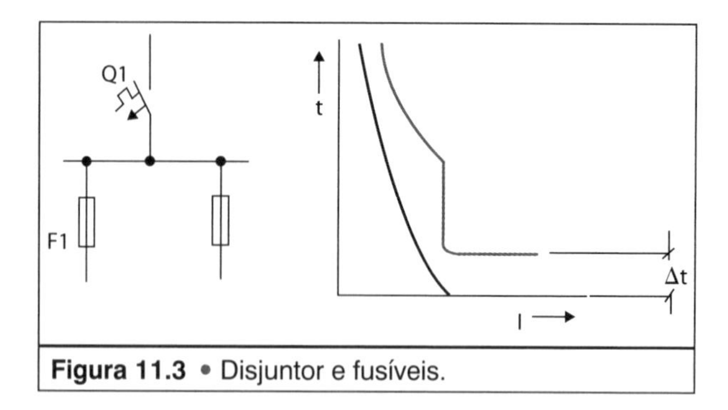

Figura 11.3 • Disjuntor e fusíveis.

- A seletividade de disjuntor a montante de fusível a jusante é possível quando a corrente nominal do fusível seja bem abaixo a do disjuntor.
- Escalonamento de tempo na ordem de 100 ms (Figura 11.3).

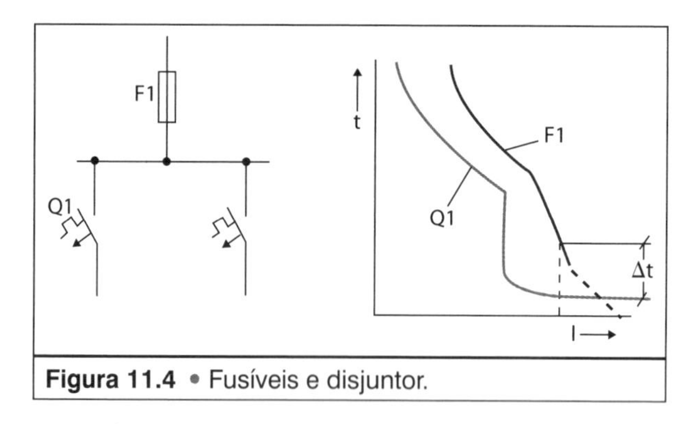

Figura 11.4 • Fusíveis e disjuntor.

- Na prática, a seletividade com fusível a montante de disjuntor é dada com um escalonamento de tempo na ordem de 70 ms.
- A especificação do disjuntor em série com o fusível pode ser otimizada por meio da análise da proteção de retaguarda (*back-up*) (Figura 11.4).

Considerações sobre a manobra e proteção de motores elétricos em partida direta

Pelo exposto até aqui, a partida direta, com plenos valores de potência e tensão, pode ser feita de diversas maneiras, associando adequadamente entre si disjuntores e fusíveis com contatores e relés de sobrecarga. Essas hipóteses estão reunidas na tabela que segue, informando até que ponto cada um deles traz uma proteção plena perante um dado problema, ou não.

Tabela 12.1 • Proteção plena dos motores.

Tipos de ligação	Proteção com fusíveis/disjuntor e relé de sobrecarga/ disparador de sobrecarga 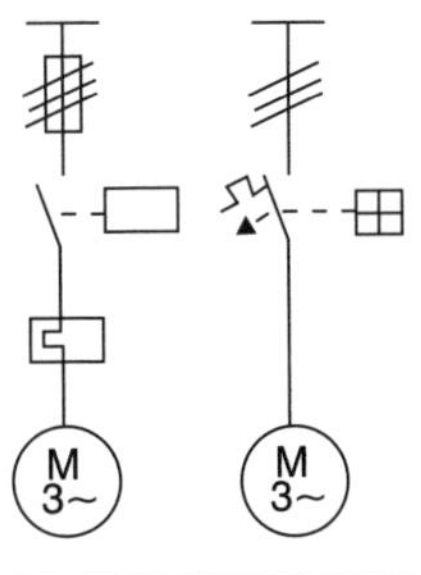	Proteção com fusíveis/disjuntor e sensor térmico (termistor) 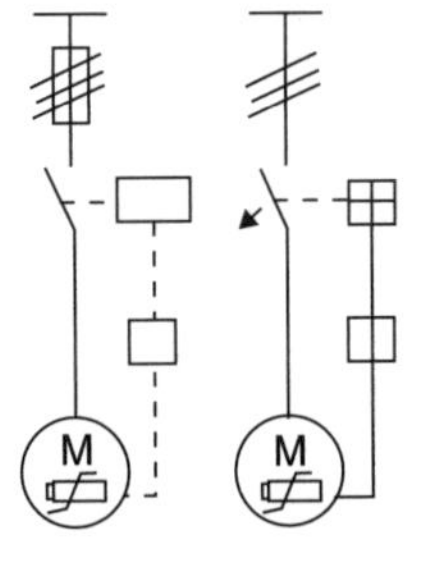	Proteção com fusíveis/disjuntor e relé de sobrecarga/ disparador de sobrecarga e sensor térmico (termistor) 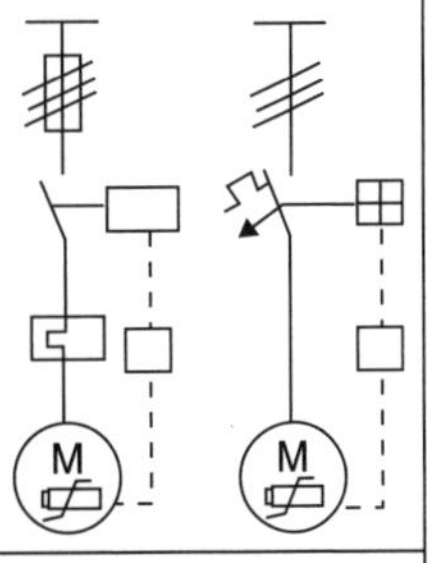
Causas de aquecimento	**Proteção dos motores**		
Sobrecarga em regime de operação	Total	Total	Total
Falta de fase	Total	Total	Total
Desvios de tensão e frequência	Total	Total	Total
Rotor bloqueado	Total	Parcial	Total
Partida difícil (prolongada)	Sem	Total	Total
Elevada frequência de manobras	Parcial	Total	Total
Temperatura elevada (no motor)	Sem	Total	Total
Obstrução do resfriamento (no motor)	Sem	Total	Total

Ressalte-se que o uso de uma ou outra combinação de dispositivos é tanto um aspecto técnico quanto econômico. Em outras palavras, soluções melhores são também de maior custo: cabe ao projetista avaliar até que ponto a carga necessita de uma solução mais completa ou não.

Com relação à Tabela 12.1, temos a comentar:

- 90% ou pouco mais de todos os motores elétricos ainda hoje são protegidos de acordo com as soluções indicadas na primeira coluna, usando disjuntores com relés de sobrecarga e curto-circuito, ou fusível, contator e relé de sobrecarga. Recai a solução sobre o contator, quando o número de manobras previstas é elevado, pois o disjuntor tem uma durabilidade menor em número de manobras.
- Para máquinas de grande porte (tanto motores quanto geradores) e de elevado custo, é importante fazer um estudo que leve em consideração um eventual uso dos relés eletrônicos de sobrecarga, pois frequentemente o custo do equipamento justifica o uso de um sistema mais sofisticado de proteção, no qual está incluído sensoriamento do aquecimento de motor através de termistores e supervisão da corrente de fuga.
- Em ambientes altamente poluídos, sobretudo com fibras isolantes, a proteção por relé bimetálico (que controla correntes) não é eficiente, pois o sobreaquecimento que se apresenta é ocasionado pelo entupimento de canais de circular do ar refrigerante (e não por excesso de perda joule, que seria proporcional à corrente). Se esse risco existir e não puder ser evitado, recomenda-se o uso de relés de sobrecarga eletrônicos. Note-se porém que o uso deste relé faz parte de um projeto global da máquina, pois os sensores semicondutores de temperatura, os termistores, têm de ser instalados dentro do motor, no seu ponto mais quente.
- Quando o ambiente está a uma temperatura elevada, acima das de referência da norma, com o que a troca de calor também diminui e aumenta o aquecimento interno da máquina até alcançar valores inadmissíveis, essa elevação de temperatura também não é registrada pelo relé de sobrecarga bimetálico, exigindo o uso de um relé de sobrecarga eletrônico que também sensoria o aquecimento.
- A solução convencional (com relé bimetálico) também não é eficiente perante partidas difíceis, prolongadas, pois pode acontecer que essa se dá com tempos muito longos de correntes não muito elevadas, de modo que a supervisão do relé bimetálico não é eficiente.
- No caso de rotor bloqueado (que significa o motor ligado e não girando, o que se assemelha a um transformador em curto-circuito), a proteção apenas por sensoriamento do aquecimento não é plenamente confiável, porque nesse caso o impacto de corrente acelera abruptamente o aqueci-

mento no tempo, de modo que pode haver danificação antes da resposta dos termistores. Esse é um dos casos em que uma dupla proteção por relé bimetálico e supervisão por termistores levam à melhor solução.

1 • CORREÇÃO DO FATOR DE POTÊNCIA

Pelo formulário básico dado no início desse texto, vimos que o fator de potência é parte da determinação da potência ativa, que se transforma em trabalho útil. Esse fator de potência depende do tipo de carga: são as cargas resistivas que têm seu valor mais elevado (praticamente igual à unidade), e cargas indutivas que têm valores sensivelmente menores (da ordem de 0,65-0,70).

Sabemos que esse fator de potência resulta do defasamento vetorial entre tensão e corrente, e que o defasamento indutivo é contrário ao capacitivo. Portanto, se temos um baixo fator de potência indutivo, podemos compensá-lo sobrepondo a ele um defasamento capacitivo.

Isso, na realidade, se faz associando motores (carga indutiva) com capacitores (carga capacitiva). Nesse sentido, para possibilitar uma rápida correção do fator de potência da carga principal ligada, se essa tem baixo fator de potência, podemos utilizar o esquema de ligação de capacitores indicado, para uma compensação individual, que porém não é a única existente. Indicamos ainda uma tabela que possibilita o cálculo da potência capacitiva a ser instalada, em função do fator de potência que se quer alcançar. Valores de referência são compreendidos entre 0,95 e 0,98, lembrando que, pela atual legislação da área energética, o valor mínimo é de 0,92.

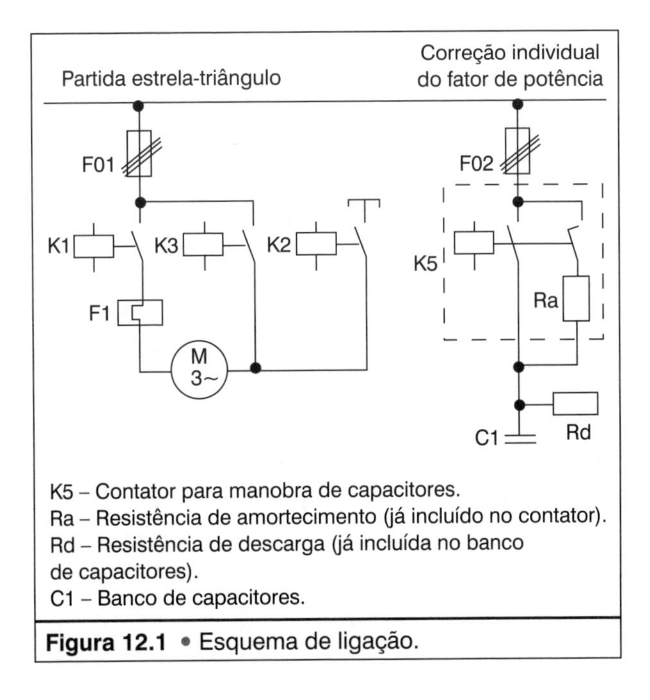

Figura 12.1 • Esquema de ligação.

Tabela 12.2 • Tabela de cálculo da potência capacitiva necessária.

Fator de potência na instalação	Fator de potência corrigido para						
	0,90	**0,95**	**0,96**	**0,97**	**0,98**	**0,99**	**1,00**
0,70	0,536	0,691	0,728	0,769	0,817	0,877	1,020
0,75	0,398	0,553	0,590	0,631	0,679	0,739	0,882
0,80	0,266	0,421	0,458	0,499	0,547	0,609	0,750
0,85	0,136	0,291	0,328	0,369	0,417	0,477	0,620
0,90	0,000	0,155	0,192	0,233	0,281	0,341	0,484
0,95	0,000	0,000	0,037	0,079	0,126	0,186	0,329
0,96			0,000	0,041	0,089	0,149	0,292
0,97				0,000	0,048	0,108	0,251
0,98					0,000	0,060	0,203

Fatores de multiplicação para determinar a potência capacitiva (kVAr) necessária a correção do fator de potência.

Classificação térmica dos materiais isolantes

Baseado na norma NBR 7034, os motores podem pertencer a uma das seguintes Classes de Temperatura:

Tabela 12.3 • Classificação termica dos materiais isolantes (NBR 7034).

Classes	Temperatura máxima (°C)	Temperatura de serviço
Y	90	80
A	105	95
E	120	110
B	130	120
F	155	145
H	180	170
C	Acima de 180	Depende do material

Cada uma dessas classes é formada de materiais particularmente isolantes, que são as termicamente mais sensíveis, suportando menores temperaturas do que os metais utilizados. Os materiais que suportam as temperaturas mencionadas estão indicados em cada classe da norma, do mesmo modo como o exemplificado na tabela que segue:

Classe	Materiais isolantes	De aglutinação, impregnação ou revestimentos	De impregnação para tratamento do conjunto
F/155 °C	**Fibra de vidro amianto**	**Nenhum**	**-**
Temperatura máxima de serviço = 145 °C	Tecido envernizado de fibra de vidro. Mica aglutinada	Resinas alquídicas, poliéster de cadeia cruzada e poliuretanos com estabilidade térmica elevada. Resinas silicone-alquídicas.	Resinas alquídicas, epóxi, poliéster de cadeias e poliuretanos com estabilidade térmica elevada. Resinas silicone-alquídicas e silicone-fenólicas, e outras de elevada classe de **temperatura**.

Isso, representado graficamente, leva à figura que segue, onde se destaca:

- A temperatura ambiente de referência é de 40 °C, conforme Norma. **Temperaturas diferentes dessa precisam de um fator de correção.**
- A temperatura total atuante sobre o material é a soma da temperatura ambiente, mais a elevação de temperatura dada pelas perdas, e deduzido um valor de segurança, de 10-15 °C.
- Quanto **maior a temperatura** que o material isolante suporta, ou quanto **maior a troca de calor das perdas, maior a potência disponível no motor.**

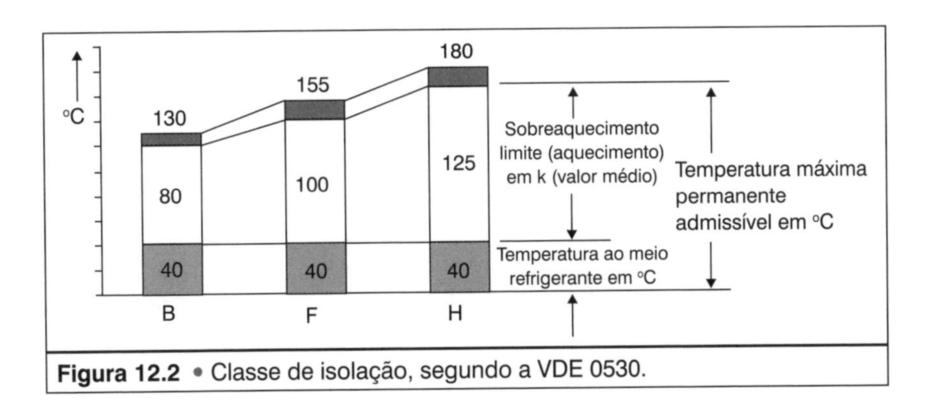

Figura 12.2 • Classe de isolação, segundo a VDE 0530.

2 • ALTITUDE

Quanto **maior a altitude da instalação** onde vai o motor, **menor é a densidade do ar** e menor **a troca de calor,** pois são as moléculas do ar que absorvem esse calor. Porém, quanto menor a troca de calor, **maior o aquecimento interno da máquina,** e maior a necessidade de **reduzir as perdas,** reduzindo a corrente com consequente **menor potência disponível.**

Portanto: **quanto maior a altitude, menor a potência disponível.**

É bem verdade que, quanto maior a altitude, menor costuma ser a temperatura ambiente e, sob esse aspecto, maior a troca de calor. Consequentemente, pode até haver uma compensação entre uma redução de troca de calor devido à altitude e uma maior troca, devido à menor temperatura ambiente. De qualquer maneira, temos de aplicar os respectivos fatores de correção, que podem tanto ser indicados em tabelas quanto em gráficos.

3 • DADOS DE ENCOMENDA

Ao adquirir um equipamento/componente/dispositivo, sempre nos defrontamos com **o que precisamos conhecer para adquirir corretamente.** Dentro do objetivo de colocar na mão dos profissionais dados práticos concretos, relacionamos a seguir, dentro do escopo desse texto, os dados necessários, caso a caso, relacionando inicialmente os dados sempre necessários.

Dados gerais (sempre definidos)

- Temperatura no local da instalação ..... °C
- Fator de correção aplicável por temperaturas superiores
- Altitude no local da instalação ..... (m)
- Fator de correção por altitudes superiores
- Instalação tempo/abrigada
- Umidade no local ..... (%)
- Componentes agressivos no local da instalação
- Grau de proteção devido às condições anteriores ..... (IP)
- Necessidade de pintura especial devido às condições anteriores
- Valor calculado da corrente de curto-circuito presumida ..... (kA)
- Tipo de carga: resistiva/capacitiva/indutiva
- Posição de montagem (qualquer/horizontal/vertical/inclinadas)
- Dimensões (desenhos com dimensões) ou (largura/altura/profundidade ..... (mm)
- Peso ..... (kg)

Dados específicos

Disjuntores

Tensão nominal máxima .... ___ V

Corrente máxima de interrupção l_{cu} ou l_{cs} / Tensão de rede .... ___ kA ___ V

Corrente nominal máxima/Temperatura ambiente .... ___ A ___°C

Número de polos .... ___ polos

Relé disparador de sobrecarga........... **não ☐, sim ☐ fixo ☐** ajústavel ___ a ___ A

Relé disparador de curto-circuito........ **não ☐, sim ☐ fixo ☐** ajústavel ___ a ___ A

Seccionador

Tensão nominal máxima .... ___ V

Corrente nominal/Categoria de emprego................................ ___ A AC-___

Prateção de curto-circuito – fusível (tipo/corrente nominal).. Tipo ___ ___ A

Fusível

Tensão nominal máxima .... ___ V

Corrente máxima de interrupção/Tensão de rede.................. ___ kA ___ V

Corrente nominal/Tamanho .... ___ A tamanho ___

Contator de potência

Tensão nominal máxima .... ___ V

Corrente nominal/Categoria de emprego .... ___ A AC- ___ ou DC- ___

Tensão de comando/Frequência.. ___ V ___ Hz

Contatos auxiliares (Quantidades/Execução) .... ___ NA/ ___ NF

Relé de sobrecarga

Tensão nominal máxima .... ___ V

Faixa de ajuste .... ___ a ___ A

Contatos auxiliares (Quantidades/Execução) .... ___ NA/ ___ NF

Contator auxiliar

Tensão nominal máxima .... ___ V

Corrente nominal/Categoria de emprego................................ ___ A AC- ___ ou DC- ___

Tensão de comando/Frequência.. ___ V ___ Hz

Contatos auxiliares (Quantidades/Execução) .... ___ NA/ ___ NF

Anexo 1
Símbolos gráficos

(Conforme NBR/IEC/DIN)

Símbolo	Descrição
	Resistor
	Resistor variável Reostato
	Resistor com derivações fixas
	Enrolamento/Bobina
	Enrolamento com núcleo magnético e derivações
	Capacitor
	Terra
	Massa (estrutura)
	Contato normalmente aberto (NA)
	Contato normalmente aberto prolongado (NA)
	Contato normalmente fechado (NF)
	Contato normalmente fechado prolongado **(NF)**

(*continua*)

(*continuação*)

Símbolo	Descrição
	**Contato comutador**
 ou 	**Contato normalmente aberto (NA) com fechamento temporizado**
 ou 	Contato normalmente fechado (NF) com **abertura temporizada**
	Disjuntor (unifilar)
 3	**Disjuntor motor (unifilar)** com relés disparadores de sobrecarga e curto-circuito
	Seccionador
	**Seccionador sob carga**
	Fusível
 ou 	**Tomada e plugue**
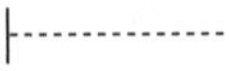	Acionamento manual
	Acionamento pelo pé
	Acionamento saliente de emergência
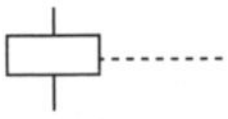	Bobina de acionamento (ex.:contator)
	**Acionamento por** sobrecarga (ex.:bimetal)
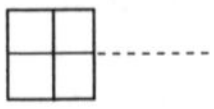	Acionamento por energia mecânica acumulada
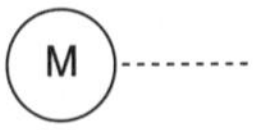 M	Acionamento por motor

(*continua*)

(*continuação*)

Símbolo	Descrição
	Acionamento com bloqueio mecânico
	Acionamento com bloqueio mecânico em duas direções
	Acionamento com posição fixa
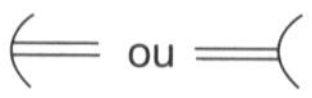 ou	Acionamento temporizado
	Acoplamento mecânico desacoplado
	Acoplamento mecânico acoplado
	Acionamento manual (ex.: seccionador e comutador)
	Acionamento por impulso (ex.: botão e comando)
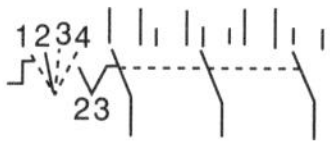 1234 23	Acionamento por bloqueio mecânico de múltiplas posições (ex.: comutador de 4 **posições**)
	Acionamento mecânico (ex.: chave fim de curso)
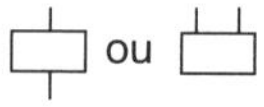 ou	Acionamento eletromagnético (ex.: bobina de contator)
 ou	Acionamento magnético duplo (ex.: bobina com duplo enrolamento)
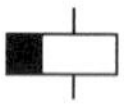	Acionamento temporizado no desligamento (ex.: relé de tempo temporizado no **desligamento)**
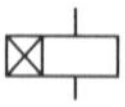	Acionamento temporizado na ligação (ex.: relé de tempo **temporizado na ligação**)
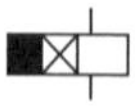	Acionamento temporizado na ligação e no desligamento (ex.: relé de tempo temporizado na **ligação e desligamento**)
	Dispositivo de proteção contra surtos (DPS)

(*continua*)

(*continuação*)

Símbolo	Descrição
	Sensor
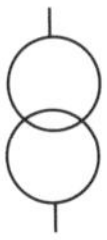 ou 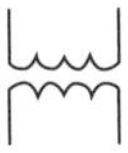	Transformador e Transformador de potencial para medição
 ou 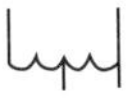	Autotransformador
 ou 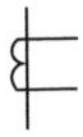	Transformador de corrente para medição
 M 3~	Motor trifásico
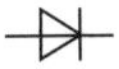	Tiristor
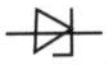	Díodo Zener
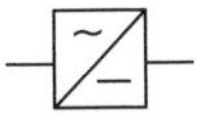	Inversor de frequência
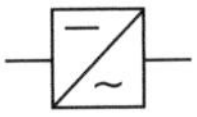	Conversor
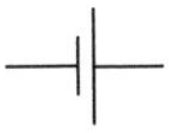	Pilha (unidade de energia)
 ou 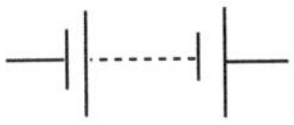	Bateria (várias unidades de energia)
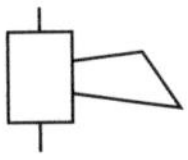	Buzina
	Campainha
	**Sirene**

(*continua*)

(*continuação*)

Símbolo	Descrição
	**Lâmpadas/Sinalização**
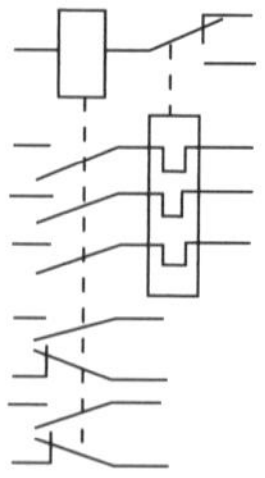	**Contato relé de** sobrecarga com contatos auxiliares
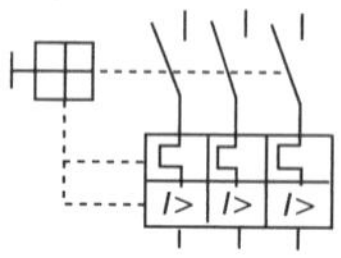	Disjuntor com relés disparadores de sobrecarga e curto-circuito
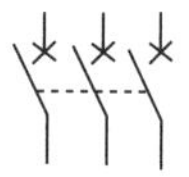	Seccionador sob carga
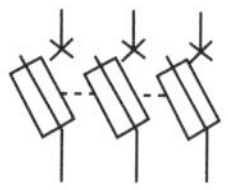	**Seccionador-fusível sob** carga
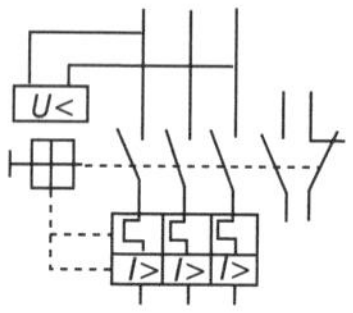	**Disjuntor com relés de** sobrecarga, curto-circuito e subtensão

Anexo 2
Símbolos literais para identificação de componentes em esquemas elétricos conforme IEC 113.2 e NBR 5280

Símbolo	Componente	Exemplos
A	Conjuntos e subconjuntos	Equipam. laser e maser. Combinações diversas
B	Transdutores	Sensores termoelétricos, células termoelétricas, células fotoelétricas, transdutores a cristal, microfones fonocaptores, gravadores de disco
C	Capacitores	
D	Elemento binários, dispositivos de temporização, dispositivos de memória	Elementos combinados, mono e biestáveis, registradores, gravadores de fita ou de disco
E	Componentes diversos	Dispositivos de iluminação, de aquecimento etc.
F	Dispositivos de proteção	Fusíveis, para-raios, disparadores, relés
G	Geradores, fontes de alimentação	Geradores rotativos, alternadores, conversores de frequência, *soft-starter*, baterias, osciladores.
H	Dispositivos de sinalização	Indicadores acústicos e ópticos
K	Contatores	Contatores de potência e auxiliares
L	Indutores	Bobinas de indução e de bloqueio
M	Motores	

(*continua*)

(*continuação*)

Símbolo	Componente	Exemplos
N	Amplificadores, reguladores	Componentes analógicos, amplificadores de inversão, magnéticos, operacionais, por válvulas, transistores
P	Instrumentos de medição e de ensaio	Instrumentos indicadores, registradores e integradores, geradores de sinal, relógios
Q	Dispositivos de manobra para circuitos de potência	Disjuntores, seccionadores, interruptores
R	Resistores	Reostatos, potenciômetros, termistores, resistores em derivação, derivadores
S	Dispositivos de manobra, seletores auxiliares	Dispositivos e botões de comando e de posição (fim-de-curso) e seletores
T	Transformadores	Transformadores de distribuição, de potência, de potencial, autotransformadores
U	Moduladores, conversores	Discriminadores, demoduladores, codificadores transmissores telegráficos
V	Válvulas eletrônicas, semicondutores	Vávulas, válvulas sob pressão, díodos, transistores, tiristores
w	Antenas, guias de transmissão e de onda	*Jampers*, cabos, barras coletoras, acopladores dipolos, antenas parabólicas
X	Terminais, tomadas e plugues	Blocos de conectores e terminais, jaques
Y	Dispositivos mecânicos operados mecanicamente	Freios, embreagens, válvulas pneumáticas
z	Cargas corretivas, transformadores diferenciais. Equalizadores, limitadores	Rede de balanceamento de cabos, filtros a cristal